工作过程导向新理念丛书

中等职业学校教材·计算机专业

U0148799

二维动画设计与制作
——Flash CS4中文版

丛书编委会 主编

清华大学出版社

北京

内 容 简 介

本书根据教育部教学大纲,按照新的"工作过程导向"教学模式编写。为便于教师授课以及学生学习,本书将教学内容分解落实到每一课时,通过"课堂讲解"、"课堂练习"、"课外阅读"和"课后思考"4 个环节实施教学。

本书共 11 章,32 课。前 9 章介绍了二维动画设计与制作的相关基础知识;后两章为实战演练,介绍了 5 个综合实例的详细设计制作过程。每课为两个标准学时,共 90 分钟内容。建议总学时为一学期,每周 4 课时,也可以分为两学期授课。

本书可作为中等职业学校计算机应用、动漫影视、网页设计制作相关专业的教材,也可作为各类技能型紧缺人才培训教材使用。

本书封面贴有清华大学出版社防伪标签,无标签者不得销售。
版权所有,侵权必究。侵权举报电话:010-62782989 13701121933

图书在版编目(CIP)数据

二维动画设计与制作:Flash CS4 中文版/《工作过程导向新理念丛书》编委会主编.—北京:
清华大学出版社,2009.
工作过程导向新理念丛书
中等职业学校教材·计算机专业
ISBN 978-7-302-20571-5

Ⅰ. 二… Ⅱ. 工… Ⅲ. 二维－动画－设计－图形软件,Flash CS4－专业学校－教材
Ⅳ. TP391.41

中国版本图书馆 CIP 数据核字(2009)第 113791 号

责任编辑:田在儒
责任校对:刘   静
责任印制:孟凡玉
出版发行:清华大学出版社   地   址:北京清华大学学研大厦 A 座
         http://www.tup.com.cn   邮   编:100084
         社   总   机:010-62770175   邮   购:010-62786544
         投稿与读者服务:010-62776969,c-service@tup.tsinghua.edu.cn
         质   量   反   馈:010-62772015,zhiliang@tup.tsinghua.edu.cn
印 刷 者:北京四季青印刷厂
装 订 者:北京市密云县京文制本装订厂
经   销:全国新华书店
开   本:185×260   印   张:19.25   字   数:455 千字
版   次:2009 年 10 月第 1 版   印   次:2009 年 10 月第 1 次印刷
印   数:1～5000
定   价:29.50 元

学科体系的解构与行动体系的重构

——《工作过程导向新理念丛书》代序

职业教育作为一种教育类型,其课程也必须有自己的类型特征。从教育学的观点来看,当且仅当课程内容的选择以及所选内容的序化都符合职业教育的特色和要求之时,职业教育的课程改革才能成功。这里,改革的成功与否有两个决定性的因素:一个是课程内容的选择,一个是课程内容的序化。这也是职业教育教材编写的基础。

首先,课程内容的选择涉及的是课程内容选择的标准问题。

个体所具有的智力类型大致分为两大类:一是抽象思维,一是形象思维。职业教育的教育对象,依据多元智能理论分析,其逻辑数理方面的能力相对较差,而空间视觉、身体动觉以及音乐节奏等方面的能力则较强。故职业教育的教育对象是具有形象思维特点的个体。

一般来说,课程内容涉及两大类知识:一类是涉及事实、概念以及规律、原理方面的"陈述性知识",一类是涉及经验以及策略方面的"过程性知识"。"事实与概念"解答的是"是什么"的问题,"规律与原理"回答的是"为什么"的问题;而"经验"指的是"怎么做"的问题,"策略"强调的则是"怎样做更好"的问题。

由专业学科构成的以结构逻辑为中心的学科体系,侧重于传授实际存在的显性知识即理论性知识,主要解决"是什么"(事实、概念等)和"为什么"(规律、原理等)的问题,这是培养科学型人才的一条主要途径。

由实践情境构成的以过程逻辑为中心的行动体系,强调的是获取自我建构的隐性知识即过程性知识,主要解决"怎么做"(经验)和"怎样做更好"(策略)的问题,这是培养职业型人才的一条主要途径。因此,职业教育课程内容选择的标准应该以职业实际应用的经验和策略的习得为主,以适度够用的概念和原理的理解为辅,即以过程性知识为主、陈述性知识为辅。

其次,课程内容的序化涉及的是课程内容序化的标准问题。

知识只有在序化的情况下才能被传递,而序化意味着确立知识内容的框架和顺序。职业教育课程所选取的内容,由于既涉及过程性知识,又涉及陈述性知识,因此,寻求这两类知识的有机融合,就需要一个恰当的参照系,以便能以此为基础对知识实施"序化"。

按照学科体系对知识内容序化,课程内容的编排呈现出一种"平行结构"的形式。学科体系的课程结构常会导致陈述性知识与过程性知识的分割、理论知识与实践知识的分割,以及知识排序方式与知识习得方式的分割。这不仅与职业教育的培养目标相悖,而且与职业教育追求的整体性学习的教学目标相悖。

按照行动体系对知识内容序化,课程内容的编排则呈现一种"串行结构"的形式。在学习过程中,学生认知的心理顺序与专业所对应的典型职业工作顺序,或是对多个职业工作过程加以归纳整合后的职业工作顺序,即行动顺序,都是串行的。这样,针对行动顺序的每一个工作过程环节来传授相关的课程内容,实现实践技能与理论知识的整合,将收到事半功倍的效果。鉴于每一行动顺序都是一种自然形成的过程序列,而学生认知的心理顺序也是循序渐进自然形成的过程序列,这表明,认知的心理顺序与工作过程顺序在一定程度上是吻合的。

需要特别强调的是，按照工作过程来序化知识，即以工作过程为参照系，将陈述性知识与过程性知识整合、理论知识与实践知识整合，其所呈现的知识从学科体系来看是离散的、跳跃的和不连续的，但从工作过程来看，却是不离散的、非跳跃的和连续的了。因此，参照系在发挥着关键的作用。课程不再关注建筑在静态学科体系之上的显性理论知识的复制与再现，而更多的是着眼于蕴含在动态行动体系之中的隐性实践知识的生成与构建。这意味着，**知识的总量未变，知识排序的方式发生变化，正是对这一全新的职业教育课程开发方案中所蕴含的革命性变化的本质概括。**

由此，我们可以得出这样的结论：如果"工作过程导向的序化"获得成功，那么传统的学科课程序列就将"出局"，通过对其保持适当的"有距离观察"，就有可能解放与扩展传统的课程视野，寻求现代的知识关联与分离的路线，确立全新的内容定位与支点，从而凸现课程的职业教育特色。因此，"工作过程导向的序化"是一个与已知的序列范畴进行的对话，也是与课程开发者的立场和观点进行对话的创造性行动。这一行动并不是简单地排斥学科体系，而是通过"有距离观察"，在一个全新的架构中获得对职业教育课程论的元层次认知。所以，**"工作过程导向的课程"的开发过程，实际上是一个伴随学科体系的解构而凸显行动体系的重构的过程。**然而，学科体系的解构并不意味着学科体系的"肢解"，而是依据职业情境对知识实施行动性重构，进而实现新的体系——行动体系的构建过程。不破不立，学科体系解构之后，在工作过程基础上的系统化和结构化的产物——行动体系也就"立在其中"了。

非常高兴，作为中国"学科体系"最高殿堂的清华大学，开始关注占人类大多数的具有形象思维这一智力特点的人群成才的教育——职业教育。坚信清华大学出版社的睿智之举，将会在中国教育界掀起一股新风。我为母校感到自豪！

2006 年 8 月 8 日

《工作过程导向新理念丛书》编委会名单

（按姓氏拼音排序）

安晓琳	白晓勇	曹 利	成 彦	董 君	杜 宇	冯 雁
符水波	傅晓峰	国 刚	贺洪鸣	贾清水	江椿接	姜全生
李晓斌	刘 芳	刘 艳	刘保顺	罗名兰	罗 韬	聂建胤
秦剑锋	润 涛	史玉香	宋 静	宋俊辉	孙 浩	孙更新
孙振业	田高阳	王 刚	王成林	王春轶	王 丹	沃旭波
毋建军	吴建家	吴科科	吴佩颖	谢宝荣	许茹林	薛 荃
薛卫红	杨 平	尹 涛	张晓景	赵晓怡	钟华勇	左喜林

前　　言

在这个高速发展的网络时代,Flash 犹如一道亮丽的彩虹,展现在我们的面前。Flash 不仅在网页制作、多媒体演示、手机、电视等领域得到广泛的应用,而且已经成为一种动画制作手段。

Flash 是 Adobe 公司推出的一款功能强大、使用广泛的动画制作软件,它不仅具有强大的矢量绘图功能,还具有与专业矢量处理软件相媲美的矢量处理功能;在网页制作、多媒体演示等领域有着广泛应用。最新版 Flash CS4 在用户界面、模板、组件与动作脚本等方面较之前版本都有很大的变化,功能比之前大大增强。

本书最大的特色是"由任务驱动学习"。在每个 Flash 动画的知识点前面,尽量先让读者动手操作,使得读者对该知识点有具体认识。然后再展开详尽的讲解,争取让读者尽快掌握该知识点。

本书以"课"的形式展开,课前有情景式的"课堂讲解",包含了任务背景、任务目标和任务分析;课后有"课堂练习",可分为任务背景、任务目标、任务要求和任务提示;课堂练习之后是"练习评价"、"本课小结"。为了拓展本课的知识,还准备了"课外阅读",每课的最后还安排了"课后思考"。本书的最后安排了两章的综合实例讲解,详细讲解了 5 个综合性的 Flash 动画的设计制作技巧。

全书共分 11 章 32 课:

第 1 章(第 1～4 课)介绍了二维动画的相关基础知识,以及二维动画设计的相关要求;
第 2 章(第 5～7 课)讲解了在 Flash 中绘制二维动画角色和场景的方法;
第 3 章(第 8～10 课)讲解了动画分镜头的概念以及绘制的方法;
第 4 章(第 11～14 课)介绍了补间动画、引导线动画和遮罩动画的制作方法;
第 5 章(第 15～17 课)介绍了运动规律动画效果的表现和制作方法;
第 6 章(第 18～19 课)介绍了自然变化动画效果的表现和制作方法;
第 7 章(第 20～21 课)介绍了在 Flash 中导入声音,以及声音的编辑和运用方法;
第 8 章(第 22～25 课)讲解了 Flash 中的 ActionScript 脚本代码的相关基础知识;
第 9 章(第 26～27 课)介绍了在 Flash 中测试、发布和导出影片的方法;
第 10 章(第 28～30 课)综合案例,详细讲解了 3 个不同类型的 Flash 动画的制作方法;
第 11 章(第 31～32 课)商业案例,详细讲解了 MTV 和贺卡的设计制作方法。

由于编者水平有限,再加上时间紧迫,错误和表述不妥的地方在所难免,希望广大读者批评指正。

编　者
2009 年 8 月

目　　录

第1章

二维动画基础知识

知识要点

- 了解 Flash 历史
- 工具练习与小技巧
- Flash 动画关键词
- 二维动画基础

- 什么是审美
- 二维动画的审美
- 动画设计师应该具备的素质
- 动画设计师的创新意识

第1课 二维动画软件

经过了几年的发展，Flash 动画因其幽默的剧情、夸张的表现手法、可爱的造型和人人皆可"玩"的特点，已不仅仅局限于网络，而是向着更为广阔的空间拓展。在内容上也远远跳出了展现自我的狭小应用空间，同时被更多地运用在电影、电视、广告等载体上。

课堂讲解

任务背景： 小明平常很喜欢画画，但是一直不了解 Flash 二维动画的相关知识，有一天他在电视上看到了一个漂亮的 Flash 动画效果，不由地萌生了想要认真探究 Flash 二维动画制作的念头。

任务目标： 掌握 Flash 二维动画的基础知识。

任务分析： 小明所要了解的内容是非常有必要的，只有熟悉 Flash 二维动画的历史和掌握制作基础才能设计和制作出漂亮的二维动画作品。

1.1 Flash 历史

Flash 是 Adobe 公司推出的一种优秀的矢量动画编辑软件，利用该软件制作的动画尺寸要比位图动画文件（如 GLF 动画）尺寸小得多，用户不但可以在动画中加入声音、视频和位图图像，还可以制作交互式的影片和网站。

Flash 最初叫做 FutureSplash。这里不得不提到的人物是乔纳森·盖伊（Jonathan Gay），是他和他的六人小组首先创造了 FutureSplash Animator。当时 FutureSplash 最大的两个用户是 Microsoft 和 Disney。1996 年 11 月，Macromedia 收购了 FutureWave 公司，将 FutureSplash Animator 重新命名为 Macromedia Flash 1.0。

一年后，Flash 2.0 推出，但是并没有引起人们的重视。直到 1998 年 5 月推出了 Flash 3.0 才真正让 Flash 获得了应有的尊重，这要感谢网络在这几年中的迅速普及以及网络内容的丰富多彩，加上人们对视觉效果的追求越来越高，让 Flash 得到充分的认识和肯定。

自 Flash 进入 4.0 版以后，原来所使用的 Shockwave 播放器仅供 Director 使用。Flash 4.0 开始有了自己专用的播放器，称为 Flash Player，但是为了保持向下相容性，Flash 仍然沿用了原有的扩展名：.swf(ShockWave Flash)。Macromedia 在 2000 年 8 月推出了 Flash 5.0，它所支持的播放器为 Flash Player 5.0。Flash 5.0 中的 ActionScript 已有了比较大的进步，并且开始了对 XML 和 Smart Clip(智能影片剪辑)的支持。ActionScript 的语法已经开始定位发展为一种完整的面向对象的语言，并且遵循 ECMAScript 的标准，就像 JavaScript 那样。

Macromedia 在 2002 年 3 月推出了 Flash MX，支持的播放器为 Flash Player 6.0。Flash 6.0 增加了更多的内建对象，开始了对外部 JPG 和 MP3 调入的支持，提供了对 HTML 文本更精确的控制，并引入 SetInterval 超频帧的概念，同时也改进了 SWF 文件的压缩技术。

Macromedia 在 2003 年 8 月推出了 Flash MX 2004，支持的播放器为 Flash Player 7.0。Flash MX 2004 增加了许多新的功能，如：对移动设备和手机、Pocket PC 的支持(以及像素字体的清晰显示)；Flash Player 运行时性能提高了 2～5 倍；对 HTML 文本中内嵌图像和 SWF 的支持等。与此同时开始了对 Flash 本身制作软件的控制和插件开放 JSFL (Macromedia Flash JavaScript API)，Macromedia 无疑在开始调动 Internet 上 Flasher 的巨大力量和集体智慧。

Flash 8.0 是 Macromedia 于 2006 年推出的版本。2006 年 Macromedia 公司被 Adobe 公司收购，Flash 8.0 也成为 Macromedia 推出的最后一个版本。2007 年，Adobe 公司推出了全新的 Flash CS3，增加了全新的功能，包括对 Photoshop 和 Illustrator 文件的本地支持，以及复制、移动功能，并且整合了 ActionScript 3.0 脚本语言开发。

Adobe Flash CS4 Professional 的改进恐怕是近年来的版本里改动最大的一次了。不仅仅是界面的修改、绘画工具以及 ActionScript 3.0 的完善，还有动画形式的彻底改变。不知是不是受到了 Director 的启发，Flash CS4 的动画补间效果不再是作用于关键帧，而是作用于动画元件本身。这些改变使得 Flash 更像是一款专业动画制作工具，而不只是网页动画工具。

对于一个 Flash 造型师或动画师而言，Flash 不仅仅提供全面的矢量图形绘制工具、便捷简练的动画运动方式、人性化的修改和对手绘工具的强大支持，更重要的是，Flash 提供了一种理念——方便的网络交流环境与广泛支持的 Flash 播放器为广大的动画爱好者和制作团队呈现了一个良好的交流平台。每天都会有最新的 Flash 动画出现在网络上，这就为每个有志成为"闪客"的人提供了一块快速成长的不受地域和条件限制的沃土：只要有网络，每个人都可以展示自己。

1.2　工具与小技巧

Flash 的工具箱简洁而实用，每个工具功能都非常强大。如果能熟练掌握这些工具的快捷键,在制作动画时会效率倍增。下面讲述 Flash CS4 中 30 种不同的工具,如图 1-1 所示。

1. 选择工具

选择工具是 Flash 中使用频率最高的工具之一。

- 使用"选择工具"可以选择全部对象,方法是单击某个对象或者拖动鼠标将对象包含在拖动出的矩形选取框内。
- 使用"选择工具"改变形状,方法是拖动线条上的任意点。此时鼠标指针会发生变化,以表示在该线条或填充上可以执行的改变形状的类型。
- 可以调整线段或曲线的长度,来适应端点移动的新位置。如果选择的点是终点,则可以延长或缩短该线条。如果选择的点是一个拐点,则组成拐点的线段在它们变长或缩短时仍保持伸直状态。
- 选择笔触、填充、组、元件或文本块,单击工具箱中的"选择工具"按钮,然后单击想要选择的对象即可选中该对象。
- 选择连接线,单击工具箱中的"选择工具"按钮,双击需要选择的边线条,即可同时选中与该线条相连接的其他线条。

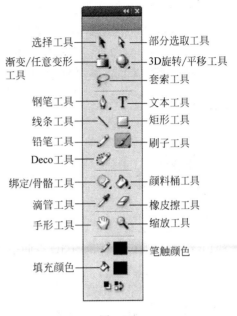

图 1-1

- 在矩形区域内选择对象,单击工具箱中的"选择工具"按钮,然后在要选择的一个或多个对象周围拖动出一个选取框。必须将元件、组和文本块完全包含在选取框中才可选中对象。
- 使用"选择工具"改变图形形状,当选择的点是拐点,则可以延长或缩短该线条。当选择的点是一个曲线,则可以把它调整平滑,去掉它的一些细节,这样就会使得形状容易改变。

小技巧 可以使用快捷键 V 激活选择工具。要选择舞台中多个对象时,按住 Shift 键在要选择的对象上单击,可以将对象逐个选择。如果错选了不需要的对象,也可以按住 Shift 键,单击不需要的对象减选。

2. 部分选取工具

部分选取工具和选择工具非常相似。它们的区别在于:

- 部分选取工具没有拖曳出选框并将包围的所有对象选中的功能;
- 用部分选取工具单击分离为线条与填充的对象,这时边缘出现的点是节点。更重要的是,还可以通过拖曳选框的方法圈选中单个节点。

小技巧 可以使用快捷键 A 激活部分选取工具。选择多个锚点,按住 Shift 键在要选择的锚点单击,即可选择相应的锚点。如果错选了不需要的锚点,可以按住 Shift 键单击不需要的锚点,即可将相应的锚点减去。

3. 任意变形工具

任意变形工具可以根据外部的 8 个节点对对象的外形进行调整。其中，对分离的线条和填充的修改功能比较强大。

任意变形工具有 4 个辅助选项。

- 贴紧至对象 ： 激活此选项后，当用任意变形工具调整边线或节点接近到一定程度时，两个对象将被自动连接在一起。
- 这 4 个选项分别负责对象的旋转与倾斜、缩放、扭曲和封套。

小·技巧 可以使用快捷键 Q 激活任意变形工具。按住 Shift 键可以等比变形；按住 Alt 键可以以中心为准变形（对元件而言，按住 Alt 键可以不以中心为准变形）；对分离的线条和填充，按住 Ctrl 键可以仅修改某个节点。

4. 渐变变形工具

可以使用快捷键 F 激活填充变形工具。渐变变形工具用于改变填充的形状，主要针对线性填充、放射状填充与位图填充。

5. 3D 旋转工具

Flash 允许通过在舞台的 3D 空间中移动和旋转影片剪辑来创建 3D 效果。

6. 3D 平移工具

可以使用 3D 平移工具，在 3D 空间中移动影片剪辑元件。在使用该工具选择影片剪辑后，影片剪辑的 X 轴、Y 轴和 Z 轴三个轴将显示在舞台上对象的顶部。X 轴为红色、Y 轴为绿色，而 Z 轴为蓝色。

7. 套索工具

套索工具是 Flash 中唯一专门用于选择的工具，套索工具有 3 个辅助选项。

- 魔术棒 ： 主要是针对 Flash 中分离的位图，使用套索工具单击图像，可选中颜色相近的邻近区域。
- 魔术棒设置 ： 单击该按钮，弹出"魔术棒设置"对话框，如图 1-2 所示。
- 多边形模式 ： 激活该选项，则选取方式变化为以单击确定多边形顶点的选取方式。单击增加一个节点，双击则确定选区结束选取。

图 1-2

小·技巧 在魔术棒的设置中，"阈值"设定了选取颜色的近似范围。阈值越大，选择近似颜色越多，选择范围越大。"平滑"下拉列表中共有 4 种模式：像素、粗略、一般、平滑。它们分别代表了用魔术棒选中的区域边缘的平滑程度，像素是最不平滑的方式，然后依次为粗略、一般，最平滑的方式为平滑。

8. 钢笔工具

钢笔工具的作用是以单击或拖曳来绘制连续的直线或弧线，钢笔工具有 2 个辅助选项。

- 对象绘制 ： 激活此选项，则钢笔工具绘制出的笔触是成组的。其他工具中的对象绘制也完全一样。
- 贴紧至对象 ： 激活此选项后，当前后绘制的两段线段的端点接近到一定程度时，此两点将被自动连接在一起。

小技巧　可以使用快捷键 P 激活钢笔工具。在绘制线段时,按住 Shift 键可以绘制出水平、垂直及 45°角的线条。按下 Ctrl 键,可以暂时切换到选择工具,当放开 Ctrl 键时,又会自动换回到钢笔工具。

9. 添加锚点工具 ⟨图标⟩

使用添加锚点工具可以在现有的路径上添加一个锚点。注意,在使用该工具为现有路径添加锚点时,不能在现在锚点上单击添加锚点。在路径上单击一次只能为路径添加一个锚点。

10. 删除锚点工具 ⟨图标⟩

使用删除锚点工具按钮可以删除现有路径上的一个锚点。如果需要删除锚点,使用删除锚点工具,将光标移至需要删除的锚点上方,单击即可将该锚点删除。在路径上单击一次只能删除路径上的一个锚点。

11. 转换锚点工具 ⟨图标⟩

使用转换锚点工具可以将不带有方向线的转角点转换为带有独立方向线的转角点。可以单击工具箱的“转换锚点工具”启用该功能,也可以按 Shift+C 快捷键启用该功能。

12. 文本工具 ⟨图标⟩

单击工具箱中的“文本工具”按钮或按 T 快捷键,在舞台上单击创建文本框,即可输入文本。

- 文本类型 ⟨静态文本⟩：在 Flash 中有 3 种文本类型,分别为“静态文本”、“动态文本”和“输入文本”。后两种文本类型需要结合脚本语言使用。动画中最常见的文本类型是“静态文本”。

- 系列 系列：⟨宋体⟩：选中所输入的文字,在“系列”下拉列表中可以为输入的文字设置字体。

13. 线条工具 ⟨图标⟩

线条工具的作用是以拖曳动作的起、终点绘制一条线段。

小技巧　可以使用快捷键 N 激活线条工具。在绘制线段时,按住 Shift 键,可以绘制出水平、垂直及 45°角的直线段。按住 Alt 键,可以以开始拖曳的坐标为中心绘制线段。按下 Ctrl 键,可以暂时切换到选择工具,对工作区中的对象进行选取;当放开 Ctrl 键时,又会自动切换到线条工具。

14. 矩形工具 ⟨图标⟩

矩形工具的作用是以拖曳动作的起、终点为矩形的对角线绘制一个矩形。当激活矩形工具时,鼠标指针变成十字形状,这时按住鼠标左键拖曳即可绘制矩形。绘制矩形时,右下角会出现一个小圆圈,如图 1-3 所示。当右下角的圆圈为粗线形时,说明绘制的是正方形,如图 1-4 所示。

小技巧　可以使用快捷键 R 激活矩形工具。在运用矩形工具绘制矩形时,按住 Shift 键可以直接绘制正方形;按住 Alt 键,可以以起始坐标为中心绘制矩形。

15. 椭圆工具 ⟨图标⟩

可以使用快捷键 O 激活椭圆工具。与矩形工具相似,当激活椭圆工具时,鼠标指针变成十字形状,这时按住鼠标左键拖曳即可绘制椭圆。绘制椭圆时,图形周围会出现一个小圆圈。当周围的圆圈为粗线形时,说明绘制的是圆形。

椭圆工具的属性与矩形工具的相应属性是相同的。

16. 基本椭圆工具

如果需要创建基本椭圆，单击工具箱中的"基本椭圆工具"按钮，在场景中使用基本椭圆工具拖曳即可。如果需要将形状限制为圆形，按住 Shift 键拖曳，如图 1-5 所示，选中基本椭圆时，可以在"属性"面板中设置其相关的属性，如图 1-6 所示。

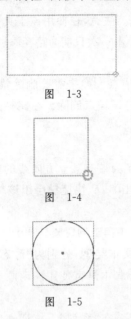

图　1-3

图　1-4

图　1-5

图　1-6

操作提示 开始角度/结束角度：椭圆的开始点角度和结束点角度。使用这两个控件可以轻松地将椭圆和圆形的形状修改为扇形、半圆形及其他有创意的形状。内径：椭圆的内径（即内侧椭圆）。可以在框中输入内径的数值，或单击滑块相应的调整内径的大小。

17. 基本矩形工具

如果需要创建基本矩形，单击工具箱中的"基本矩形工具"按钮，在场景中使用基本矩形工具拖曳即可，如图 1-7 所示。选中基本矩形时，可以在"属性"面板中对其相关的属性进行设置，如图 1-8 所示。

图　1-7

图　1-8

操作提示　若要在使用基本矩形工具拖曳时更改角半径,请按向上箭头键或向下箭头键。当圆角达到所需圆度时,松开按键即可。

18. 多角星形工具

使用多角星形工具可以绘制出边数为 3～32 的正多边形与星形。在绘制多边形时,按住 Shift 键,可以绘制出某些特定角度的多边形。按下 Ctrl 键,可以暂时切换到选择工具,对工作区中的对象进行选取;当放开 Ctrl 键时,又会自动换回到多角星形工具。

19. 铅笔工具

使用铅笔工具可以绘制线条和形状图形。铅笔工具有 3 种绘画模式,分别为"伸直"、"平滑"和"墨水"。

- 伸直 : 在此选项下可以绘制直线,将接近于三角形、椭圆、圆形、矩形和正方形的形状转换为标准的几何形状。
- 平滑 : 选择此选项可以绘制平滑的曲线。
- 墨水 : 选择此选项可以绘制不用修改的手画线条。

小技巧　可以使用快捷键 Y 激活铅笔工具。在运用铅笔工具绘制线段时,按住 Shift 键可以绘制出水平线和垂直线。

20. 刷子工具

刷子工具是一种纯粹的绘制填充的工具,它不具备绘制线条的功能。刷子工具主要分为标准绘画、颜料填充、后面绘画、颜料选择和内部绘画 5 种绘图模式。

- 标准绘画:可对同一层的线条和填充涂色。
- 颜料填充:对填充区域和空白区域涂色,不影响线条。
- 后面绘画:在舞台上同一层的空白区域涂色,不影响线条和填充。
- 颜料选择:当在"填充颜色"选择按钮或"属性"面板上的"填充颜色"框中选择填充时,"颜料选择"会将新的填充应用到选区中。
- 内部绘画:对刷子首先进行笔触绘制时所在的填充区域进行涂色,但不对线条涂色。不允许在线条外面涂色。如果在空白区域中开始涂色,该填充不会影响任何现有的填充区域。

小技巧　可以使用快捷键 B 激活刷子工具。用刷子绘制时,按住 Shift 键,可以设置刷子宽度绘制出水平和垂直的填充笔触。在不绘制状态下,按下 Ctrl 键,可以暂时切换到选择工具,对工作区中的对象进行选取,当放开 Ctrl 键时,又会自动切换到刷子工具。

21. 喷涂刷工具

使用喷涂刷工具可以一次将形状图案"刷"到舞台上。默认情况下,喷涂刷工具使用当前选定的填充颜色喷射粒子点。但是,可以使用喷涂刷工具将影片剪辑或图形元件作为图案应用。

22. Deco 工具

使用 Deco 绘画工具,可以对舞台上的选定对象应用效果。在选择 Deco 绘画工具后,可以在"属性"面板中选择效果,可以用"库"面板中的任何元件作为图案,图案出现的方式可以是平铺、对称和藤蔓 3 种。

23. 骨骼工具

使用骨骼工具可以对元件实例和形状对象按复杂而自然的方式进行移动。例如,通过反向运动可以更加轻松地创建人物动画,如胳膊、腿和面部表情。

24. 绑定工具

使用绑定工具可以编辑单个骨骼和形状控制点之间的连接,这样就可以控制在每个骨骼移动时笔触扭曲的方式以获得更满意的结果。

25. 颜料桶工具

可以使用快捷键 K 激活颜料桶工具。该工具是改变填充颜色的工具。方法是:激活工具,然后单击要填充的区域。辅助选项有 2 个:"空隙大小"和"锁定填充"。

- 空隙大小 :很多时候绘制的草稿的线条或填充间都有空隙,有的时候一个很小的空隙是肉眼难以发现的,但它却会影响为这个区域填充颜色。改变该选项设置,将决定线条间有多大空隙时能够填充颜色。
- 锁定填充 :该选项是填充为非纯色(如渐变)时的填充连贯性。不激活此选项时,即使填充颜色相同,每次填充出的渐变色也会相互独立。当激活此选项时,在同种填充颜色下的填充会相互融合。

26. 墨水瓶工具

该工具的功能比较单一,就是为单纯的填充添加边线。选中该工具,鼠标指针会变成墨水瓶状,单击填充色的边缘,即可为填充色添加边线。

27. 滴管工具

滴管工具可以用来吸取线条色、填充色、笔触格式,甚至可以从导入的位图中吸取单击处像素的颜色。

吸取完线条颜色后,滴管工具会自动切换到墨水瓶工具;吸取完填充颜色后,滴管工具会自动切换到颜料桶工具;吸取完文字格式后,滴管工具会自动切换到文字工具。可以使用快捷键 I 激活滴管工具。

28. 橡皮擦工具

橡皮擦工具是以拖曳的方式来擦除舞台上笔触与填充的工具,橡皮擦共有 3 个辅助选项。

- 擦除方式 :有 5 种擦除方式,分别是标准擦除、擦除填充、擦除线条、擦除所选填充和内部擦除。
- 水龙头 :选择"水龙头"后,可快速擦除整个边框或填充区。
- 橡皮擦形状 :可以选择不同的橡皮擦形状和大小。

29. 手形工具

用快捷键 H 激活此工具。手形工具是以拖曳的方式来改变页面显示范围的。在选择任何工具的状态下,按下空格键都会切换到手形工具。

30. 缩放工具

缩放工具用于缩放画面的显示比例。切换到缩放工具,在工作区内任何一处单击,即可放大显示比例,每次放大的比例是之前的 200%(最高比率是 2000%)。如果要特别放大某对象,用缩放工具在要放大的图像周围拖出一个矩形框即可。可以使用快捷键 M 激活缩放工具。按住 Alt 键,单击缩放工具可以缩小页面显示比例。

1.3　Flash 动画关键词

在这里,列出几个在学习 Flash 过程中遇到的关键词供读者参考,希望这些关键词能对后面的学习起到帮助作用。

矢量图和位图：矢量图像，也称为面向对象的图像或绘制图像。基于矢量的绘图与分辨率无关。位图图像，也称为点阵图像或绘制图像，是由称作像素(图片元素)的单个点组成的。当放大位图时，可以看见构成整个图像的无数单个方块。常见的位图格式包括JPG、BMP、GIF、PNG、TIF、PSD等，常见的矢量图格式包括AI、CDR、SWF等。

线条与填充：选中所要修改的线条，在"属性"面板的"样式"下拉列表中选择笔触样式选项，即可实现效果。填充的类型可分为纯色填充、渐变填充和位图填充3种类型。

时间轴：又叫"时间线"，由一个个小格子组成，是对"帧"最好的诠释，如图1-9所示。动作节奏的控制是通过时间轴实现的。时间轴面板是Flash中最常用和最重要的面板之一。

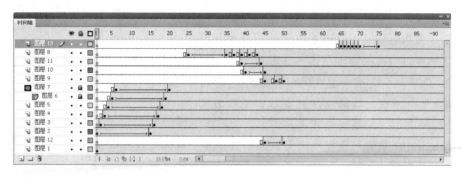

图　1-9

逐帧动画：逐帧动画是传统动画中普遍使用的方法，其基本格式为"帧"，一帧即为一幅画面。动画播放的速率是由每秒钟的帧数决定的，如果一秒钟有12个画面(包括重复的)，则称该动画的节奏为12帧/秒。

普通帧：在影片制作的过程中，经常在一个含有背景图像的关键帧后面添加一些普通帧，或者在两个关键帧之间的帧，也是普通帧或者叫过渡帧。

关键帧：定义动画的关键元素，在其中可以定义对动画的对象属性所做的更改，该帧的对象与前、后的对象属性均不相同。

属性关键帧：在关键帧中改变对象的属性，例如位置的变化等。

空白关键帧：当新建一个图层时，图层的第1帧默认为一个空白关键帧，即一个黑色轮廓的圆圈，当向该图层添加内容后，这个空心圆圈将变成一个小的实心圆圈，该帧即为关键帧。

Flash动画中的普通帧、关键帧和空白关键帧的显示效果，如图1-10所示。

场景：相当于戏剧中"幕"的概念，一个Flash文档可以拥有多个场景，但这些场景拥有相同的背景色与播放速率，如图1-11所示。切换场景时，单击时间轴右上角的图标 ，如图1-12所示，可以进入不同的场景中。

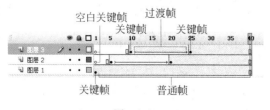

图　1-10　　　　　　　　　　　　图　1-11　　　　　　　图　1-12

舞台：Flash 动画真正运行和修改的地方。Flash 允许在舞台外绘制与修改对象，但最终结果不在导出的文件中显示。

元件：在 Flash 创作环境中或使用 Button（AS 2.0）、SimpleButton（AS 3.0）和 MovieClip 类创建过一次的图形、按钮或影片剪辑。可在整个文档或其他文档中重复使用该元件。元件可以包含从其他应用程序中导入的插图。在创建的任何元件都会自动成为当前文档库的一部分。

元件的类型有以下几种。

- 图形元件：可用于静态图像，并可用来创建连接到主时间轴的可重用动画片段。
- 按钮元件：可以创建用于响应鼠标单击、滑过或其他动作的交互式按钮。
- 影片剪辑元件：可以创建可重用的动画片段。
- 字体元件：可以导出字体并在其他 Flash 文档中使用该字体。

实例：位于舞台上或嵌套在另一个元件内的元件副本。实例可以与它的元件在颜色、大小和功能上有差别。编辑元件会更新它的所有实例，但对元件的一个实例应用效果则只更新该实例。

库：Flash 用来放置可重复使用资源的地方。除了可以放置元件外，库还能放置 Flash 导入的位图、声音等元素。库中的元素叫做库文件。一个 Flash 文档可以调入其他 Flash 文档的库文件。

分离：拆分群组（也叫打散）。分离操作通过执行"修改"→"分离"命令实现，如图 1-13 所示。实例也能被分离，但是分离后将不再对应库文件的属性。位图也可以被分离。有的群组可多次分离，分离的最终形式是将对象转换回线条和填充。分离的对象被选中时，上面出现麻点，如图 1-14 所示。

图　1-13

补间：通过为一个帧中的对象属性指定一个值并为另一个帧中的该相同属性指定另一个值创建的动画。

形状补间：将对象从一个形状变成另一个形状，也可以补间形状的位置、大小、颜色和不透明度。

补间动画：在 Flash CS4 Professional 中引入，功能强大且易于创建。通过补间动画可对补间的动画进行最大程度的控制。

图　1-14

传统补间动画（包括在早期版本的 Flash 中创建的所有补间）：可以定义元件实例、组合体与文本块在时间轴某一帧中的属性，然后在另外一个关键帧中改变这些属性。实例的位置、大小及旋转角度都属于实例的自身属性，还可以改变实例的颜色、亮度和不透明度等属性，当这些属性发生变化时，Flash 能够补间这个变化。

引导层与引导线：引导层是一种特殊的层，分为两种。普通引导层起到辅助静态对象定位的作用，可单独使用；运动引导层总是与至少一个图层相关联，如果需要，它可以与任意多个图层相关联，这些被关联的图层称为被引导层。在运动引导层上绘制的线条称为引导线，被引导层中发生动作补间的实例会按引导线的轨迹运动。

遮罩层与遮罩：遮罩层其实是由普通图层转化的。遮罩主要有两个用途，一个是用在整个场景或一个特定区域，使场景外的对象或特定区域外的对象不可见；另一个是用来遮罩住某一元件的一部分，从而实现一些特殊的效果。遮罩项目可以是填充的形状、文字对象、图形元件的实例或影片剪辑,可以将多个图层组织在一个遮罩层之下,来创建复杂的效果。

课堂练习

任务背景：通过第 1 课的学习,小明已经了解了 Flash 的历史和工具箱,以及 Flash 的动画关键词。但是了解这些是远远不够的。

任务目标：上网搜索一些优秀的 Flash 动画作品。

任务要求：找到动画作品后,要观察动画制作时都使用了哪些工具。

任务提示：只要分清工具箱中各种工具的应用,在以后的学习中就会更加熟练。

练习评价

项　目	标准描述	评定分值	得　分
基本要求 60 分	上网搜索一些优秀的 Flash 动画作品	30	
	了解各种工具的使用	30	
拓展要求 40 分	使用工具箱的工具进行操作	40	
主观评价		总分	

本课小结

本课主要介绍了 Flash 的历史和常用工具及 Flash 动画的关键词,使读者对 Flash 有了初步的了解。本课所讲解的内容多以基础概念为主,读者还需要仔细的理解。

课外阅读

Flash 动画与传统动画比较

网络、动画和多媒体技术的发展,使音乐、动画和文学互相穿插为一种发展的趋势。Flash 就是这几种技术的一个接口,一个大型的 Flash 动画,可以应用 HTML、JavaScript、PHP、ASP、CGI 等技术,结合图像处理的 3ds max、CorelDRAW、Illustrator、Photoshop 等技术共同完成。因此,Flash 打造的动画和传统的动画相比,具有以下几个特点。

- Flash 应用了矢量图的技术,使动画的体积小,在网络上的传输速度快,浏览者可以随时下载观看。
- Flash 的制作过程相对比较简单,普通用户掌握其操作方法,即可发挥自己的想象创作出简单的动画。
- 其交互性的特点,可以让浏览者融入动画中使用鼠标单击、选择决定故事的发展,让浏览者成为动画中的一个角色。
- Flash 动画的情节比较夸张起伏。
- Flash 创作的动画可以在网络和电视上同时使用。

在一个商业化的社会里,Flash 动画成为大众化的媒体传播方式,必然会被商业资本入侵,继"小小"动画被韩国公司收购,Flash 已经从纯技术研究发展到商业运作方式上,Flash 动画设计师正式成为一种新兴的职业,越来越多的人都希望通过掌握它的技术获得一分令人羡慕的工作。投资商则希望通过它,获取更多的财富。

Flash 在网络广告中的广泛应用,无疑是最直接的获利方式。一些传统的在电视上播放的产品广告,被 Flash 瓜分了蛋糕,现在随处打开一个知名的网站,都会看到熟悉的

Flash 广告,而网络用户也接受这种新兴广告方式,因为他们都是被 Flash 的趣味设计所吸引,并不会厌烦这种带有广告性质的 Flash 动画。相比之下,带有商业性质的 Flash 动画制作更加精致,画面设计、背景音乐更加考究,网络广告把 Flash 的技术与商业完美地结合,也给 Flash 的学习者指明了发展方向。

　　Flash 的广泛传播和广阔自由度的特性,无论是艺术家还是普通的爱好者都可以从 Flash 中找到展现自己风采的舞台。

课 后 思 考

　　(1) Flash CS4 的工具箱中,增加了哪些新工具?

　　(2) 矢量图和位图的区别是什么?

第2课　二维动画基础

　　二维动画简单地说就是动漫。现如今已是 21 世纪了,越来越多的动漫被运用在影视特效、商业动画、游戏产业等领域,本课所讲解的内容是为了使读者更加了解二维动画的基础。

　　二维动画要求夸张与变形,所包含的形式要比通常意义上的漫画还要广泛,强调讽刺、机智和幽默,可以附加无须文字说明的表现性或象征性的画面。二维动画这种艺术形式,经过多年的发展,已经为大众所接受,并逐渐在形式以及制作方法上得到了相应的创新和改善。

课 堂 讲 解

> **任务背景**:小明很喜欢画画,想从事二维动画的工作,所以感觉应该掌握更多的动漫基础知识。
> **任务目标**:掌握动漫与漫画的区别、了解动漫与 Flash 结合的作品。
> **任务分析**:小明只有掌握了二维动画的基础才能把动漫与漫画区别开来,为日后的学习提供方便。

2.1　动画的历史与概念演变

　　国产动画发展之路漫长艰难,但特点就是突出了中国的特色,下面简述一下国产动画发展的历程。

1. 中国动画早期——探索期(1922—1945 年)

　　中国的动画事业发展很早,中国开始研究动画制作是在 20 世纪 20 年代。1926 年第一部产生影响的中国动画片《大闹画室》就是万氏兄弟制作的。中国第一部有声动画《骆驼献舞》在 1935 年问世。后来受到美国动画《白雪公主》的影响,如图 2-1 所示,于是又开始制作中国第一部大型动画《铁扇公主》,如图 2-2 所示,在世界电影史上,这是继美国《白雪公主》、《小人国》和《木偶奇遇记》后的第四部大型动画,标志着中国当时的动画水平接近世界的领先水平。

2. 中国建国初期——蓬勃发展期（1946—1965 年）

建国后，中国的动画事业可以说是得到了快速的发展，不但作品多，而且精品也非常多。其中《大闹天宫》可说是当时国内动画的巅峰之作，从人物、动作、画面、声效等都达到当时世界的最高水平。在此期间，我国还开始尝试使用不同的动画制作方法，大胆使用中国的传统艺术形式。1947 年，我国制作了第一部木偶动画《皇帝梦》；后来拍摄了第一部剪纸动画《猪八戒吃西瓜》，如图 2-3 所示；还完成了第一部水墨动画《小蝌蚪找妈妈》，如图 2-4 所示。新的动画形式加入，使中国动画事业达到了一个高峰。这个时期内，我国的动画发展还是领先于日本的，虽然日本 1963 年就有了《铁臂阿童木》这样的长篇动画，但我国有大型动画《大闹天宫》，并不输于日本。而且中国的传统艺术应用到动画中，是日本完全无法相比的。当时电视在中国还没有普及，所以动画主要还是在电影院播放，所以这个时候的动画还没有长篇的连续剧，这个可能也是当时为什么不制作长篇动画的原因之一；另一个原因就是使用传统艺术制作动画需要更多的时间与精力。

图　2-1　　　　　　图　2-2　　　　　　图　2-3　　　　　　图　2-4

3. 中国"文化大革命"时期（1966—1977 年）

在"文革"时期，中国动画业明显受到了影响。前几年中，竟然制作不出一部动画片！之后的几年，形势稍微有了一点好转，但是 1972—1977 年间每年也只有 2～4 部动画出炉。这一段时期，中国的动画事业几乎是在原地停滞了十多年。

4. 中国改革开放后——缓慢发展期（1978—1998 年）

改革开放，中国动画终于迈开了沉重的步伐，但是，却无法改变文革带来的滞后。这段时期，中国动画的发展没有了新中国成立初的强劲气魄，虽然每年还是有许多动画制作出来，但是，那时的开创精神已经不存在了。这个表现在很多方面：其一，可能是因为成本太高，水墨动画几乎不再做了；其二，不再探索新的动画形式，所见到的，也就是新中国成立时候的那几种传统艺术动画；其三，由于根深蒂固的思想"动画片就是小孩子看的东西"，没有在动画的取材方面做出突破；其四，"文革"时期，中国许多动画人才流失了，而改革开放初期，又不能马上找到这方面的人才等。当然，这段时期的精品还是有的，如《天书奇谭》、《葫芦兄弟》、《黑猫警长》、《阿凡提的故事》、《舒克和贝塔》、《魔方大厦》等，都是非常精彩的动画，如图 2-5 所示。但是这个时期的中国动画都有一个共同的缺点，就是太过幼稚化了。"动画片就是小孩子看的东西"的观念在中国人心中始终没有抛开，造成这些动画即使是初中生来看，都会觉得不太适合。20 世纪 90 年代初，中国引进了一些国外动画片，其中特别要提到的就是日本动画片《圣斗士星矢》。《圣

图　2-5

斗士星矢》在国内播放后，引起了一阵斗士热，给中国人看到了日本动画的一点点轮廓。其后，又有世界上的各种精品动画引进，中国动画界开始了反思，这直接导致了之后的探索与尝试。

5. 中国动画业目前——二次探索尝试期（1999 年至今）

这段时期，不断地引进国外动画，中国动画界开始了各种探索与尝试。

《宝莲灯》就是中国制作的大型动画尝试之一，它吸收了国外的制作方法与经验，结合中国的传统神话传说；《西游记》也可以算是大型长篇动画尝试之一；1999 年开始制作的 52 集长篇动画《我为歌狂》、52 集长篇动画《白鸽岛》与 100 集长篇动画《封神榜传奇》，也是中国动画业的尝试。其中《我为歌狂》是仿照日本动画《篮球飞人》制作中国自己的动画作品，虽然作品本身似乎不太受好评，但是尝试的形式还是非常好的。

2007 年《快乐星猫》引领国产动漫产业整装待发，将又迎来一个新的台阶，这部动漫幽默风趣，很讨人喜爱。

动漫，是动画和漫画的合称。两者之间存在密切的联系，中文里一般均把两者合在一起称为动漫。

动画（Animation 或 Anime）或者卡通（Cartoon）所指的是由许多帧静止的画面连续播放时的过程，虽然两者常被争论有何不同，不过基本上都是一样的。无论其静止画面是由电脑制作还是手绘，或只是黏土模型每次轻微的改变，然后再拍摄，当所拍摄的单帧画面串联在一起，并且以每秒 16 帧或以上的速度去播放，使眼睛对连续的动作产生错觉，如图 2-6 所示。通常这些影片是由大量密集和乏味的劳动产生，就算在电脑动画科技得到长足进步和发展的现在也是如此。动画可分为二维动画与三维动画两种，若没有特别说明，本书中提到的"动画"均指二维动画。

漫画（Comics 或 Manga）一词在中文中有两种意思。一种是指笔触简练，篇幅短小，风格具有讽刺、幽默和诙谐的味道，却蕴含深刻寓意的单幅绘画作品。另一种是指画风精致写实、内容宽泛、风格各异，运用分镜式手法来表达一个完整故事的多幅绘画作品。两者虽然都属于绘画艺术，但不属于同一类别，彼此之间的差异甚大。但由于语言习惯已经养成，人们已经习惯把这两者均称为漫画。为了区分起见，把前者称为传统漫画，把后者称为现代漫画（过去也有人称连环漫画，现在很少使用）。而"动漫"中的漫画，一般均指现代漫画，如图 2-7 所示。

图   2-6

正像绘画分为国画、油画、版画等门类一样，漫画也有多种形式，例如就画面格式看，有独幅画、四幅或六幅一连的、连环漫画等；从内容上看，有政论式的、抒情诗式的、具有小说情节等。广义的漫画，其界限是颇为模糊的，但不论漫画的形式有多少变化，只要是以某一固定的视角，平面地叙述

图   2-7

和构图,都会令观者像在剧场里观看戏剧演员演出一样,无论怎样看,都是基本保持在一个视平面上。

而动漫则不同,它的突破之处在于,动漫家使用各种影视镜头语言来经营画面,从某种意义上说,动漫和电影、动画一样,都是处理时间的艺术,它将一个个动作、场景连接起来,以此组成整个动漫故事的叙事逻辑,充分借用了例如影视的变化、视角的变化、各种镜头的剪接等电影的镜头语言。因此,一般认为动漫的出现完全是受到了电影艺术发展的影响与启示。

一般观点认为,"动画"一词源自日本,第二次世界大战前,日本将用线条描绘的漫画作品叫做"动画"。二战后,开始把用木偶、线绘等形式制作的影片统称为"动画"。当今英文对动画艺术的正式称谓为 Animation,其动词形式是 Animate,Animate 的词义中有"赋予……以生命,使……活起来"的意思。Animation 的词义中有"使用逐格拍摄的方法,使木偶等没有生命的事物产生看起来像有生命一样运动起来的电影"的意思。因此,动画是"赋予生命"的含义。中国传统称其为"美术片",依照中文的词义,"动画"和"动画片"并不完全是同一概念。"动画"是一种活动的画面艺术形象;而"动画片"主要是一种叙事艺术形态,是电影电视的一种类型。动画片拍摄的对象本身不是真人真景,而是艺术家用与之相关的艺术手段设计制作出来的假定性形象。因此,"动画"的概念其外延比"动画片"要大。"动画"本质上应该是一种手段,其核心是"赋予生命"的技巧,也代指以这种技巧制作的某些产品。除了影视动画片外,还有科教动画、电子广告动画、电子游戏动画、网页动态信息动画等。

动画原始的制作方法要逐格处理、逐格拍摄或扫描,现在虽然已不是那么笨拙,但其制作工艺仍然非常繁杂且耗时费力,类似拍摄电影,但比拍摄一般电影还要复杂,要求还要严格。电影拍摄的对象是真人,镜头拍摄虽然按剧本操作,但较自由灵活,后期制作中,剪辑镜头的余地较大,不足的镜头也可以补拍。但是动画片拍摄的对象是造型艺术作品,无论是平面的绘画,还是立体的偶像,都是艺术家们精心绘制设计出来的形象和场景,耗费了大量的人力、物力和财力,任何一点疏忽都可能造成经济损失而使造价上涨。动画片的制作是按缜密的计划施行的,不是先拍完镜头后剪辑,而是经过精心规划、周密研究,制定最后的剪辑样式,而后按设计方案估算时间,必须严格按设计计划进行制作、拍摄、扫描,最后的剪辑工作只是把拍摄或扫描好的内容按分镜头画面台本所要求的次序连接起来而已。

动画和漫画、动漫之间是一种相容的关系,甚至是密不可分的。正如前面所讲解的,有人曾将用线条描绘的漫画称为动画,是因为动画的画面中富含漫画的意蕴,很多动画片本身就是由漫画改编而来的。叙事性动画片中的角色几乎都是漫画性的形象,不论是孙悟空,还是米老鼠,都是如此。从整体动漫产业的角度说,以动漫角色形象开发出来的种种商品具备漫画艺术的全部特性。不少动画片中的故事还被印制成漫画书畅销于市场。

动漫,因其理念创新、画法精致、切合时尚,形成了它独特的艺术魅力。另外,它的快速制作和低成本等因素对商业化和市场化运作的感召力都是动画所不能及的。

动画、漫画和动漫,都是创作者借以传递情感和审美观的创作手法,需要观赏者体味并产生共鸣。因此要求作者具有较高的文化素养及广博的知识,是否有想法、创意。同样一个故事,任何一个作者都会有完全个性化的感受,所表达出来的内容和意境也必定各有不同,这也正是作品的生命力所在。应该说,动画、漫画、动漫各有特点,别具魅力。伴随着时代的发展,受众的需求,它们的创作理念越来越接近,相近的题材内容和运用影视语言的艺术特点,使动漫成为荧屏上的漫画书、书包里的动画片。人们常说,动漫是动态的漫画,不正表明了它们之间的关系吗？并且,动漫是一个巨大的共同市场,凡此种种,动漫、动画与漫画是同根而生的动漫产业不可分割的枝叶。由此产生了一个新的名词——"动漫理念",同时也迎来了"动漫时代"。

2.2　动画与Flash相结合

　　伴随着网络的诞生以及Flash软件的面世,动漫又多了一种创作形式,并且Flash还能轻松实现让卡通形象动起来,也就是说可以利用Flash来制作静态或动态的动画作品,这种制作方法的出现是Flash软件和卡通形式的发展趋势所带来的必然结果。

　　Flash原本是运用在网页制作上的一个专业设计软件,是一个制作矢量动画的专业软件,在Flash软件出现的初期,并没有太多的人注意到它制作动漫的功能,相反,人们把它单纯地看做是制作网络动画或者其他元素的工具,而从根本上忽视了它作为一个基于矢量基面的制作软件,对于卡通的制作功能也是十分强大的。但随着网络动画的普及,Flash在动画制作方面的功能优势越来越凸显,不管是静态的单幅或者多幅卡通动漫,还是动态的短片、MV卡通动漫,Flash都能游刃有余,如图2-8所示。Flash因而成为当前应用最广泛的动画制作工具之一。

图　2-8

课堂练习

任务背景：通过第2课的学习,小明已经弄清楚动漫的一些基础知识。

任务目标：上网搜索一些优秀的Flash动画作品。

任务要求：找到动画作品后,要观察动画制作时都使用了哪些手法,运用了什么动画风格控制,什么样的动画场景等。

任务提示：毕竟制作Flash动画是个循序渐进的过程,读者不用太过着急于制作动画,要从了解和欣赏的角度开始学习。

练习评价

项　　目	标　准　描　述	评定分值	得　　分
基本要求60分	浏览网站,找出1个Flash MTV动画	20	
	浏览网站,找出1个Flash按钮	20	
	浏览网站,找出1个使用视频的地方	20	
拓展要求40分	从需求角度,分析动画类型	40	
主观评价		总分	

本 课 小 结

本课主要介绍了动画的相关基础知识,使读者对动画有了初步的认识和了解,并且对动画和 Flash 软件之间的关系进行了简单介绍,为以后设计制作 Flash 动画作品打下坚实的基础。

课 外 阅 读

Flash 动画设计相关术语

(1) 脚本:带有漫画性质的文学剧本,并像电影剧本那样分出场景和要素,有利于直接的专业操作。将剧情以纯文字写出,除了详细情节以外,对场景、地点、背景音效、人物对白、人物动作等都要做出明确交代,并决定整部作品的情节走向。TV 作品通常会在此工序通过"系列构成"对整套作品的风格进行把握。

(2) 分镜头:分镜头英文是 Continuity Script,这是将纸上的东西转换成将来呈现画面的第一步,画分镜头的人按照脚本的指示,在脑中转成画面然后画在纸上。

(3) 点描:这是在少女漫画中获得充分运用的一种方法。多用于烘托气氛,也可以用作话框。点描时一般使用圆笔,垂直在原稿上点画。

(4) 分镜:打草稿阶段的重要工作,包括分配页数,定制每页内的格框划分等。分格是漫画的基本技巧,也是当代漫画和传统漫画联系最紧密的环节。

(5) 变形:漫画里为烘托气氛经常把人物的表情等做夸张处理,或者用一种特殊的人物形象来表达某种感情、状态等。变形是漫画语言中最重要的元素之一。现代漫画多为主要角色设计专门的变形人物形象,如 Q 版。

(6) CG 数码动画:即计算机上用数码技术制作的动画。当前日本的动画制作中,大约有 80% 的操作可由计算机完成。

(7) Q 版:指漫画中或者动画里三头身大的人物,即脑袋、上半身、下半身一般大小。Q 版人物通常是女孩们所不能抗拒之可爱。

(8) OVA 版:OVA 版就是 Original Video Animation 的缩写,意思是没有在 TV 或电影上放过而直接发行的作品,通常剧情原创,集数少,且品质好。

(9) TV 版:TV 版就是在电视上看到的,集数很多,情节拖延的长篇动画片。

(10) 剧场版:剧场版顾名思义就是在电影院内放的动画片。而在日本,有不少剧场版的动画经常是由 TV 版改变过来的,TV 版改编成的剧场版影片在 1 小时左右,而不像传统电影的 1 个半小时。好莱坞和梦工厂的动画大片其实也属于剧场版,但是要长得多,和一般电影接近。

(11) 桥段:桥段简单来说是摆脱困境的好方法。桥段不仅在大的高潮时适当使用,在较小的高潮部分加以适当运用同样很有效果。漫画中的桥段不一定要用常规的手法写,加入一些噱头和专门运用漫画的令张,更能吸引大家的目光。

(12) BGM:BGM 是 Back Ground Music 的缩写,即背景音乐。由担任"音乐"的人完成。通常配合画面情节出现,以衬托当时的气氛与情境。优秀的 BGM 能使作品锦上添花。

课 后 思 考

(1) Flash 动画有哪些类型?

(2) Flash 制作的动画有什么优点?

第3课　动画的审美

　　美,无处不在,它存在于大千世界的各个领域。在美丽神奇的自然中,在热烈沸腾的社会生活中,在绚丽多彩的艺术领域中,无处不存在着美,我们生活在美的世界。同时,我们的生活本身就是在发现美、审视美、创造美。要想制作高水准的 Flash 动画,那么对于动画本身的审美要求就显得尤为重要了。

课堂讲解

> **任务背景:** 小明想要做出精美的 Flash 动漫作品,就必须提高动漫的审美能力。
>
> **任务目标:** 了解二维动画审美的基础知识。
>
> **任务分析:** 小明了解动漫的审美能力是非常有必要的,审美能力的提高得靠平常多用心去品味、体会不同类型的 Flash 作品。

3.1　什么是审美

　　就审美本身而言,很多人并不是十分清楚的,下面将介绍有关审美的一些理念。

1．审美的概念

　　审美是一种精神的需要,是对美的事物和现象的期望与追求。所谓审美是指对美的事物和现象的观察、感知、联想,乃至理解等一系列的思维活动,如果一个人没有追求美的欲望,也就无所谓感受美、欣赏美、理解美和评价美了。只有那些热爱生活、渴望美的人才能以满腔的热情和浓厚的兴趣去追求美并创造美。

2．审美的标准

　　审美的标准是主观存在的,但这个标准并不是绝对的,而是相对的,这个标准就是美的文化共识。如果你接受了某一项审美标准,你就会不自觉地用它对事物进行比较、衡量,审美标准的差异性也就是在这种情况之下产生了。蛤蟆丑,是因为人们接受了光洁、细嫩的皮肤是美的这一审美标准。凌乱是美,也是因为人们肯定了自然、随意的排列是美的这一标准。当然这种审美标准是站在人类自身的立场上,被认为是美的事物,其特质多少就包含了真与善。

　　有所比较才能有所衡量、有所判断,任何事情的对否是相对的。

3.2　动画的审美

1．中国

　　中国动画作品寓意深刻,表现形式也是多种多样的,因为中国具有浓厚的文化底蕴,坚实的民族基础,如图 3-1 所示为《大闹天宫》和《葫芦兄弟》。

　　中国动画的创作手法也很丰富,《小蝌蚪找妈妈》是水墨风格,《猪八戒吃西瓜》是皮影戏,这些都是中国动画的特色所在。外表的表达形式是次要的,中国的动画更注重内在的寓意,动画本身就是一本很好的教材,寓教于乐,很容易让人们接受,这才是中国动画的精髓所在,要从根本上去体会中国动画带来的这些对美的诠释,就必须用心去体会其中所包含的寓意。

2．日本

　　日本动画有完整、成熟的制作步骤,其作品更具有产业化的特点,注重市场效应,由动画带动一系列的周边产品是日本动画的一贯做法,不过也不能因此而忽视了日本动画的优秀。动画在日本不单单是一门艺术,更多是一种产业。

《铁臂阿童木》是日本动画界的"教父"级人物手冢治虫先生的作品,其直接地推动了日本动画的发展,如图3-2所示。《机器猫》作为一部成功的动画作品,不单单在动画界大出风头,并且在其周边,例如卡通玩具、形象商标等,都获得了很大的成功,如图3-3所示。

图　3-1　　　　　　　　　　　　　　　　图　3-2

日本动画有一种刻意的唯美,是令人赏心悦目的。日本动画注重对整个画面的刻画,其动画风格十分细腻,个人认为日本动画之所以受欢迎,是因为它包含了非常多的流行元素,并且过多地表现宿命的悲剧,例如大家熟悉的《圣斗士》、《龙珠》、《北斗神拳》等,精美的动画形象,动人的故事情节,这一切都反映出动画对于日本的重要性。

《七龙珠》是日本漫画家鸟山明先生的作品,凭借其特殊的画风,奇特的动漫形象以及精彩的故事情节而被广大动漫爱好者所喜爱,如图3-4所示。《灌篮高手》是以写实的绘画风格著称的,同时也宣扬了日本的那种大和民族精神,让人看了不禁热血沸腾,同时也掀起一股篮球狂潮,如图3-5所示。

在动画的含义方面,日本反复强调民族精神,可能是基于这一点,因此,日本的动画所面对的是广大的观众,而不是局限于小孩。

图　3-3　　　　　　　　图　3-4　　　　　　　　图　3-5

3. 韩国

韩国动画更多地表现在网络上,例如,《流氓兔》如图3-6所示,《倒霉熊》如图3-7所示,都非常受欢迎。韩国动画的娱乐性很强,过多地注重搞笑效果,而真正内在的含义却不是很深。

不知道《流氓兔》这个动画形象是什么时候进入中国的,不过《流氓兔》的动画造型居然能在短时期内占领中国人的心,从侧面反映了韩国的动画是具有相当实力的。

图　3-6

韩国的 Flash 动画制作非常精美,效果也非常的好,并且在 Flash 动画中加入了很多搞笑的元素,将搞笑十分流畅地运用到 Flash 动画中的制作方法以及 Flash 动画中丰富的流行元素,也是韩国动画的一大特色。

4. 美国

美国人思维发散以及整体意识都比较强,他们对于动画的构思是极为天马行空的,例如《蝙蝠侠》《蜘蛛侠》《超人》等,如图 3-8 所示。他们注重对动画的整体刻画以及市场反应,强调民族精神,宣扬英雄主义,对观众的震撼十分强烈。

图　3-7　　　　　　　　　　　　　　　　　　图　3-8

美国的动画除了注重搞笑、爱情,其他的就是大肆宣扬科学的超前意识以及英雄主义了。况且,动漫起源于政治讽刺漫画,而政治讽刺漫画正是由于西方的具体政治情况而出现的,因此,就夸张的讽刺效果、诙谐幽默的表现形式以及实际创作过程中的技法运用而言,美国动画的地位是不可动摇的。

自从迪斯尼的《米老鼠和唐老鸭》诞生之后,如图 3-9 所示,便凭借其诙谐幽默、活泼生动的两个卡通形象一下子就俘获了人们的心,尽管这样,美国的动画并不是单纯地为了娱乐,像动漫人物的屡战屡败,可却还是屡败屡战,多少强调了民族精神。

说到米老鼠,大家都已经熟悉得不能再熟悉了,迪斯尼创造了米老鼠,也造就了迪斯尼卡通王朝,同时米老鼠也伴随了一代又一代人的成长。不管如何,美国的动画所表现出来的对未来的想象、构思,还是很让人折服的。

图　3-9

3.3　Flash 动画的审美

要做出精美的 Flash 动画作品,自身的审美层次是必须要提高的,并不是说非要努力达到一个高的水平,而是就审美观念来看,能够从不同类型的 Flash 动画作品中去发现美,并去体会那种美,版画有版画的棱角美,写实有写实的真实美,漫画有漫画的圆润美,美的形式不一样,关键在于品位、体会。

对于每一种类型的 Flash 动画作品都要仔细品味、反复琢磨,才能深刻认识它所蕴含的多种美的因素,深入挖掘其中美的内涵,从而获得正确的情感体验,产生强烈的情感共鸣。因此,应该有意识地在各种审美活动中培养自己的审美感受力、想象力和理解力,应该在绚丽多姿的现实生活中汲取营养,去发现美,创造美。

在 Flash 动画创作过程中,由于每位设计师的审美观念和标准不同,因此也产生了各种类型的 Flash 动画风格,有版画、写实、纯漫画等,并不能说哪一种风格不好,正像上面所提到的,因为审美的观念和标准各有不同,在审美的选择取向上产生差异是非常正常的,如图 3-10 所示为不同风格的 Flash 动画作品。

图 3-10

课堂练习

任务背景:通过第3课的学习,小明知道了要想提高动画审美能力,就必须多看多体会。

任务目标:上网搜索不同类型的 Flash 动画作品。

任务要求:找到 Flash 动画作品后,要观察动画作品都是哪些风格的,想想作者运用这种风格的目的是什么。

练习评价

项　　目	标　准　描　述	评定分值	得　分
基本要求 60 分	什么是审美	15	
	了解各国的动画作品	25	
	上网搜索不同类型的 Flash 动画作品	20	
拓展要求 40 分	从需求角度,分析动画类型	20	
	从需求角度,分析动画中使用了哪些术语	20	
主观评价		总分	

本课小结

本课主要介绍了动画审美的相关基础知识,主要是为了使读者了解各国的动画作品,有助于提高读者的审美能力,要仔细用心去体会这其中的奥妙。

课外阅读

什么是设计师

通常讲设计师是创造"艺",而所谓的运用电脑等工具进行大量工作的充其量也就是个"工作者",创造的是"匠",这"艺"和"匠"的区别往往是大部分人难以理解的。

设计英文为 Design,这个词在英语中含义同时具有"绘画"和"意图、图画、草图"的意思,在 20 世纪 60 年代初"设计"开始运用于工业和生活环境美学中;之后,其含义不断扩大,今天所称的设计被用于建筑、城市、环境、或工业设计、图形和版面设计等方面。

　　　　设计师简单地说就是艺术世界的缔造者,是"美"和"艺"的创造者,具有高尚的修养,是一个工作在文化的平台上,以创造文化和传播文化为使命的工作者。

　　　　人们通常有这种理解上的误区,那就是认为 Flash 动画设计师就是使用 Flash 软件没日没夜地制作动漫,其实这是不对的。

　　　　就像前面所讲到的,单纯地运用 Flash 软件没日没夜地制作动漫的人充其量被称为"Flash 动画设计工作者",而真正意义上的 Flash 动画设计师可不是单纯地运用 Flash 软件制作动画。

　　　　Flash 动画设计师不但要有熟练的操作技术,还必须有良好的自身素质,他不单单是 Flash 动画的制作者,更在某种程度上是 Flash 动画作品的创造者,他是在创造出更好的动画而并非是制作出更好的动画。简单地说,"Flash 动画设计工作者"有的时候是看老板而做的,只要老板满意,报酬不减,不管是什么样的都做;而 Flash 动画设计师则不同,他们追求的是"艺",是那种在思想上的突破,是一种忠于自己设计原则和设计理念的创造。

　　　　Flash 动画设计中的"Flash 动画设计者"和"Flash 动画设计师"的最根本的差距不在技术上,而在思想上,从前者那种制作者的位置升华成为后者那种创造者的位置,就必须完成思想的飞跃,创造力的飞跃。为完成这些飞跃,作为设计师,作为忠于"艺"的设计师,必须是渊博而深刻的。

　　　　其实,是不是设计师并不重要,重要的是享受这一切所带来的快乐,并体会得到这种快乐,做 Flash 动画只要是自己喜爱的就好,努力成为 Flash 动画设计师固然是件好事,毕竟有努力的目标,可是千万不能把目标变成负担,一旦成为负担,那就和原本的初衷相违背。

课后思考

　　(1) 什么是审美?

　　(2) 简述日本动画的特点。

第4课　动画设计师应该具备的素质

　　　　Flash 动画设计师近几年来成为备受青睐的职业,其实 Flash 动画设计师的个人素质是个很广的概念,包含了个人道德修养、职业素质、创新意识、审美观念等。在 Flash 动画制作水平不断提高的同时,个人素质也应该具备相当的水准,才能使 Flash 动画作品上升到一个更高的层次。

课堂讲解

　　任务背景:小明想成为一名优秀的 Flash 动画设计师,但是不知道应该具备哪些素质。

　　任务目标:了解动画设计师应具备的素质。

　　任务分析:要想做一名优秀的动画设计师,小明还要努力学习。

4.1　个人素质

　　　　作为一名出色的 Flash 动画设计师,一个"艺"的创造者,个人的素质应该是其在所谓的修炼过程中特别重要的。严格讲它是能否成为真正意义上的 Flash 动画设计师的基础、前提条件。

首先,要知道什么是道德,所谓"道德"就是人们对于自身所依存的社会关系的一种自觉反映形式,是依靠教育、社会舆论和人们内心信念的力量,来调整人们之间的相互关系的观念、原则、规范、准则等的总和。其中"道"一般是指事物发展变化的规律和法则,而"德"则主要是指人的品行、人格等。

其实个人素质和是不是 Flash 动画设计师并没有直接的关系,但是除去职业上的约束,单单作为国家的公民,首先就必须遵守最基本的道德规范——爱国守法、明礼诚信、团结友善、勤俭自强、敬业奉献。

人的一生中有两件事是必须要去做的——成才、成人,但有的人成才没有成人,有的成人却没有成才,就个人的观点,既成才又成人追求中还是成人重要,很多人都认为现在的社会很现实,一定要先成才,其实往往在成才的过程中就会忽视了成人,导致成才之后想成人都为时已晚了。

这里所说的成人就是规范自己的道德修养,而成才则是文化知识方面取得成就。一个人不管是否暂时对社会有贡献,因为贡献这个东西是长时期才能看出来的,始终都应该把成人放在首位,一个规范自己道德修养的人大多会对社会做出相当程度的贡献;而一个只注重个人知识水平,而不去规范或者不合理规范自己道德修养的人却不一定会对社会作出贡献,这在根本上还是道德意识问题。

4.2 职业素质

职业素质(Professional Quality)是劳动者对社会职业了解与适应能力的一种综合体现,其主要表现在职业兴趣、职业能力、职业个性及职业情况等方面。影响和制约职业素质的因素很多,主要包括:受教育程度、实践经验、社会环境、工作经历以及自身的一些基本情况(如身体状况等)。一般说来,劳动者能否顺利就业并取得成就,在很大程度上取决于本人的职业素质,职业素质越高的人,获得成功的机会就越多。

不同的职业,职业素质是不同的。一个人的职业素质是在长期执业中日积月累形成的。职业素质现在越来越广泛地被公众谈论,可见其重要性已经大大深入了现在社会的工作者的观念之中了,因此人们开始不约而同地把职业素质放在工作标准的首位。那什么是职业素质呢?可能有人只是简单地把它理解为敬业之类的,其实敬业只是职业素质修养的一小部分。所谓职业素质,是所有从业人员在职业活动中应该遵循的行为准则,包含了从业人员与服务对象、职业与职工、职业与职业之间的关系。

的确,从职业素质的概念来看,职业素质不单单是对工作认真负责,和同事和睦相处之类的了,它包含更为广泛的内容,主要归纳为以下几方面:爱岗敬业、诚实守信、办事公道、服务群众、奉献社会。往往可以从一个人的职业道德反映出这个人的个人素质程度,毕竟工作中对个人的了解也只能局限于他对工作的态度了,而事实证明,要做到这一点,确实不是一件容易的事情。

把职业素质和个人素质分开谈是为了说明职业素质在各行业中的重要性,不单单在 Flash 动画设计创作行业中,在其他行业中也是非常重要的。首先,职业素质的提高有利于促进行业兴旺发达,每个从业人员是本行业的代表,而他们所具备的职业素质状况直接影响了本行业的发展,关系到本行业的兴衰成败;其次,职业素质的提高对调整和建立新型人际关系起到推动作用,由于行业和行业之间是相互联系的,因此它们之间的关系程度往往是由在其行业中从业人员的职业素质而定的,况且职业活动都是在一定的组织与一定的社会集体中进行的,因此,各个行业中的从业人员的职业素质状况将对整个社会素质水平产生很大影响;再次,职业素质的提高是做好本职工作的需要,职业素质的高低,直接决定着从业人员对本职工作的态度,从而决定了本职工作完成的好坏,从业人员能否出色完成本职工作固然与从业人员文化知识、能力等因素有关,也同职业素质密切相关,只有职业素质水平高的从业人员才能出色地完成工作;最后,职业素质的提高是实现人的全面发展的需要,各行各业的从业人员要想实现自己的全面发展,成为社会主义四有劳动者,就必须加强社会主义职业素质。

在以上所讲述的职业素质重要性的一些说明中,读者对职业素质已经有了大概的了解以及对 Flash 动画设计师所应该具备的职业素质有了大体的把握。不过,在本课所要讲的,不仅仅是作为一名 Flash 动画设计师,职业素质对其有多么的重要,而是单独谈职业素质,谈它的意义以及重要性,这不仅仅对读者将来成为一名出色的 Flash 动画设计师有所帮助,更加为今后从事其他工作规范了工作态度。

总之,作为一名 Flash 动画设计师,在本行业工作过程中保持自身较高的职业素质水准,其实是作为 Flash 动画创作的关键要素之一而必然存在的。撇开 Flash 动画设计师的专业技术不谈,那么职业素质水准的重要性就显示出来了,在相同的技术水平前提下,职业素质水准决定了 Flash 动画的品质以及影响力。因为职业素质影响了作为 Flash 动画设计师创作 Flash 动画时的出发点,是以一种什么样的心态,或者是以一种什么样的目的去创作 Flash 动画的。具有相当高的职业素质的 Flash 动画设计师往往创作的出发点并不是为了经济上的利益,而是从个人对自身工作的态度出发,首先明确的是热爱 Flash 动画设计工作,并且能创作出为大众所接受的传世之作。

另外,网络既然是现代社会的产物,那么它就与社会的发展紧密地结合在一起。所以作为一名 Flash 动画设计师来说,就不能忽视社会时事的变化。对于国事、天下事均要有所闻、有所关心,这样才能使自己具有一颗永不停止的进取的心,应付各种变化,使运动的观点深入到作品中去,这样做出来的作品才能够被认可。

4.3 审美意识

美是能够使人们感到愉悦的一切事物,它包括客观存在和主观存在。美在生活中无所不在,但是要去发现这些美却不是一件容易的事情,这就需要提高自身发现美、欣赏美的能力,而在 Flash 设计这项对美的要求比较高的工作中,发现美并且欣赏美就显得更加重要了。

审美观念的培养主要是以美感为丰富的生活体验以及情感的发挥作为途径的。首先,要知道美,前面提到过,要懂得什么是美,最起码有自己的概念;其次,要对生活有所体验,懂得了生活百态,有了比较,才能衍生出美,而对生活充满喜乐、热爱生命、热情投入工作,长期保持这些生活态度都可以培养审美和熏陶艺术感觉;懂得去体会并非现实存在的美,嫣然一笑固然是美,可谁能说感情的跌宕惨烈不是美,这就需要用心去体会,说实话,印象派风格的画没有多少人能够看得懂,可用心去体会就能发现其中深深的善感所在,这样的作品往往是使观众的内心和画的含义产生共鸣而达到效果的,所以,发挥自己的感情,就能达到对美的体会。

Flash 动画设计中除了以上的几点外,还有就是要多鉴赏 Flash 作品。虽然现在 Flash 作品中还没有什么可以说成是与国画相比较的艺术品,但是就在 Flash 这个范围内,读者应该多去鉴赏有水准的 Flash 作品,这是最好的培养审美观念的途径,走这条路并不是靠鉴赏中等水准的 Flash 动画作品,而是靠鉴赏顶级的 Flash 动画作品来实现的。等在顶级的 Flash 动画作品中打下坚实审美基础后,就有了用于衡量其他作品的尺度,评价不至于偏高,而是恰如其分,从而在创作 Flash 动画的过程中也能依据对美的欣赏水平来规范自己的作品,当然,Flash 动画作品几乎每天都在更新中,所以也有保持时刻提高审美观念的必要性。

最后还是要提醒大家,鉴赏顶级的 Flash 动画作品千万不要走入一个误区,那就是模仿那些你所鉴赏的顶级的 Flash 动画作品的风格。由于这些都是顶级作品,不是轻易可以超过的,可以作为目标,但是千万不要刻意模仿,那样不利于自身风格的培养创新。

4.4　创新意识

创新意识也是当代人才所应具有的最重要的素质。创新能力越来越被各个行业所看重,要想自身的技术、产品或者服务在本行业中领先,就必然每时每刻要考虑如何做得与众不同,能想出一个与别人不同的主意,也许就能成就一番事业。

创新是指在人类物质文明、精神文明等一切领域,一切层面上淘汰落后的思想、事物,创造先进的、有价值的思想和事物的活动过程。

作为 Flash 动画设计师在设计 Flash 动画的时候就没有所谓的不能提出创新,不敢提出创新的问题了,因为毕竟这是直观的设计工作,并不是像理论的那样,一个创新的观念会被很多人质疑,甚至是批判,而在 Flash 动画设计上的创新是在短时间内能看到效果的创新,这种创新一般都是非常直观的。一个新的思考,会带来一个新的制作方法,一个新的制作方法也许就会为你带来一个成功的作品。

创新是和兴趣密不可分的,简单地说,有兴趣才能够创新,创新是需要兴趣做铺垫的。当一个人对一件事有兴趣,他必然要投入很大的精力对它进行研究、琢磨,必然要做得独特,做得与众不同,必然要学习更多的相关知识用以解决不断出现的问题。所以,创新有赖于兴趣,解决了兴趣问题,创新就不难了,创新之后,就更能深刻体会成功的意义。所以,做自己喜欢的工作,才会有创造的乐趣。

课堂练习

任务背景:通过第 4 课的学习,小明已经明白作为动画设计师应具备的素质。

任务目标:上网搜索一些动画设计师作品。

任务要求:从动画设计师的作品中得到了什么启示?

练习评价

项　　目	标 准 描 述	评定分值	得　　分
基本要求 60 分	了解动画设计师应具备的素质	25	
	上网搜索动画设计师的作品并品味体会其内涵	35	
拓展要求 40 分	练习绘画	40	
主观评价		总分	

本课小结

本课主要帮助读者了解 Flash 动画设计师的相关要求和所需要具备的素质。本课所讲解的内容多以基础概念为主,读者还需要仔细的理解,才能对动画和 Flash 动画设计师有充分的了解。

课外阅读

Flash 动画师的基本技能

1. 熟悉 Flash 软件操作技能

要掌握基本技能,首先要学会操作 Flash 软件,并及时地根随软件版本更新掌握最新的操作技巧。

2. 绘画技能

既然是 Flash 动画,当然图画是最主要的构成部分,这对于一个 Flash 动画设计师来讲,绘画技能也是很重要的,一般来讲绘画有两种手段:鼠绘——用鼠标绘画和手绘——用压感笔绘画。

对于绘画,其实没有什么捷径可言,就是一个字"练",多练习才能够画得好。只要是多画、多练习,就算没有美术基础,也能够画出十分漂亮的图形,做出动漫味十足的 Flash 动画来。

在技能方面,Flash 软件操作技能和绘画技能是迈向 Flash 动画设计师的第一步,不要好高骛远,掺不得半点的小聪明,得踏踏实实地走稳每一步。

3. 对 Flash 动画创作的具体规划

整体规划也就是创作计划,在整个 Flash 动画创作中显得尤为重要,这不仅仅需要对自己将要进行的创作有个整体的规划,而且还要做到有所准备,从容不迫地进行工作。

Flash 动画作品无论是动态的还是静态的,前期制作中的整体规划是十分重要的,使制作的 Flash 动画更加合理,更加精美。同时也能反映出作为一个 Flash 动画设计师的具体工作能力。因此,作为一项基本技能,Flash 动画的整体规划对于 Flash 动画设计师的重要性也就显而易见了。

4. 丰富的想象力

想要制作出高品质的 Flash 动画,丰富的想象力是不可或缺的。在丰富的想象力的策动下,能够对自己将要进行的创作工作有新的想法,从而创新也就不是什么难事了。新的风格、新的方法、新的人物造型都和想象力有关。

丰富的想象力是能够想到别人所想不到的东西,这样才能做出自己的风格,真正属于自己的作品。

既然是创作 Flash 动画作品,除了技术方面的要求,想象力就成为创作的关键了。不能总是默守成规,也不能总是模仿别人的作品,这些都不利于自己实力的提高。不单单如此,具有丰富想象力的人的大脑思维十分活跃,更加容易接受新的事物、观念,从而能更好地完成自己的工作。

课后思考

(1) Flash 动画设计师应该具备哪些素质?

(2) 为什么 Flash 动画设计师要有创新意识?

第2章

动画角色绘制

知识要点

- 使用基本绘图工具绘制图形
- 使用铅笔工具绘制路径
- 使用钢笔工具绘制路径
- 使用钢笔工具绘制图形

- 附加功能选项的设置操作
- 动画角色的绘制技巧
- 不同场景的绘制技巧

第5课　动画基本绘图

计算机中所看到的图像都可以被归入两大类：矢量图形和位图图像。在 Flash 中所有直接绘制出来的图像都称为矢量图。矢量图形实际上是通过数学计算绘制出来的。使用 Flash 中的线条工具和矩形工具等可以直接绘制出矢量图形，再通过保存图形颜色和位置信息，使得矢量图形效果更加丰富多彩，本课将通过使用 Flash 中常用的各种绘图工具和命令，绘制出各种丰富的矢量图形。

课堂讲解

任务背景：小英平常很喜欢绘制一些漂亮的图像，有一天，她在网上看到一个非常漂亮的 Flash 动画，里面的动画人物非常的帅气，于是她便产生了绘制的念头，但是由于不太会用 Flash 的一些基本绘图工具，所以决定……

任务目标：能够使用各种绘图工具绘制图形。

任务分析：学习 Flash 的一些基本工具的使用方法以及一些绘画技巧是非常必要的，只有了解了 Flash 基本工具的使用，才能制作出漂亮的 Flash 动画。

5.1　使用标准绘图工具

Flash 中提供的各种绘图工具，都不简单地只有一种选项，每个工具都有不同的选项供用户选择，使用不同的选项设置，将绘制出不同效果的图形。在绘制图形时，应尽量选择合适的工具选项，这样才能简单快捷地绘制出想要的效果。

Flash 中的基本绘图工具包括了"矩形工具"、"椭圆工具"、"基本矩形工具"、"基本椭圆工具"、"多角矩形工具"、"线条工具"和"铅笔工具"。综合使用这些工具可以绘制出各种各

二维动画设计与制作——Flash CS4中文版

样丰富的图形,下面依次对各个工具进行讲解。

步骤1　使用矩形工具

1. 使用"矩形工具"绘制矩形

单击工具箱中的"矩形工具"按钮 ▣，在场景中单击并拖动
鼠标，直到创建了适合的形状和大小，释放鼠标，即可以绘制出一
个矩形图形，得到的矩形由"笔触"和"填充"两部分组成，如图5-1
所示。如果要对图形的"笔触"和"填充"进行调整，可以在其"属
性"面板上进行修改，如图5-2所示。

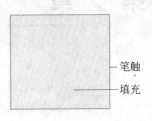

笔触

填充

图　5-1

如果需要创建"圆角矩形"，单击工具箱中的"矩形工具"按钮，在"属性"面板中输入一个
"矩形边角半径"的值就可以指定圆角，值越大，矩形的角越圆，如果值为零，则创建的是直
角，"属性"面板设置如图5-3所示，在场景中绘制圆角矩形，效果如图5-4所示。

图　5-2

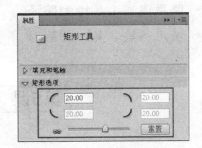

图　5-3

小技巧 使用"矩形工具"时，按住Shift键的同时拖动鼠标可以将形状限制为正方形。如
果想指定矩形的像素大小，选择"矩形工具"，然后在按住Alt键的同时单击舞台区
域可以弹出"矩形设置"对话框，在其中可以指定矩形的宽度、高度、矩形边角的圆角半径（如
图5-5所示），以及是否从中心绘制矩形，如图5-6所示。

图　5-4

图　5-5

图　5-6

2. 设置矩形工具的属性

单击工具箱中的"矩形工具"按钮，在"属性"面板上将会显示有关矩形工具的"笔触颜色"、
"笔触高度"、"笔触样式"、"自定义选项"，以及填充颜色等属性设置。

步骤2　使用椭圆工具

"椭圆工具"在使用上和矩形工具基本是一致的，在使用"椭圆工
具"时，按住Shift键同时拖动鼠标可以将形状限制为正圆形，如图5-7
所示。要指定椭圆的像素大小，可以选择"椭圆工具"，然后按住Alt键

图　5-7

单击舞台区域,弹出"椭圆设置"对话框,如图5-8所示,在其中可以指定宽度和高度,以及是否从中心绘制椭圆。

步骤3 使用基本矩形工具

单击工具箱中的"矩形工具"按钮,在弹出的下拉菜单中选择"基本矩形工具",在场景中单击并拖动鼠标,直到创建了适合的形状和大小,释放鼠标,即可绘制出一个基本矩形,如图5-9所示,如果要对基本矩形进行调整,可以在其"属性"面板上进行修改,如图5-10所示。

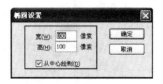

图   5-8

图   5-9

图   5-10

操作提示 "基本矩形工具"和"矩形工具"最大的区别在于它的圆角设置,在使用矩形工具绘制矩形后不能对矩形的角度进行修改,而基本矩形绘制完矩形后,对其拖动即可调出圆角。

小技巧 若要在使用"基本矩形工具"拖动时更改角半径,可以按住向上箭头键或向下箭头键,当圆角达到所需圆度时,松开按键,即可对矩形角的圆角半径进行更改。

步骤4 使用基本椭圆工具

"基本椭圆工具"在使用上和"基本矩形工具"基本是一致的,在绘制基本椭圆以后,单击并拖动基本椭圆的控制点,可以改变椭圆的形状。

步骤5 使用多角星形工具

使用"多角星形工具"可以绘制多边形和星形,可以设置所绘制的多边形的边数或星形的顶点数(从3～32),还可以设置星形顶点的大小。

绘制多边形可以通过两种方法来实现,一种是在舞台中直接绘制;另一种是通过使用"工具设置"对话框来绘制多边形。

在场景中直接绘制多边形,可以单击工具箱中的"多角星形工具"按钮,然后在舞台上单击并拖出需要的多边形的大小,即可绘制出需要的多边形,如图5-11所示。

使用"工具设置"对话框绘制多边形,首先单击工具箱中的"多角星形工具"按钮,再单击"属性"面板中的"选项"按钮,在弹出的"工具设置"对话框中设置多边形各属性,如图5-12所示。

步骤6　使用"线条工具"

使用工具箱中的"线条工具" ＼ 可以绘制直线。单击工具箱中的"线条工具"按钮，在场景中拖动鼠标，此时随鼠标的移动就会绘制一条直线，释放鼠标即可完成直线的绘制，如图5-13所示。绘制后的直线的"笔触颜色"和"笔触高度"是系统的默认值，可以使用"属性"面板设置"线条工具"的笔触宽度和笔触样式等各种属性，如图5-14所示。

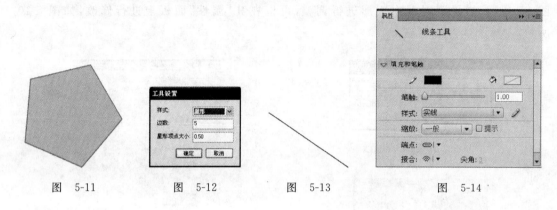

图　5-11　　　　　　图　5-12　　　　　　图　5-13　　　　　　图　5-14

> **小技巧**　使用"线条工具"绘制直线时，如果按住 Shift 键拖动鼠标，可以将线条的角度限制为水平、垂直或 45°角。

步骤7　使用"铅笔工具"

使用"铅笔工具"可以很随意地绘制线条和形状，就像在纸上用真正的铅笔绘制一样，但是 Flash 会根据所选择的绘图模式，对线条自动进行调整，使之更笔直或更平滑。在工具箱中单击"铅笔工具"按钮 ✐，然后在"属性"面板中选择笔触颜色、线条粗细和样式，就可以在场景中进行绘画，按住 Shift 键拖动鼠标可将线条限制为垂直或水平方向。

在 Flash 中绘图，"铅笔工具"不是最常用的工具，因为在使用鼠标进行绘制线条的时候，会很难用"铅笔工具"绘制出流畅的线条来，用"铅笔工具"绘制出来的被称为"笔触"。

单击工具箱中的"铅笔工具"按钮，在场景中拖曳即可完成线条的绘制了。单击工具箱中的"铅笔工具"后，在"属性"面板中就会出现"铅笔"的选项，这是"铅笔工具"所独有的。单击"铅笔模式"按钮 ✎，在按钮的下方会弹出3个选项："直线化"、"平滑"、和"墨水"，如图5-15所示，在各种状态下所绘制的图形效果如图5-16所示。

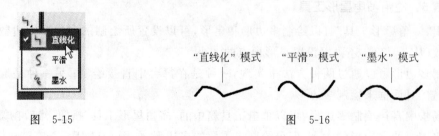

图　5-15　　　　　　　　　　　　　图　5-16

> **操作提示**　直线化，这是 Flash 的默认模式，当在这种模式下绘图时，Flash 会把绘制出的线条变得更直一些，一些本来是曲线的线条可能会变成直线。

平滑，当在这种模式下绘图时，线条会变得更加柔和。

墨水,当在这种模式下绘图时,绘制后没有变化。

步骤 8　使用"刷子工具"

在 Flash 中,工具箱中的"刷子工具" ✐ 与"铅笔工具" ✐ 很相似,都可以绘制任意不同形状的线条。但与"铅笔工具"不同的是,使用"刷子工具"所绘制的形状是被填充的,因此利用这一特性可以制作出书法等特殊效果来。"刷子工具"的使用方法非常简单,单击工具箱中的"刷子工具"按钮,在场景中的任一位置单击,然后拖曳到场景中的另一位置,最后释放鼠标即可。

1. 选择"刷子大小"

在 Flash CS4 中提供了一系列大小不同的刷子尺寸,单击工具箱上的"刷子工具"按钮后,就可以在工具箱中的"选项"区设置刷子的大小。在"选项"区的"刷子大小"下拉列表中可以选择刷子大小,范围从很小到非常大,如图 5-17 所示。当选择一种刷子大小时,最后绘制出来的线条粗细就固定了,即使重新从下拉列表中选择刷子大小,也不能改变已经绘制完成的线条粗细。

2. 设置"刷子形状"

在"选项"区中还有一个"刷子形状"功能键,如图 5-18 所示。单击工具箱上的"刷子工具"按钮后,可以从下拉列表中选择"刷子"的形状,有"直线形"、"矩形"、"圆形"等。

单击工具箱中"选项"区的"刷子模式"功能按钮可以设置"刷子模式",如图 5-19 所示。

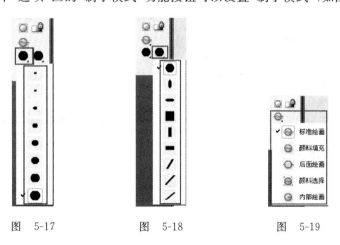

图　5-17　　　　　图　5-18　　　　　图　5-19

在 Flash CS4 中共有 5 种不同的刷子模式,分别介绍如下。

- 标准绘画:可对同一层的线条和填充涂色。
- 颜料填充:对填充区域和空白区域涂色,不影响线条。
- 后面绘画:在舞台上同一层的空白区域涂色,不影响线条和填充。
- 颜料选择:当使用工具箱的"填充"选项或"属性"面板中的"填充"选项选择填充色时,"颜料选择"会将新的填充应用到选区中,类似于选择一个填充区域并应用新填充。
- 内部绘画:对开始时"刷子笔触"所在的填充进行涂色,但不对线条涂色,也不允许在线条外面涂色。如果在空白区域中开始涂色,该"填充"不会影响任何现有的填充区域。

使用"刷子工具",分别使用不同的刷子模式在场景中绘制图形,效果如图 5-20 所示。

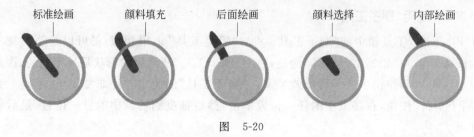

标准绘画　　颜料填充　　后面绘画　　颜料选择　　内部绘画

图　5-20

5.2　笔触和填充

在 Flash 中基本绘图工具都具备两种属性:笔触和填充,下面以"矩形工具"为例介绍笔触和填充的设置方法。

步骤 1　笔触

1. 笔触样式

如果要对"笔触样式"进行选择,可以直接在"属性"面板上设置"笔触样式",如图 5-21 所示,共有极细线、实线、虚线、点状线、锯齿线、点刻线、斑马线 7 种样式,也可以单击"笔触样式"后面的"编辑笔触样式"按钮，弹出"笔触样式"对话框,如图 5-22 所示,在"笔触样式"对话框的"类型"下拉列表中可以设置笔触的类型,如图 5-23 所示。

图　5-21

图　5-22

在"类型"下拉列表中选择"虚线"类型时,可以在"笔触样式"面板上对"虚线"的参数进行设置,如图 5-24 所示。

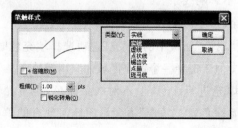

图　5-23

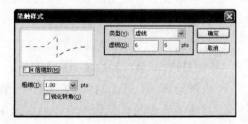

图　5-24

在"类型"下拉列表中选择"点状线"类型时,可以设置"点状线"的"点距",如图 5-25 所示。

在"类型"下拉列表中选择"锯齿状"类型时,可以设置"锯齿状"的"图案"、"波高"及"波长",如图 5-26 所示。

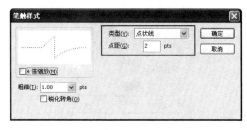

图　5-25

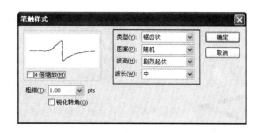

图　5-26

在"类型"下拉列表中选择"点描"类型时,可以设置"点大小"、"点变化"、"密度",如图 5-27 所示。

在"类型"下拉列表中选择"斑马线"类型时,可以设置"粗细"、"间隔"、"微动"、"旋转"、"曲线"、"长度",如图 5-28 所示。

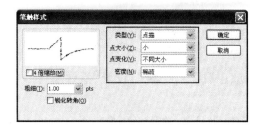

图　5-27

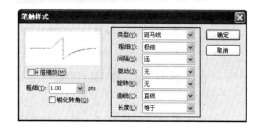

图　5-28

在"属性"面板上还可以设置直线两个端点的样式,共有"无"、"圆角"、"方形"3 种样式,如图 5-29 所示,分别运用这 3 种样式绘制直线,效果如图 5-30 所示。

在"属性"面板上还可以设置两条直线的相接方式,共有"尖角"、"圆角"、"斜角"3 种相接方式,如图 5-31 所示,分别运用这 3 种相接方式绘制直线,效果如图 5-32 所示。

图　5-29

图　5-30

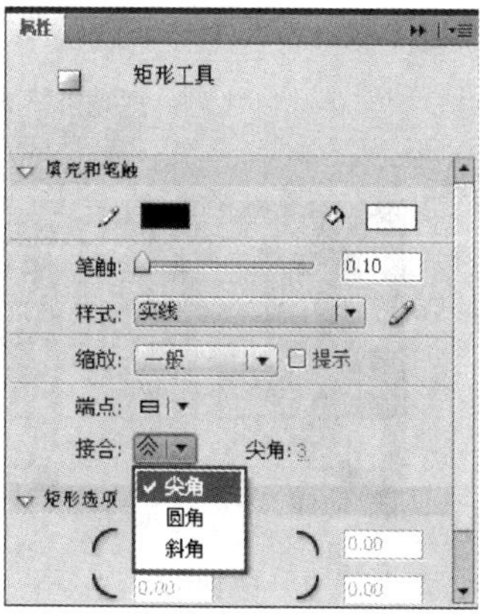

图　5-31

默认情况下,"笔触高度"为 1 像素宽,如果要设置笔触高度,可以通过"属性"面板的"笔触高度"文本框进行设置,也可以通过拖动滑动条来设置,如图 5-33 所示,当拖动滑动条的滑块时,该文本框会相应地显示与当前滑块位置一致的数值,如图 5-34 所示。

尖角
圆角
斜角

图 5-32   图 5-33   图 5-34

2. 笔触颜色设置

设置笔触颜色的方法主要有以下 3 种:

- 在绘制图形前,单击工具箱中的"笔触颜色"按钮，对"笔触颜色"进行设置,如图 5-35 所示。
- 在绘制图形前,在"属性"面板上单击"笔触颜色"按钮 ，设置"笔触颜色",如图 5-36 所示。
- 在场景中绘制图形后,单击工具箱中的"选择工具"按钮,在图形的笔触上双击以选中需要设置的笔触,如图 5-37 所示。在"属性"面板中单击"笔触颜色"按钮,将鼠标指针移到"颜色面板"中,当指针变成吸管形状时,在需要的颜色上单击即可选定颜色,如图 5-38 所示,所选中的笔触将被设置为选定的颜色,效果如图 5-39 所示。

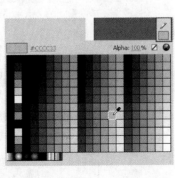

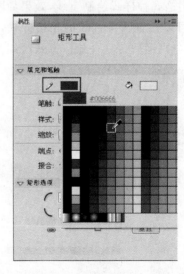

图 5-35   图 5-36   图 5-37

操作提示 在制作遮罩动画时,笔触不可以作为遮罩层,如果要将笔触作为遮罩层,需要执行"修改"→"形状"→"将线条转换为填充"命令,将其先转换为填充。

小技巧 在绘制图形的边线上单击可以选中该图形的部分笔触,双击可以选中图形的整体笔触,在图形的中心部分单击三次,可以同时选中图形的整体部分(笔触和填充)。

步骤2 填充

填充颜色的色彩模式有两种:单色填充和渐变填充。单色填充比较简单,类似于设置笔触颜色,使用下列方法之一可以进行单色填充。

- 在绘制图形之前,可以单击工具箱中的"填充颜色"按钮 ◇ □,对"填充颜色"进行设置,效果如图5-40所示。

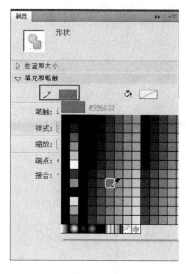

图 5-38

图 5-39

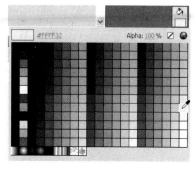

图 5-40

- 在绘制图形前,在"属性"面板上单击"填充颜色"按钮,设置"填充颜色",效果如图5-41所示。
- 在场景中绘制图形后,选中图形的填充部分,可以在"属性"面板中修改图形的"填充颜色"。

渐变填充共有两种类型:其中一种是线性渐变;另一种则是放射状渐变。

单击工具箱中的"矩形工具"按钮,再单击工具箱或"属性"面板中的"填充颜色"按钮,这时会弹出"颜色"面板,在"颜色"面板下方会有渐变颜色的填充选项,如图5-42所示,这几种渐变是由Flash本身提供的几种简单的渐变,在"颜色"面板中选择任意一个渐变填充,在场景中拖动鼠标绘制一个矩形,所绘制的矩形将会应用刚刚所选择的渐变颜色进行填充,如图5-43所示。

在Flash CS4中,也可以根据需要自行设置渐变的填充颜色。打开"颜色"面板,在"颜色"中有更改"笔触"和"填充颜色"及调整渐变颜色的选项,这样可以使渐变能够达到需要的效果。执行"窗口"→"颜色"命令,打开"颜色"面板,在"颜色"面板中的"类型"下拉列表中选择"线性"或"放射状",设置分别如图5-44、图5-45所示。线性渐变是沿着一根轴线(水平或垂直)改变颜色的,放射状渐变则是从一个中心点向外扩散而改变颜色的。

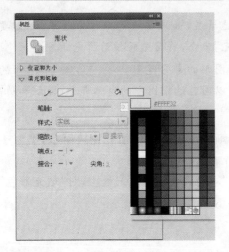

图　5-41

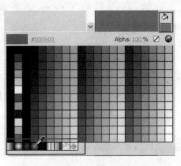

图　5-42

图　5-43

图　5-44

图　5-45

5.3　用钢笔工具描线

　　使用工具箱中的"钢笔工具"可以绘制平滑流畅的曲线,可以根据"钢笔工具"的这个特性绘制出不规则形状的图形。在运用"钢笔工具"绘制图形的过程中,可以将曲线转换为直线,也可以将直线转换为曲线。

步骤1　设置"钢笔工具"的首选参数

　　在使用"钢笔工具"时,可以根据不同的需求来选择钢笔的显示状态,执行"编辑"→"首选参数"命令,在弹出的"首选参数"对话框中单击"绘画"选项,如图 5-46 所示,在"绘画"选项卡中可以可以选择需要的显示选项。

　　在该选项卡上可以设置以下选项。

　　(1) 显示钢笔预览:可以在绘制线段时直接预览线段。单击确定线段的终点之前,在场景中移动鼠标指针时,Flash 中就会显示出线段预览,预览效果如图 5-47 所示。

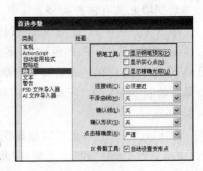

图　5-46

　　操作提示　如果没有选择该选项,则在创建线段终点之前 Flash 不会显示线段预览。

（2）显示实心点：选定用"钢笔工具"绘制的线段的"锚记点"，被选定的"锚记点"将显示为空心点，没有被选定的"锚记点"将显示为实心点，效果如图 5-48 所示。

图　5-47

图　5-48

操作提示 如果没有选择此选项，则被选定的锚记点为实心点，而没有被选定的锚记点为空心点。

（3）显示精确光标：选择此选项后，鼠标指针将会以十字形的形式出现，如图 5-49 所示，而不是以默认的"钢笔工具"图标的形式出现，这样可以提高线条的定位精度，效果如图 5-50 所示。

显示精确光标
状态下的鼠标形式

图　5-49

操作提示 如果没有选择此选项，则会显示默认的"钢笔工具"图标来代表光标。

小技巧 在使用"钢笔工具"绘制路径时，按 CapsLock 键可以在十字准线指针和默认的"钢笔工具"图标之间进行切换。

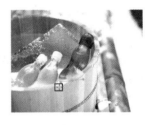

图　5-50

步骤 2　利用"钢笔工具"绘制曲线

利用"钢笔工具"绘制曲线，应该先创建锚记点，也就是线条上每条线段长度的点，具体步骤如下。

（1）单击工具箱上的"钢笔工具"按钮 🖊️，在场景中的任意一个位置进行单击，单击后会在场景中出现一个"锚记点"，此时，钢笔尖变成一个箭头状，如图 5-51 所示。

（2）在场景中另选一点单击并拖动鼠标，此时将会出现曲线的切线手柄，如图 5-52 所示。

小技巧 按住 Shift 键拖动鼠标可以将曲线倾斜角限制为 45°的倍数。

（3）释放鼠标，即可绘制出一条曲线段，曲线段的形状决定于切线手柄的长度。按住 Alt 键，当鼠标变成 形状时，即可移动切线手柄来调整曲线，效果如图 5-53 所示。

（4）在场景中再选一点，单击，向相反的方向拖动鼠标来完成曲线段的绘制，效果如图 5-54 所示。

图　5-51　　　　图　5-52　　　　图　5-53　　　　图　5-54

步骤 3 调整路径上的锚记点

使用"钢笔工具"绘制曲线,可以创建很多曲线点,这就是 Flash 中的锚记点。在绘制直线段或连接到曲线段时,会创建转角点,即在直线路径上或直线和曲线路径接合处的锚记点。在一般情况下,被选定的曲线点会显示为空心圆圈,被选定的转角点会显示为空心正方形。

要将线条中的线段由直线段转换为曲线段,可以使用"部分选取工具"选择该转角点,同时按住 Alt 键拖动该点来调整切线手柄,将转角点转换为曲线点,转换过程如图 5-55 所示。

图 5-55

使用工具箱中的"部分选取工具"移动路径上的锚记点,可以调整曲线段的长度或角度,如图 5-56 所示。还可以使用"部分选取工具"选择锚记点并用键盘上的方向键对锚记点进行调整。

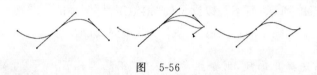

图 5-56

使用"钢笔工具"在线段上的任意一点进行单击可以添加锚记点,如图 5-57 所示。

图 5-57

删除锚记点有很多方法,如单击工具箱中的"删除锚点工具"按钮 ，在需要删除的锚记点上单击就可删除此锚记点,如图 5-58 所示,或者单击工具箱中的"部分选取工具"按钮 ，选择需要删除的锚记点,并按 Delete 键,将该锚记点删除。

图 5-58

操作提示 删除曲线路径上不必要的锚记点,可以优化曲线并减小 Flash 文件的大小。

步骤 4 调整线段

单击工具箱中的"部分选取工具"按钮,选择场景中线段上的锚记点,并拖曳该锚记点到场景的任一位置或任一角度,就可以改变线段的角度或长度,如图 5-59 所示。

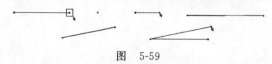

图 5-59

如果要调整曲线上的点或切线手柄,可以选择"部分选取工具",然后在曲线段上选择一个锚记点,这时在选定的点上就会出现一个切线手柄。拖动锚记点或拖动切线手柄都可以对曲线形状进行调整。移动曲线点上的切线手柄时，可以调整该点两边的曲线。移动转角点上的切线手柄时，则只能调整该点的切线手柄所在的那一边的曲线。

课堂练习

任务背景：通过本课中对各种绘图工具的介绍，小英对绘图工具的使用和技巧有了一定的了解，还需要小英自己在课下多多练习，为后面的动画制作进行最扎实的准备工作。

任务目标：对绘图工具的使用多加练习。

任务要求：灵活地使用各种绘图工具绘制图形，绘制的过程中多多体会各种工具的应用技巧。

任务提示：良好的绘图会为动画增加不少色彩，读者只有勤于练习，才能掌握绘画的技巧。

练习评价

项　　目	标　准　描　述	评定分值	得　分
基本要求 60 分	基本工具绘制图形	15	
	钢笔工具绘制路径	15	
	钢笔工具绘制图形	30	
拓展要求 40 分	描边上色	40	
主观评价		总分	

本课小结

本课针对 Flash 绘图工具的基本操作进行了学习。讲解了 Flash 中各种工具的使用方法，学习了各种工具的特性，例如椭圆工具用来绘制椭圆和圆形，绘制圆形时需要按住 Ctrl 键，从中心点绘制圆形时需要同时按住 Ctrl 键和 Shift 键。

在制作 Flash 动画时，图形的绘制方法很重要，特别是颜色填充的方法，仔细体会并逐渐掌握。例如，可以先用矩形工具绘制矩形，再对其填充颜色；也可先设置好颜色，再绘制图形。

课外阅读

图形图像的准备

Flash 动画中使用的图形大多为矢量图形，但是一些需要详细刻画的细节，会使用一些位图图形，两者可以进行互补，这是 Flash 动画中最基本的素材。而 Flash 提供了丰富的绘图和造型的工具，如"钢笔工具"，可以在 Flash 中完成绝大多数的图形绘制工作，但是 Flash 中只能绘制矢量图形，如果需要用到一些位图或者用 Flash 很难绘制的图形时，就需要使用外部的素材了。

取得这些素材一般有下面几种方法。

（1）自己动手制作：可以使用一些专业的图形设计软件来制作自己需要的素材，例如 Photoshop、Painter、CorelDRAW 等都是很不错的选择，另外可能需要一些 3D 的造型，这时候像 3D Studio Max、Poser、Mo ho 和 Bryce 等都是很方便的工具，完全可以利用这些工具为 Flash 服务。

（2）媒体光盘：从多媒体光盘自带的素材文件中挑选某些自己需要的文件，而且现在有很多这种专业的素材光盘，大大方便了用户的使用。

（3）网络资源：因为现在网络的普及，可以充分利用网络资源，在各种 Flash 交流的网站上都有素材的免费下载，所以可以在网上进行素材的收集和准备。

课后思考

（1）在场景中绘制正圆形有几种方法？

（2）"椭圆工具"与"基本椭圆工具"有什么区别？"矩形工具"与"基本矩形工具"又有什么区别？请举例说明。

第6课   动画角色绘制

在 Flash 动画的设计制作过程中，人物和角色的设计绘制是非常重要的，也常常使 Flash 动画设计师感到头疼，在本课将介绍一些 Flash 中角色的绘制方法和技巧，只有掌握了 Flash 中角色的绘制，才能为后面的 Flash 动画设计制作打下坚实的基础，以便制作出丰富漂亮的动画效果。

课堂讲解

> **任务背景：**通过第 5 课内容的学习，小英已经掌握了 Flash 基本绘制工具的使用，了解了绘制基本图形的方法，但是仅掌握这些对于制作一个大型的动画还是远远不够的，除了多学习一些 Flash 中角色绘制的方法和技巧，还需要小英自己多加练习。
>
> **任务目标：**掌握 Flash 动画中创建动画角色的方法。
>
> **任务分析：**角色的绘制直接影响到后期动画的制作。所以在绘制时要对元件将来制作动画的流程有所规划。将元件的各个部分都单独绘制，有利于动画制作，可以保证动画的多样性。

6.1   卡通人物创作

步骤 1   绘制卡通人物头部

（1）执行"文件"→"新建"命令，新建一个 Flash 文档，如图 6-1 所示。单击"属性"面板上的"编辑"按钮，在弹出的"文档属性"对话框中设置如图 6-2 所示，单击"确定"按钮，完成"文档属性"的设置。

图   6-1   图   6-2

（2）执行"插入"→"新建元件"命令,新建一个"名称"为"头部"的"图形"元件,如图 6-3 所示。单击工具箱中的"椭圆工具"按钮,设置"笔触颜色"为无,"填充颜色"为#0099E5,在场景中绘制如图 6-4 所示的圆形。

（3）单击"时间轴"面板上的"新建图层"按钮 ,新建"图层 2",再次选择"椭圆工具",设置"笔触颜色"为无,"填充颜色"为#63BDFF,同样的方法绘制如图 6-5 所示的图形。新建"图层 3",使用"椭圆工具"绘制 2 个不同颜色的圆,调整位置,如图 6-6 所示,选中上层的圆,将该圆删除,得到需要的图形,调整其位置,效果如图 6-7 所示。

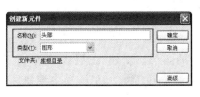

图　6-3

图　6-4

图　6-5

操作提示 在绘制图形时,相同颜色的图形会自动相加,而不同颜色的图形会自动相减,所以在制作时要都绘制在不同图层上。

（4）新建图层,同样的方法,依次绘制如图 6-8 所示的图形。新建"图层 6",使用"椭圆工具",设置"笔触颜色"为无,"填充颜色"为#5F0042,在场景中绘制椭圆形,如图 6-9 所示。

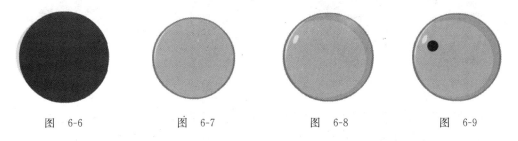

图　6-6　　　　　图　6-7　　　　　图　6-8　　　　　图　6-9

（5）选择刚刚绘制的椭圆形,执行"编辑"→"复制"命令,复制图形,新建"图层 7",执行"编辑"→"粘贴到当前位置"命令,修改复制得到图形的"填充颜色"为#ED2E92,并适当调整图形,如图 6-10 所示,相同的绘制方法,可以绘制出卡通人物的眼睛图形,效果如图 6-11 所示。相同的绘制方法,可以绘制出另外一只眼睛,如图 6-12 所示。

（6）新建图层,同样的方法,依次绘制如图 6-13 所示的图形。新建"图层 20",使用"矩形工具",设置"笔触颜色"为无,"填充颜色"为#5F0043,在场景中绘制矩形,如图 6-14 所示,单击工具箱中的"部分选取工具"按钮,配合"选择工具"调整图形效果如图 6-15 所示。

图　6-10　　　　　图　6-11　　　　　图　6-12　　　　　图　6-13

（7）新建图层，同样的方法，依次绘制如图 6-16 所示的图形。新建"图层 26"，使用"椭圆工具"，设置"笔触颜色"为无，"填充颜色"为#50AAEB，在场景中绘制椭圆，如图 6-17 所示，单击工具箱中的"部分选取工具"按钮，配合"选择工具"调整图形效果如图 6-18 所示。

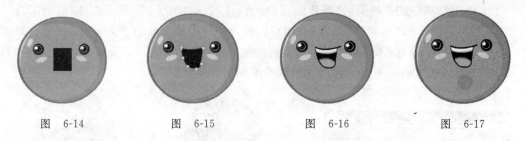

图 6-14   图 6-15   图 6-16   图 6-17

（8）新建图层，同样的方法，依次绘制如图 6-19 所示的图形。新建"图层 34"，单击工具箱中的"钢笔工具"按钮，设置"笔触颜色"为#F93EB2，"笔触高度"为1，在场景中绘制路径，如图 6-20 所示。

（9）设置"填充颜色"为#F93EB2，使用"颜料桶工具"在刚刚绘制路径内部填充颜色，如图 6-21 所示。选择刚刚绘制的图形，复制图形，新建"图层 35"，原位粘贴该图形，修改复制得到的图形的"填充颜色"为#FF97D2，并适当调整图形，效果如图 6-22 所示。

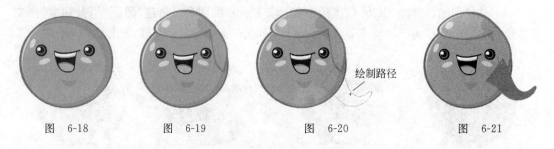

绘制路径

图 6-18   图 6-19   图 6-20   图 6-21

（10）新建图层，同样的方法，依次绘制如图 6-23 所示的图形。按住 Shift 键选中"图层 32"至"图层 40"，将其拖至图层最底部，调整图层的叠放顺序，图形效果如图 6-24 所示。

图 6-22   图 6-23   图 6-24

步骤 2 绘制卡通人物身体部分

（1）执行"插入"→"新建元件"命令，新建一个"名称"为"身体"的"图形"元件，如图 6-25 所示。单击工具箱中的"多角星形工具"按钮，设置"填充颜色"为#F4A637，"笔触颜色"为无，单击"属性"面板上的"选项"按钮，弹出"工具设置"对话框，如图 6-26 所示。

操作提示 在"样式"选项中可以设置"多边形"或者"星形"。在"边数"选项中设置边数。在"星形顶点大小"选项中控制顶点大小。

（2）拖动光标在场景中绘制一个如图 6-27 所示的星形,单击工具箱中的"部分选取工具"按钮,配合"选择工具"调整图形,效果如图 6-28 所示。

图　6-25　　　　　　　　　　图　6-26　　　　　　　　　图　6-27

（3）选择刚刚绘制的图形,复制图形,新建"图层 2",原位粘贴该图形,修改复制得到的图形的"填充颜色"为#FFF063,并适当调整图形,效果如图 6-29 所示。新建图层,根据前面相同的方法,依次绘制如图 6-30 所示的图形。

（4）新建一个"名称"为"卡通人物"的"影片剪辑"元件,分别将"头部"和"身体"元件从"库"面板拖入到场景中,组合效果如图 6-31 所示。单击"编辑栏"上的"场景 1"文字 ,返回"场景 1"的编辑状态,使用"矩形工具"在场景中绘制如图 6-32 所示的图形。

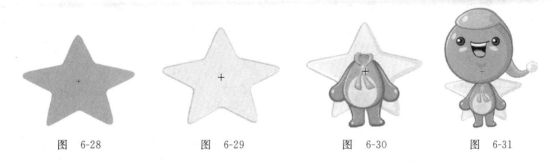

图　6-28　　　　　　　图　6-29　　　　　　　图　6-30　　　　　　图　6-31

操作提示 组合元件时,要通过使用图层来控制元件的层级关系。调整元件位置时,按下 Shift 键可以保证水平或者垂直移动元件。

步骤 3　存储并测试影片

将元件"卡通人物"从"库"面板拖入到场景中,调整位置和大小,效果如图 6-33 所示。执行"文件"→"保存"命令,将动画保存为"CD\源文件\第 2 章\6-1.fla",执行"控制"→"测试影片"命令,测试动画效果如图 6-34 所示。

图　6-32　　　　　　　　图　6-33　　　　　　　　图　6-34

6.2 绘制可爱小女孩

步骤1 绘制小女孩头部

（1）执行"文件"→"新建"命令，新建一个 Flash 文档，如图 6-1 所示，单击"属性"面板上的"编辑"按钮，在弹出的"文档属性"对话框中设置文档尺寸为 200×200 像素，其他设置如图 6-2 所示，单击"确定"按钮，完成"文档属性"的设置。

> **小·技巧** 执行"修改"→"文档"命令，同样可以弹出"文档属性"对话框，按 Ctrl＋J 快捷键，也可以弹出"文档属性"对话框。

（2）执行"插入"→"新建元件"命令，新建一个"名称"为"头部"的"图形"元件，如图 6-35 所示。单击工具箱中的"矩形工具"按钮，设置"笔触颜色"为 #CE7775，"填充颜色"为 #FFDFCB，"笔触高度"为 0.5，在场景中绘制如图 6-36 所示的矩形。

（3）单击工具箱中的"部分选取工具"按钮，配合"选择工具"调整图形效果如图 6-37 所示。新建"图层 2"，单击工具箱中的"椭圆工具"按钮，相同方法，绘制出如图 6-38 所示的图形。

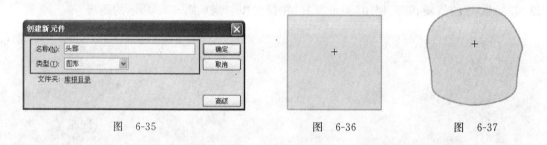

图 6-35　　　　　　　　图 6-36　　　　　　　图 6-37

（4）新建"图层 3"，再次单击工具箱中的"椭圆工具"按钮，设置"笔触颜色"为无，"填充颜色"为 #F4BDB0，在场景中绘制一个椭圆并使用"选择工具"调整椭圆的形状，效果如图 6-39 所示。新建图层，相同的绘制方法，可以绘制出另外一只耳朵，如图 6-40 所示。

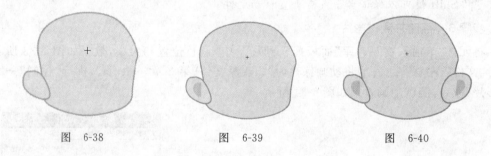

图 6-38　　　　　　　　图 6-39　　　　　　　图 6-40

（5）按住 Shift 键的同时选中"图层 2"～"图层 5"，将选择的图层拖动到"图层 1"的下方，效果如图 6-41 所示。在"图层 1"上新建"图层 6"，单击工具箱中的"线条工具"按钮，设置"笔触颜色"为 #763D28，在场景中绘制一条直线并使用"选择工具"调整直线形状，如图 6-42 所示。

（6）根据前面的绘制方法，绘制出小女孩的眼睛、嘴和头发，并调整图层叠放顺序，效果如图 6-43 所示。新建"图层 26"，单击工具箱中的"钢笔工具"按钮，设置"笔触颜色"为 #F7B5A9，在场景中绘制路径，效果如图 6-44 所示。

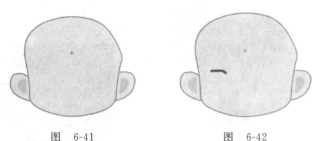

| 图 6-41 | 图 6-42 | 图 6-43 |

（7）设置"填充颜色"为#F7B5A9，使用"颜料桶工具"在刚刚绘制路径的内部填充颜色，如图6-45所示。新建图层，相同的方法，绘制出如图6-46的图形。

| 图 6-44 | 图 6-45 | 图 6-46 |

操作提示 在绘制角色头发时，为了方便操作，可以将其他图层暂时隐藏或者锁定，等完成后再解除即可。

（8）新建图层，相同的绘制方法，可以完成小女孩头发部分的绘制，效果如图6-47所示，按住 Shift 键同时选中"图层32"～"图层53"，将其拖动到图层的最底部，调整图层的叠放顺序，图形效果如图6-48所示。

步骤2 绘制小女孩子身体

（1）执行"插入"→"新建元件"命令，新建一个"名称"为"身体"的"图形"元件，如图6-49所示。根据"头部"元件的绘制方法，可以绘制出小女孩的身体，图形效果如图6-50所示。

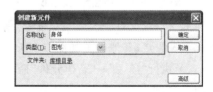

| 图 6-47 | 图 6-48 | 图 6-49 |

操作提示 在 Flash 场景中创建完成的元件会自动出现在"库"面板中，以供用户多次重复使用。

（2）新建一个"名称"为"小女孩"的"影片剪辑"元件，将刚刚绘制的"头部"和"身体"元件从"库"面板拖入到场景中，调整好相应的位置，如图6-51所示。返回到"场景1"的编辑状态，使用"矩形工具"在场景中绘制如图6-52所示的图形。

图 6-50 图 6-51 图 6-52

步骤3 存储并测试影片

将"小女孩"元件从"库"面板拖入到场景中,调整位置和大小,效果如图 6-53 所示。执行"文件"→"保存"命令,将动画保存为"CD\源文件\第 2 章\6-2.fla",执行"控制"→"测试影片"命令,测试动画效果如图 6-54 所示。

图 6-53 图 6-54

6.3 绘制卡通角色不同状态

步骤1 绘制卡通角色头部

(1) 执行"文件"→"新建"命令,新建一个 Flash 文档,如图 6-1 所示,设置文档尺寸为 700×400 像素,其他设置如图 6-2 所示。

(2) 执行"插入"→"新建元件"命令,新建一个"名称"为"头部"的"图形"元件。单击工具箱中的"椭圆工具"按钮,设置"笔触颜色"为#A9641B,"填充颜色"为#F6D9B8,"笔触高度"为 1.5,在场景中绘制如图 6-55 所示的椭圆。

(3) 新建"图层 2",再次使用"椭圆工具"绘制 2 个不同颜色的圆,调整位置,如图 6-56 所示,选中上层的圆,将该圆删除,得到需要的图形,调整其位置,图形效果如图 6-57 所示。

(4) 新建"图层 3",相同的方法,绘制出如图 6-58 所示的图形。新建图层,相同的方法,绘制出卡通角色的耳朵,效果如图 6-59 所示。按住 Shift 键的同时选中"图层 4"~"图层 9",将其拖至图层的最底部,图形效果如图 6-60 所示。

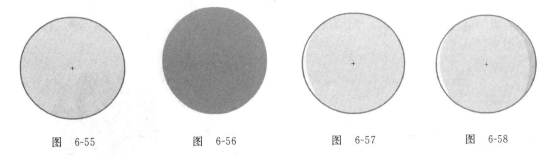

图 6-55   图 6-56   图 6-57   图 6-58

（5）新建"图层10"，单击工具箱中的"铅笔工具"按钮，设置"笔触颜色"为#37190A，在场景中绘制线条，如图 6-61 所示。新建"图层11"，使用"椭圆工具"，设置"笔触颜色"为#37190A，"填充颜色"为#FFFFFF，在场景中绘制椭圆形，并使用"选择工具"调整椭圆的形状，如图 6-62 所示。

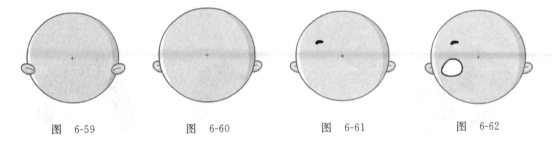

图 6-59   图 6-60   图 6-61   图 6-62

（6）新建"图层12"，使用"椭圆工具"，设置其"填充颜色"为从#37190A 到#643214 到#643214 到#37190A 的"放射状"渐变，"笔触颜色"为无，"颜色"面板设置如图 6-63 所示，在场景中绘制如图 6-64 所示的图形。

（7）相同的绘制方法，可以绘制出卡通角色的眼睛部分图形，如图 6-65 所示。新建"图层22"，单击工具箱中的"线条工具"按钮，设置"笔触颜色"为#A9641B，在场景中绘制线条并使用"选择工具"调整线条形状，效果如图 6-66 所示。

（8）新建图层，相同方法，绘制出如图 6-67 所示的图形。新建"图层25"，单击工具箱中的"钢笔工具"按钮，设置"笔触颜色"为#370E00，"笔触高度"为1.5，在场景中绘制路径，如图 6-68 所示。

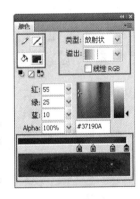

图 6-63

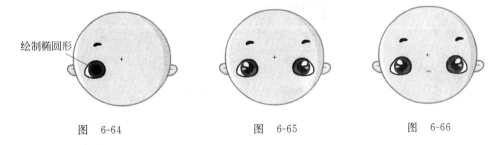

绘制椭圆形

图 6-64   图 6-65   图 6-66

（9）设置"填充颜色"为#643213，使用"颜料桶工具"在刚刚绘制的路径内部填充颜色，效果如图 6-69 所示，新建图层，相同的方法，使用"钢笔工具"分别绘制头发部分的高光，效果如图 6-70 所示。

图　6-67　　　　　　　图　6-68　　　　　　　图　6-69

（10）按住 Shift 键的同时选中"图层 25"到"图层 27"，将其拖动到图层的最底部，效果如图 6-71 所示。新建图层，相同的方法，可以完成卡通角色其他头发的绘制，效果如图 6-72 所示。

图　6-70　　　　　　　图　6-71　　　　　　　图　6-72

步骤 2　绘制卡通角色身体

（1）执行"插入"→"新建元件"命令，新建一个"名称"为"身体"的"图形"元件。相同的绘制方法，可以绘制出卡通人物的身体，图形效果如图 6-73 所示。

（2）新建一个"名称"为"卡通角色 1"的"影片剪辑"元件，将刚刚绘制的"头部"和"身体"元件从"库"面板拖入到场景中，调整好相应的位置，效果如图 6-74 所示。返回到"场景 1"的编辑状态，执行"文件"→"导入"→"导入到舞台"命令，将背景图"CD\源文件\第 2 章\素材\263_01.jpg"导入到场景中，如图 6-75 所示。相同的方法，可以绘制出卡通角色的其他表情。

图　6-73　　　　　　　图　6-74　　　　　　　图　6-75

步骤 3 存储并测试影片

将"卡通角色1"元件从"库"面板拖入到场景中,调整位置和大小,相同的方法,将其他卡通动画元件从"库"面板拖入到场景中,并调整位置和大小,效果如图6-76所示。执行"文件"→"保存"命令,将动画保存为"CD\源文件\第2章\6-3.fla",执行"控制"→"测试影片"命令,测试动画效果如图6-77所示。

图 6-76

图 6-77

课堂练习

任务背景：通过本课中动画角色的绘制方法,小英对绘制动画角色的方法有了一定理解,小英知道只有掌握了Flash中角色的绘制,为后面的Flash动画设计制作打下坚实的基础,才能制作出更加丰富的动画,于是小英以同样的方法绘制了一个简单的动画角色。

任务目标：绘制一个简单的动画角色。

任务要求：了解并掌握使用标准绘图工具创建角色的方法和技巧,以及通过选择工具和直接选择工具对图形进行控制变形的方法。通过实例的学习掌握绘制具有层次感图形的方法,并能熟练应用。

任务提示：动画角色的绘制是制作Flash动画过程中必不可少的,所以如果想制作出更好更生动的Flash动画,就需要在课余时间多加练习。

练习评价

项　目	标 准 描 述	评定分值	得 分
基本要求60分	掌握人物的绘制方法与技巧	20	
	角色绘制与角色分配	20	
	卡通人物的表现手法	20	
拓展要求40分	角色与角色的关系是否和谐	40	
主观评价		总分	

本课小结

在本课使用Flash中标准的绘图工具绘制了不同的动画角色,在学习的过程中要注意对图形的调整方法,以及图形质感的表现方法,角色的绘制直接影响到后期动画的制作,所以在绘制时一定要对元件将来制作动画的流程有所规划,将元件的各个部分都单独绘制,有利于动画制作。

动画角色的分类

　　动画角色是在 Flash 动漫的创作中经常遇到的创作元素,在设计动画角色之前应该掌握动画角色的分类,当心中掌握了动画角色的分类之后,就会清楚在自己将要创作的 Flash 动漫作品中如何设计动画角色,适合设计什么样的动画角色。

　　就动画角色的制作类型来看,可以将其分为两类:一般动画角色和特殊动画角色。

1. 一般动画角色

　　一般动画角色也就是通常接触最多的动画角色,它们的设计很接近现实生活,角色的身体比例一般都是按照生活中的身体比例来设计制作的,只是稍加夸张罢了,如图 6-78 所示。这种类型的动画角色由于具有一定的局限性,因此在制作上比较容易把握。

图　6-78

2. 特殊动画角色

　　既然是特殊动画角色,那么在某些方面必定要和一般动画角色有所区别。特殊动画角色的设计空间相对一般动画角色而言较大,可以是任何形式的设计手法。特殊动画角色的身体比例就不像一般动画角色那样有诸多的局限,如 Q 版的动画角色、漫画中的卡通人物等,基本都属于特殊动画角色,如图 6-79 所示。

图　6-79

　　(1) Q 版动画角色

　　Q 版动画角色所具有的夸张程度是所有动画角色中最大的,同时也是很随意化的,这里所说的随意化并不是指制作的随意化,而是在制作过程中,对于人物的特征、体型之类的设计考虑的随意化。

　　(2) 卡通动画形象

　　卡通动画形象其实是一个很广泛的含义,任何卡通人物都可以说成是卡通形象。而在这里所提的卡通动画形象一般是为了某件事物所服务的,例如成为一个网站的形象代言,或者是一件商品的形象等。卡通动画形象一般都要求制作精美而且还要与所代表的事物相符合。

（3）漫画角色

漫画卡通角色是漫画的中心,任何漫画作品都围绕漫画卡通角色进行设计制作,在漫画中,漫画角色是决定漫画是否精彩的关键因素。

（4）游戏角色

游戏角色是根据游戏的制作规划设计好的,它的设计只明确两个目标:符合游戏内容,制作精美使玩家喜欢,至于是否是一般动画角色或特殊动画角色则不作特别的要求。

课后思考

（1）什么是动画角色分类?

（2）在设计动画角色时应该注意哪些事项?

第7课　动画场景绘制

在制作 Flash 动画时,除了需要动画角色参与动画外,常常还需要一些漂亮丰富的场景参与动画制作。好的场景动画可以更好地烘托动画的意境,使得动画效果更加丰富,层次更加明确。本课中将主要针对 Flash 动画制作时常见的几种背景进行讲解,通过学习,读者要掌握绘制不同类别动画场景的区别和技巧。

课堂讲解

任务背景：小英学会了动画角色的绘制,但是不同的角色需要配合不同的场景才可以发挥其不同的动画效果,这可把小英急坏了,于是学习动画场景的绘制开始了……

任务目标：掌握绘制不同类别动画场景的区别和技巧。

任务分析：绘制场景时,要注意层次感,也就是要通过多种元素的叠加实现比较漂亮的场景效果,为以后的动画制作做准备。

7.1　绘制单色场景

步骤 1　绘制背景

（1）执行"文件"→"新建"命令,新建一个 Flash 文档,如图 7-1 所示,单击"属性"面板上的"编辑"按钮,在弹出的"文档属性"对话框中设置如图 7-2 所示。单击"确定"按钮,完成"文档属性"的设置。

（2）执行"插入"→"新建元件"命令,新建一个"名称"为"背景"的"图形"元件,如图 7-3 所示。单击工具箱中的"矩形工具"按钮,打开"颜色"面板,设置"笔触颜色"为无,"填充颜色"为从#B6F48A 到#68D54D 的"放射状"渐变,"颜色"面板如图 7-4 所示。

（3）按住 Alt 键在场景中单击,弹出"矩形设置"对话框,设置如图 7-5 所示,设置完成后单击"确定"按钮,在场景中绘制矩形,使用"渐变变形工具"调整渐变的角度,如图 7-6 所示。

二维动画设计与制作——Flash CS4中文版

图 7-1

图 7-2

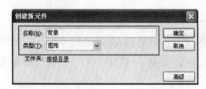

图 7-3

图 7-4

图 7-5

步骤 2　创建四叶草元件

（1）执行"插入"→"新建元件"命令，新建一个"名称"为"四叶草"的"图形"元件，如图 7-7 所示。单击工具箱中的"多角星形工具"按钮，使用默认的工具设置，在场景中绘制一个五边形，如图 7-8 所示。

图 7-6

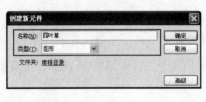

图 7-7

图 7-8

（2）单击工具箱中的"部分选取工具"按钮，配合"转换锚点工具"调整图形，效果如图 7-9 所示。使用"任意变形工具"选择刚刚调整的图形，将中心点调至相应位置，如图 7-10 所示。

（3）执行"窗口"→"变形"命令，打开"变形"面板，设置"旋转"为 90°，单击 4 次"重制选区和变形"按钮 ，如图 7-11 所示，图形效果如图 7-12 所示。

中心点

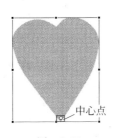

"重制选区和变形"按钮

| 图　7-9 | 图　7-10 | 图　7-11 |

（4）单击选中刚复制的图形，在"颜色"面板中设置其"填充颜色"为从 100% 的 #FAF930 到 69% 的 #FEFE5F 的"放射状"渐变，"笔触颜色"为无，"颜色"面板如图 7-13 所示。单击工具箱中的"渐变变形工具"按钮，调整渐变角度，效果如图 7-14 所示。根据"四叶草"元件的制作方法，制作出其他四叶草元件，如图 7-15 所示。

新建的元件

| 图　7-12 | 图　7-13 | 图　7-14 | 图　7-15 |

步骤 3　创建主场景内容

（1）单击"编辑栏"上的"场景 1"文字，返回到"场景 1"的编辑状态，将"库"面板中的"背景"元件拖入到场景中，如图 7-16 所示。新建"图层 2"，将"库"面板中的"四叶草"元件拖入到场景中，调整图形的尺寸，效果如图 7-17 所示。

（2）相同的方法，将相应元件多次拖入到场景中，调整图形的尺寸，效果如图 7-18 所示。执行"文件"→"保存"命令，将动画保存为"CD\源文件\第 2 章\7-1.fla"，执行"控制"→"测试影片"命令，测试动画效果如图 7-19 所示。

图　7-16

图 7-17

图 7-18

图 7-19

7.2 绘制风景场景

步骤1 绘制背景

（1）执行"文件"→"新建"命令，新建一个 Flash 文档，如图 7-1 所示，单击"属性"面板上的"编辑"按钮，在弹出的"文档属性"对话框中设置文档尺寸为 490×140 像素，其他设置如图 7-2 所示，单击"确定"按钮，完成"文档属性"的设置。

（2）单击工具箱中的"矩形工具"按钮，在"颜色"面板上设置"填充颜色"为从#F7FFAA到#80E6FF 的"线性"渐变，"笔触颜色"为无。在场景中绘制矩形，单击工具箱中的"渐变变形工具"按钮，选择图形，调整渐变的角度，效果如图 7-20 所示。

线性渐变

图 7-20

小·技巧　绘制图形大小要和场景大小一致。可以通过设置"属性"面板中的"位置和大小"选项控制图形尺寸和位置。

步骤2 绘制主场景内容

（1）新建"图层 2"，单击工具箱中的"椭圆工具"按钮，在"颜色"面板上设置"填充颜色"为从#B1DD00 到#66C705 的"放射状"渐变，"笔触颜色"为无，在场景中绘制如图 7-21 所示的图形。

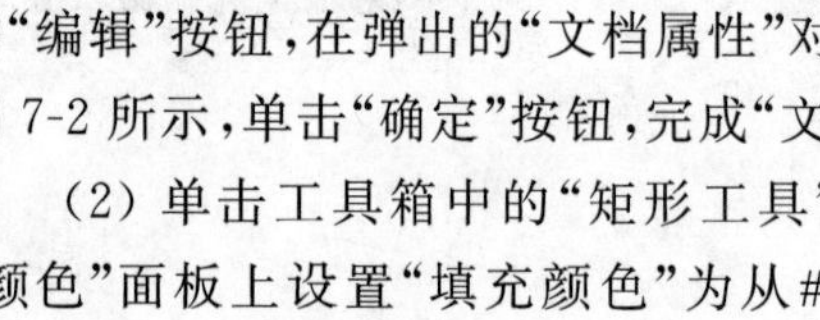

放射状渐变

图 7-21

（2）单击工具箱中的"选择工具"按钮，选择场景外部的图形，并将其删除，效果如图 7-22 所示。新建"图层 3"，单击工具箱中的"刷子工具"按钮，设置其"填充颜色"为从#92E9FE 到#00BFEE 的"线性"渐变，"笔触颜色"为无。

（3）在场景中绘制图形，并使用"选择工具"调整图形的形状，如图 7-23 所示。新建"图层 4"，单击工具箱中的"椭圆工具"按钮，并结合"选择工具"绘制出如图 7-24 所示的图形。

图　7-22

图　7-23

图　7-24

（4）新建"图层5"，再次单击工具箱中的"椭圆工具"按钮，在"颜色"面板上设置"填充颜色"为从#8596D8到#D8BEF3的"线性"渐变，"笔触颜色"为无，并结合"选择工具"绘制出如图7-25所示的图形。

（5）单击"图层5"将其拖至"图层2"下方，场景效果如图7-26所示。在"图层4"上新建"图层6"，单击工具箱中的"钢笔工具"按钮，设置"笔触颜色"为#A0CDFA，在场景中绘制路径，如图7-27所示。

图　7-25

图　7-26

图　7-27

（6）设置"填充颜色"为#FFFFFF，使用"颜料桶工具"在刚刚绘制的路径内部填充颜色，效果如图7-28所示。相同的方法，可以制作出其他云彩的图形，效果如图7-29所示。

步骤3　存储并测试影片

执行"文件"→"保存"命令，将动画保存为"CD\源文件\第2章\7-2.fla"，执行"控制"→"测试影片"命令，测试动画效果如图7-30所示。

图　7-28

图　7-29

图　7-30

7.3　绘制动态场景

步骤1　绘制背景

（1）执行"文件"→"新建"命令，新建一个Flash文档，如图7-1所示，单击"属性"面板上的"编辑"按钮，在弹出的"文档属性"对话框中设置如图7-31所示，单击"确定"按钮，完成"文档属性"的设置。

（2）单击工具箱中的"矩形工具"按钮，在"颜色"面板上设置"填充颜色"为从#56E1FF到#0C92FF的"线性"渐变，"笔触颜色"为无，"颜色"面板如图7-32所示，在场景中绘制矩形，单击工具箱中的"渐变变形工具"按钮，选择图形，调整渐变的角度，效果如图7-33所示。

图 7-31

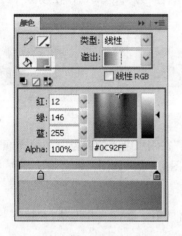

图 7-32

图 7-33

步骤 2 创建元件

(1) 新建"图层 2",单击工具箱中的"椭圆工具"按钮,设置其"填充颜色"为 18％的 #FFFFFF,"笔触颜色"为无,并结合"选择工具"在场景中绘制如图 7-34 所示的图形,选中图形,按 F8 键将其转换成"名称"为"流水"的"影片剪辑"元件,如图 7-35 所示。

图 7-34

图 7-35

(2) 双击元件,进入该元件编辑状态,分别在第 40 帧和第 70 帧位置单击,依次按 F6 键插入关键帧,选择第 40 帧上场景中的元件,执行"修改"→"变形"→"水平翻转"命令,将图形水平翻转,如图 7-36 所示,分别设置第 1 帧和第 40 帧上的补间类型为 "补间形状","时间轴"如图 7-37 所示。

图 7-36

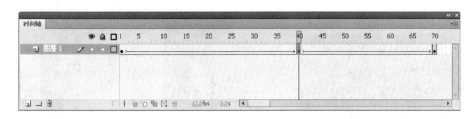

图 7-37

（3）执行"插入"→"新建元件"命令，新建一个"名称"为"叶子"的"图形"元件，单击工具箱中的"椭圆工具"按钮，设置其"填充颜色"为37％的#FFFFFF，"笔触颜色"为无，配合"选择工具"和"部分选择工具"绘制出如图7-38所示的图形。单击工具箱中的"套索工具"按钮，在工具箱底部选择"多边形模式"按钮，在刚刚所绘制的图形上绘制出相应的区域，如图7-39所示，将该部分图形删除，效果如图7-40所示。

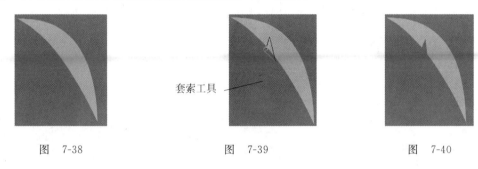

套索工具

图 7-38   图 7-39   图 7-40

（4）相同的制作方法，可制作出如图7-41所示的图形。单击工具箱中的"刷子工具"按钮，设置其"填充颜色"为80％的#FFFFFF，"刷子大小"如图7-42所示，"刷子形状"如图7-43所示，配合"选择工具"和"部分选择工具"绘制出如图7-44所示的图形。

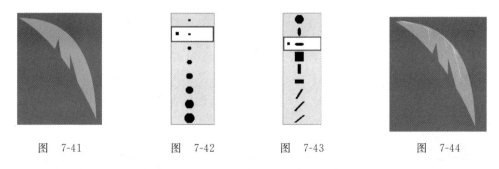

图 7-41   图 7-42   图 7-43   图 7-44

（5）执行"插入"→"新建元件"命令，新建一个"名称"为"树叶"的"图形"元件，如图7-45所示。将"库"面板的"叶子"元件多次拖入到舞台中，调整元件位置和形状，效果如图7-46所示。

（6）执行"插入"→"新建元件"命令，新建一个"名称"为"树干"的"图形"元件，单击工具箱中的"矩形工具"按钮，设置其"填充颜色"为37％的#FFFFFF，配合"选择工具"，绘制如图7-46所示的图形，根据前面相同的方法，可以绘制出如图7-47所示的图形。

纹理

| 图 7-45 | 图 7-46 | 图 7-47 |

（7）新建"图层 3"，单击工具箱中的"矩形工具"按钮，在"颜色"面板上设置"填充颜色"为 44％的#FFFFFF 到 100％的#FF9900 到 100％的#FF6C00 的"线性"渐变，"笔触颜色"为无，"颜色"面板如图 7-48 所示，在场景中绘制矩形，使用"任意变形工具"旋转矩形角度，如图 7-49 所示，配合"部分选取工具"和"转换锚点工具"调整图形，效果如图 7-50 所示。

| 图 7-48 | 图 7-49 | 图 7-50 |

（8）使用"渐变变形工具"，调整渐变角度，并将图形调至相应位置，效果如图 7-51 所示。新建"图层 4"，单击工具箱中的"椭圆工具"按钮，设置其"填充颜色"为#FFFFFF，"笔触颜色"为无，在场景中绘制如图 7-52 所示的图形。相同的制作方法，可以绘制出其他的图形，效果如图 7-53 所示。

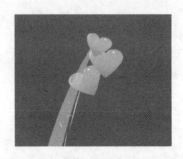

| 图 7-51 | 图 7-52 | 图 7-53 |

步骤3　创建主场景动画

（1）根据"树干"元件的制作方法，创建出其他元件，如图7-54所示，单击"编辑栏"上的"场景1"文字，返回到"场景1"的编辑状态，新建"图层3"，将"库"面板的"流水"元件拖入到场景中，执行"修改"→"变形"→"水平翻转"命令，将元件水平翻转，并调整元件位置，效果如图7-55所示。

（2）新建"图层4"，将"库"面板的"花摆"影片剪辑元件多次拖入到舞台中，调整元件相应位置和形状，效果如图7-56所示。相同方法，新建"图层5"和"图层6"，分别将"库"面板中的"摇摆动画"和"闪光"影片剪辑元件依次拖入到场景中，效果如图7-57所示。

图　7-54

图　7-55

图　7-56

步骤4　存储并测试影片

执行"文件"→"保存"命令，将动画保存为"CD\源文件\第2章\7-3.fla"，执行"控制"→"测试影片"命令，测试动画效果如图7-58所示。

图　7-57

图　7-58

课堂练习

任务背景：通过本课各种场景绘制方法的学习，小英已经掌握了绘制不同类别动画场景的区别和技巧，不同的工具能够起到不同的操作功能，综合运用可以实现丰富的场景效果的绘制，小英将以本课中同样的方法绘制一个卡通场景。

任务目标：制作一个卡通场景。

任务要求：了解绘制各种场景的基本方法和步骤，掌握使用调整工具调整不规则图形轮廓的方法，了解使用渐变填充实现多种层次风格的方法，以及通过元件方便动画制作的原理。

任务提示：通过对不同图形设置不同的透明度来实现场景的层次感，并将场景制作成为元件，以方便动画制作的使用。

练习评价

项　　目	标　准　描　述	评定分值	得　　分
基本要求 60 分	掌握场景的绘制方法与技巧	20	
	掌握场景动画的制作表现手法	20	
	制作一个常见动画的场景动画	20	
拓展要求 40 分	场景动画是否与整体动画相融合	40	
主观评价		总分	

本 课 小 结

　　本课中绘制了不同的场景效果，通过学习，要掌握对不同图形设置透明度来实现场景的层次感，并将场景制作成为元件，以方便动画制作使用，了解绘制场景的基本方法和步骤，以及设置不同透明度来完成层次分明场景的方法，通过本课的学习要综合所学动画，将制作动画方法与技巧运用到实际的动画制作中。

课 外 阅 读

在 Flash 中使用位图的方法和技巧

　　将位图导入到 Flash 中后，如果导入的位图只是作为 Flash 动画的背景使用，则不需要很高的显示质量，按 Ctrl＋B 快捷键可以将位图分离，转换为矢量图，可以减少文件的大小。如果导入的位图在 Flash 中也需要有很高的显示质量的话，就不要进行转换，因为转换的过程可能会比较长，转换出来的矢量图也有可能会比原先的位图容量大。

　　将位图导入 Flash 中后，导入的位图都会出现在该 Flash 文件的"库"面板中，在"库"面板中可以改变 Flash 对位图图像的默认压缩比。首先可以对导入 Flash 中的每个位图进行局部的压缩。在"库"面板中单击需要修改压缩比的位图，弹出"位图属性"对话框，取消"使用导入的 JPEG 数据"复选框的选择，然后更改默认的显示质量，这样就对导入的位图进行了局部的压缩。完成了 Flash 动画的制作，测试发布 Flash 动画时，还可以对导入该 Flash 中的位图进行全局压缩。按 Shift＋Ctrl＋F12 快捷键，弹出"发布设置"对话框，修改 JPEG 压缩品质的值。注意在修改压缩品质的值时，不能为了使 Flash 文件的容量降到最小，将压缩品质的值降到最低，这样也是不合适的，这样的 Flash 动画发布出来，导入的位图图像的品质会很差，影响 Flash 的观赏性。可以多试几次，调整 Flash 中的位图图像到合适的压缩品质。

课 后 思 考

　　(1) 场景动画在动画中的作用是什么？

　　(2) 在制作背景场景时应注意哪些事项？

第3章

动画分镜头绘制

知识要点

- 了解什么是主镜头和次镜头
- 掌握主镜头和次镜头的绘制方法
- 了解场景设计的基本要求
- 了解动画的场景
- 定位框的绘制
- 掌握各种绘图工具的使用

第8课　主镜头的绘制

　　通常所说的主镜头实际上就是主场景。在一部动画的创作及制作的过程中,动画分镜头的设计是体现动画叙事语言风格、故事的逻辑、控制节奏的重要环节,从动画创作的角度上看,这不仅要对影片所有镜头的变化和连接关系进行设计,同时对于每一个镜头的画面声音、时间等所有构成要素做出准确的设定,动画分镜头设计实际上就是对一部动画的理解,动画的创作不同于电影,它是采用后期前置的模式进行的,因此分镜头的创作过程实际上就是对动画进行的初剪。

　　动画的表现形式近似于电影,都是由一个个镜头的衔接来表达一个完整的故事,作为美术设计的分镜头设计,根据分镜头的每一镜头的内容以及制作人员的意图,将每个镜头进行画面的设计绘制,然后确定角色在镜头的位置、角度以及与背景的关系等。

课堂讲解

任务背景：小明今天去剧院观看了一场精彩的表演,在回家的路上,脑海中还回荡着灯光所烘托出来的舞台效果,色彩缤纷、布置豪华、灯光四射、宽敞气派。要是自己可以制作出这种效果那该多好,想不如做……

任务目标：掌握主镜头的绘制。

任务分析：对于一个整体的动画来说,绘制主镜头是为了引起下面即将要发生的内容或衔接的场景,切勿盲目制作,制作过程中需要合理的安排以及缜密的构思之后,再进一步地完成内容的制作。

8.1　色彩分析

　　人们对色彩的感觉既是一种美感形式,也是一种主观意念。在动画影片创作中要遵循这种思路,对客观色彩进行主观性的概括与强化。用色彩的视觉表达情感、渲染意境;用色彩的语言来表达内容的内涵,形式的美感;用色彩的象征,张扬个人的个性,引起观众的共鸣;色彩在画面中最终表现出来的是色彩运用的主观性,是元素的运用,也是手段的运用,更是风格的运用。而色彩视觉效果的审美价值,正是由于融入了创作者的主观感受、情感、意念,才使得画面色彩关系更为热烈,更有个人品位,更有视觉冲击力。

下面的实例中运用了不同形状颜色的图形来绘制了一个舞台灯光的效果,色彩的搭配适度,刚好体现出舞台色彩的展示方式。

8.2 制作步骤

步骤1 创建一个 ActionScript 2.0 动画文件

执行"文件"→"新建"命令,新建一个 Flash 文档,如图 8-1 所示。单击"属性"面板上的"编辑"按钮,弹出"文档属性"对话框,设置如图 8-2 所示,单击"确定"按钮,完成"文档属性"的设置。

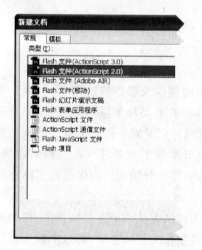
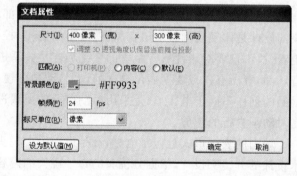

图 8-1   图 8-2

步骤2 制作元件和场景动画

(1) 执行"插入"→"新建元件"命令,新建"名称"为"背景"的"图形"元件,如图 8-3 所示。单击工具箱中的"椭圆工具"按钮,设置"填充颜色"为#FFD027,"笔触颜色"为无,在场景中绘制如图 8-4 所示的圆形。

图 8-3   图 8-4

小·技巧　选择舞台上的"椭圆工具"或"矩形工具",按住 Alt 键并在场景中单击,将弹出"矩形设置"或"椭圆设置"对话框,可以指定椭圆或矩形的宽度和高度,还可以指定矩形的边角半径,这样就可以创建圆角矩形。

(2) 单击工具箱中的"选择工具"按钮,对图形进行调整,效果如图 8-5 所示。根据"图层 1"的制作方法,制作出"图层 2"至"图层 4",如图 8-6 所示。

(3) 新建"图层 5",单击工具箱中的"椭圆工具"按钮,设置"填充颜色"为#F95167,"笔触颜色"为无,在场景中绘制图形,再单击工具箱中的"选择工具"按钮,对图形进行调整,如图 8-7 所示。单击工具箱中的"矩形工具"按钮,在场景中绘制如图 8-8 所示的图形。

图　8-5

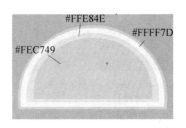

图　8-6

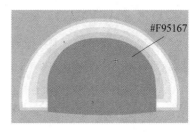

图　8-7

(4) 单击工具箱中的"选择工具"按钮,对图形进行相应调整,如图 8-9 所示。根据矩形的绘制方法,在场景中绘制如图 8-10 所示的图形。

图　8-8

图　8-9

图　8-10

(5) 根据"图层 1"的制作方法,制作出"图层 6"和"图层 7",场景效果如图 8-11 所示。新建"图层 8",单击工具箱中的"矩形工具"按钮,设置"填充颜色"为#FFFFFF,"笔触颜色"为无,在场景中绘制如图 8-12 所示的图形。

(6) 单击工具箱中的"选择工具"按钮,对图形进行相应调整,如图 8-13 所示。单击工具箱中的"任意变形工具"按钮,调整图形角度,如图 8-14 所示。

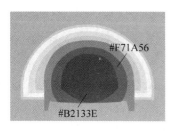

图　8-11

图　8-12

图　8-13

（7）新建"图层9"，执行"窗口"→"颜色"命令，打开"颜色"面板，设置如图8-15所示，单击工具箱中的"椭圆工具"按钮，设置"笔触颜色"为无，在场景中绘制如图8-16所示的图形。

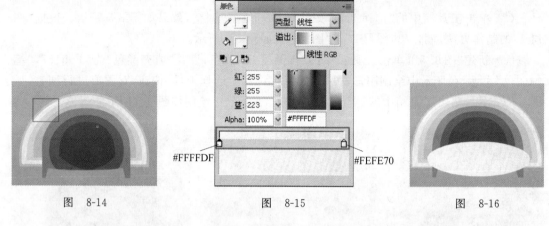

| 图 8-14 | 图 8-15 | 图 8-16 |

（8）新建"图层10"，单击工具箱中的"椭圆工具"按钮，设置"填充颜色"为#FFFFFF，"笔触颜色"为无，在场景中绘制如图8-17所示的图形。根据"图层9"和"图层10"的制作方法，制作出"图层11"至"图层16"，场景效果如图8-18所示。

（9）新建"图层17"，单击工具箱中的"椭圆工具"按钮，设置"填充颜色"为#DDFE8D，"笔触颜色"为无，在场景中绘制如图8-19所示的圆形。选中刚刚绘制的图形，按住Alt键将其复制多个，场景效果如图8-20所示。

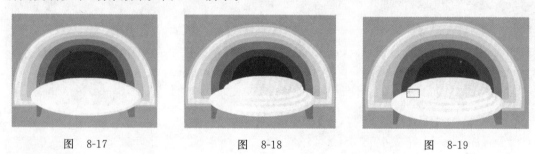

| 图 8-17 | 图 8-18 | 图 8-19 |

操作提示 在同一层绘制图形时要注意不要相互粘连，否则将会出现自动删减问题。一定要在图形位置确定后再取消对其的选择。

（10）根据"图层17"的制作方法，制作出"图层18"，如图8-21所示。完成"背景"元件的绘制，单击"编辑栏"上的"场景1"文字，返回"场景1"的编辑状态，将"背景"元件从"库"面板拖入到场景中，调整位置如图8-22所示。

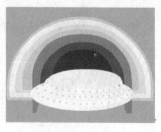

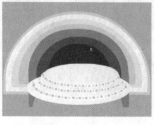
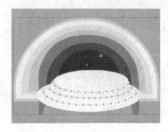

| 图 8-20 | 图 8-21 | 图 8-22 |

（11）新建一个"名称"为"star"的"图形"元件，如图 8-23 所示，单击工具箱中的"多角星形工具"按钮，设置"填充颜色"为#FFFFFF，执行"窗口"→"属性"命令，在打开的"属性"面板上单击"工具设置"下的"选项"按钮，弹出"工具设置"对话框，设置如图 8-24 所示。

（12）设置完成后，单击"确定"按钮，在场景中绘制如图 8-25 所示的图形。单击工具箱中的"选择工具"按钮，对图形进行相应调整，效果如图 8-26 所示。

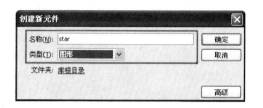

图 8-23　　　　　　　　　　图 8-24　　　　　图 8-25

（13）完成元件 star 的绘制，返回"场景 1"的编辑状态，新建"图层 2"，将元件 star 从"库"面板拖入到场景中，如图 8-27 所示，选中元件 star，按住 Alt 键将其复制多次，并单击工具箱中的"任意变形工具"按钮，对刚刚复制的元件进行相应的调整，场景效果如图 8-28 所示。

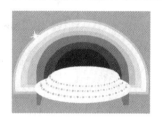

图 8-26　　　　　　　图 8-27　　　　　　　图 8-28

（14）新建"名称"为"light"的"图形"元件，如图 8-29 所示，单击工具箱中的"矩形工具"按钮，设置"填充颜色"为#FFFF2A，在场景中绘制如图 8-30 所示的图形。

（15）单击工具箱中的"选择工具"按钮，对图形进行相应调整，如图 8-31 所示。选中刚刚调整的图形，在属性面板上设置"填充颜色"Alpha 值为 40％，如图 8-32 所示，场景效果如图 8-33 所示。

图 8-29　　　　　　　　图 8-30　　　　图 8-31

（16）完成 light 元件的绘制，返回"场景 1"的编辑状态，新建"图层 3"，将元件 light 从"库"面板拖入到场景中，调整位置如图 8-34 所示。选中元件 light，按住 Alt 键将元件 light 复制多次，单击工具箱中的"任意变形工具"按钮，对刚刚复制的元件进行相应的调整，如图 8-35 所示。

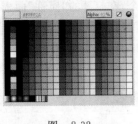  

图 8-32 　　　　　　　　 图 8-33 　　　　　　　　 图 8-34

步骤 3　存储并测试影片

完成动画的制作,执行"文件"→"保存"命令,将动画保存为"CD\源文件\第 3 章\8-1.fla",执行"控制"→"测试影片"命令,测试动画效果如图 8-36 所示。

 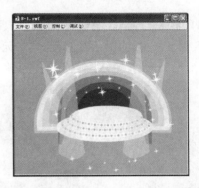

图 8-35 　　　　　　　　　　　　　　 图 8-36

操作提示 Flash 提供了两种专用的保存格式。

第一种是＊.fla格式,这种格式是用来保存文件内容以便以后修改制作的,但不能够直接应用在网页中。

另外一种是＊.swf格式,可以应用到网页中,但是不能再次修改。＊.swf格式文件的生成方式是:执行"文件"→"导出"→"导出影片"命令,在弹出的对话框中输入文件名,单击"确定"按钮即可。在测试影片以后也会自动保存一个 SWF 格式的文件,与 FLA 文件存储的路径相同。

8.3　案例分析

本实例通过绘制一个动画的基本场景,让读者了解绘制场景的基本方法和步骤,掌握绘制的方法以及通过使用不同类型的图形、设置不同透明度来完成层次分明场景的方法,要综合运用到实际的动画制作中。

课堂练习

任务背景:通过第 8 课的学习,小明了解了绘制场景的基本方法和步骤,明白了色彩在场景中的合理应用,要根据整体动画的效果绘制。

任务目标:上网搜索一些有关场景的素材。

任务要求：观察场景素材，口述绘制该场景用到哪些工具。

任务提示：观察场景中运用了哪些图形。

练习评价

项　　目	标 准 描 述	评定分值	得　　分
基本要求 60 分	搜索一些有关场景的素材	30	
	观察场景素材，口述绘制该场景用到哪些工具	30	
拓展要求 40 分	绘制场景	40	
主观评价		总分	

本 课 小 结

本课主要讲解了如何运用各种不同的形状图形，完成主场景的绘制，通过本课的学习，使读者掌握主镜头绘制的基本流程，明白了色彩应用在场景中的重要性。

课 外 阅 读

场景绘制的基本要求

1. 熟练使用 Flash 软件的绘图工具

在 Flash 软件里有铅笔、钢笔、橡皮擦等常见的绘图工具，而且还有基本矩形工具、基本椭圆工具、Deco 工具、骨骼工具等，有了这些工具大大地提高了动漫的制作效率。

除使用铅笔和笔刷外，用其他工具画出的图形线条是十分流畅的，不必担心上色时颜色有深有浅、上渐变色时达不到理想效果，填色以及渐变工具会方便地制作出所希望的效果。另外，使用骨骼、元件实例和形状对象可以按复杂而自然的方式移动，只需做很少的设计工作。例如，通过反向运动可以更加轻松地创建人物动画，如胳膊、腿和面部表情。

须要提醒的是，要想事半功倍，就必须合理运用绘画工具，不能仅仅只局限于使用一种绘图工具来绘制各种图形，应该各种绘图工具配合使用。有很多设计者喜欢单用线条工具画图，绘制房屋还好点，如果是绘制植物，对于特殊的形状，使用线条绘制再变形无疑会很麻烦，而使用线条工具绘制出大体的形状，再配合钢笔工具，绘制起来就非常容易。

2. 掌握一定的绘画能力

（1）掌握一些基本的结构、简单的图形

应该先熟悉一些构成复杂图形的最基本的简单图形以及图形的结构，一些几何图形，例如圆形、方形、线条之类，力求能够非常熟练快速地画出这些图形。

不要急着绘画动漫，首先一定要多加练习，最好是多练习画各种线条，因为在动漫中，线条是很讲究的，各种形式的图形其最基本的都是由线条构成的。

（2）自身的绘画能力

对于绘画能力，主要是靠平时的练习，要勤练习速写，多练习漫画，培养自己的默写能力以及捕捉对象特征的能力。

同时还必须多搜集和临摹一些优秀的卡通人物、动物的形象和动态,提高自己的鉴赏水平和创作能力。

有了以上的基础之后,会发现在制作 Flash 动漫的过程中,绘画不是特别困难的事情,有了基础,绘画对于设计者来说,剩下的只是在具体操作中所应该注意的事项,以及对动漫的整体把握。

课 后 思 考

（1）主镜头在动画中起到什么作用?

（2）主镜头的绘制有哪些要求?

第9课　次镜头的绘制

所谓的次镜头,即是在主镜头之后,为动画加以解释的镜头动画,作为动画的次镜头来说,须要注意的是与主镜头的衔接要自然连贯、一气呵成。首先应该对动画次镜头的内容进行设计与构思,再进一步地完成内容的绘制,下面将通过实例来进一步对次镜头的绘制进行具体讲解。

课 堂 讲 解

任务背景：通过前面内容的学习,小明已经掌握了主场景的绘制,但接下来从一个节目到另一个节目背景效果的变换该怎么绘制? 坐在电脑前一边回想那些精彩的画面,一边在网上搜索资料,为下一个场景做准备。

任务目标：掌握次镜头的绘制。

任务分析：对于一个整体的动画来说,主镜头是引起下面动画开始的部分,那么次镜头动画则是对以后所发生事情内容的进一步解释,运用相关的影片剪辑和图像等元素搭配绘制出动画的内容。

9.1　色彩分析

动画片中的色彩在整部动画要素中占极其重要的作用,它是剧情的发展、角色表现、气氛渲染的重要组成部分。通过色彩在动画片中的整体风格、造型、场景设计中的应用,具体的说明色彩在动画片中的作用。本实例中的色彩应用,通过淡淡的绿色与黄色的搭配,给人一种清新自然的感觉,色彩搭配得合理可以使读者看起来比较轻松、愉悦。

9.2　制作步骤

步骤 1　创建一个 ActionScript 2.0 动画文件

执行"文件"→"新建"命令,新建一个 Flash 文档,如图 9-1 所示。单击"属性"面板上的"编辑"按钮,在弹出的"文档属性"对话框中设置如图 9-2 所示。单击"确定"按钮,完成"文档属性"的设置。

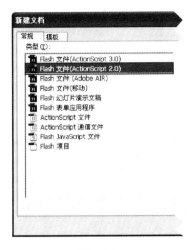

图 9-1

图 9-2

步骤2 制作元件和场景动画

（1）执行"插入"→"新建元件"命令，新建"名称"为"sun"的"图形"元件。单击工具箱中的"椭圆工具"按钮，设置"填充颜色"为#FAFE6B，"笔触颜色"为无，按住 Shift 键在场景中绘制正圆，如图 9-3 所示。

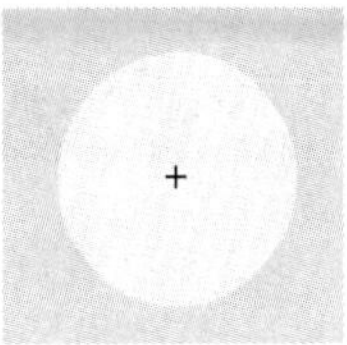

（2）新建"图层2"，执行"窗口"→"颜色"命令，打开"颜色"面板，设置如图 9-4 所示，单击工具箱中的"矩形工具"按钮，在场景中绘制如图 9-5 所示。

图 9-3

（3）单击工具箱中的"选择工具"按钮，对图形进行相应调整，如图 9-6 所示。单击工具箱中的"任意变形工具"按钮，调整图形角度，如图 9-7 所示。

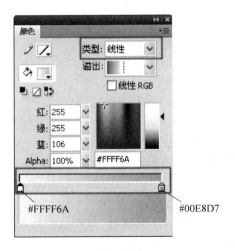

#FFFF6A   #00E8D7

图 9-4

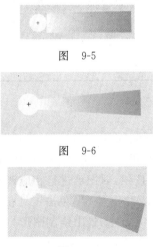

图 9-5

图 9-6

图 9-7

（4）新建"图层3"，单击工具箱中的"多角星形工具"按钮，在场景中绘制如图 9-8 所示的图形。单击工具箱中的"选择工具"按钮，对图形进行相应调整，如图 9-9 所示。单击工具箱中的"任意变形工具"按钮，调整图形角度，如图 9-10 所示。

二维动画设计与制作——Flash CS4中文版

图 9-8

图 9-9

图 9-10

（5）根据"图层 2"的制作方法，制作"图层 4"至"图层 8"，场景效果如图 9-11 所示。根据"图层 3"的制作方法，制作"图层 9"，场景效果如图 9-12 所示。

（6）完成 sun 元件的绘制，单击"编辑栏"上的"场景 1"文字，返回"场景 1"的编辑状态，将 sun 元件从"库"面板拖入到场景中，调整位置如图 9-13 所示。新建"名称"为"圆柱"的"图形"元件，如图 9-14 所示。

图 9-11

图 9-12

图 9-13

（7）单击工具箱中的"矩形工具"按钮，设置"填充颜色"为#FFED19，"笔触颜色"为无，在场景中绘制如图 9-15 所示的矩形。单击工具箱中的"选择工具"按钮，对矩形进行调整，如图 9-16 所示。

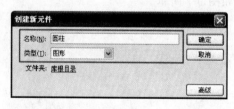
图 9-14

图 9-15

图 9-16

（8）新建"图层 2"，执行"窗口"→"颜色"命令，打开"颜色"面板，设置如图 9-17 所示，单击工具箱中的"椭圆工具"按钮，在场景中绘制图形，如图 9-18 所示。单击工具箱中的"任意变形工具"按钮，对图形进行相应调整，如图 9-19 所示。

（9）新建"图层 3"，单击工具箱中的"椭圆工具"按钮，设置"填充颜色"为#CFFE81，"笔触颜色"为无，在场景中绘制图形，如图 9-20 所示。单击刚绘制的图形，按住 Alt 键复制多个，如图 9-21 所示。根据"图层 3"的制作方法，制作出"图层 4"，如图 9-22 所示。

（10）完成"圆柱"元件的绘制，返回"场景 1"的编辑状态，新建"图层 2"，将元件"圆柱"从"库"面板拖入到场景中，如图 9-23 所示。选中"圆柱"元件，按住 Alt 键将元件在场景中复制两次，单击工具箱中的"任意变形工具"按钮，对复制的元件进行相应的调整，如图 9-24 所示。

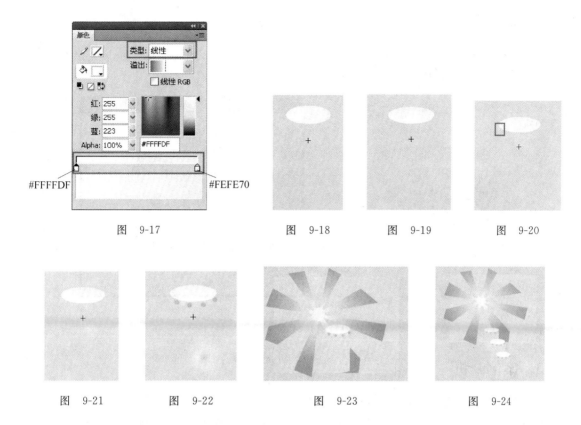

图　9-17　　　　图　9-18　　　　图　9-19　　　　图　9-20

图　9-21　　　　图　9-22　　　　图　9-23　　　　图　9-24

（11）执行"文件"→"导入"→"打开外部库"命令，将外部库"CD\源文件\第3章\素材\3-9-1.fla"打开，如图9-25所示。新建"图层3"，将名称为carton1、carton2和carton3的元件，从"库-3-9-1"面板拖入到场景中，单击工具箱中的"任意变形工具"按钮，调整元件大小，如图9-26所示。

（12）新建"图层4"，将star元件从"库-3-9-1.FLA"面板拖入到场景中，如图9-27所示。选中star元件，按住Alt键将元件star在场景中复制多次，单击工具箱中的"任意变形工具"按钮，对刚刚绘制的元件进行相应的调整，如图9-28所示。

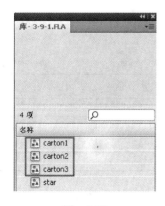

图　9-25

图　9-26

图　9-27

步骤 3　存储并测试影片

完成动画的制作,执行"文件"→"保存"命令,将动画保存为"CD\源文件\第 3 章\9-1.fla",执行"控制"→"测试影片"命令,测试动画效果如图 9-29 所示。

图　9-28　　　　　　　　　　图　9-29

9.3　案例分析

通过实例的制作,使读者掌握如何通过剧情的发展、角色的表现以及舞台背景的合理转换来进行次镜头的绘制,须要注意的是镜头之间色彩的转换要自然、协调。

课堂练习

任务背景:通过本课的学习,小明了解了绘制次镜头的基本方法和步骤,明白了次镜头在动画中起到过渡的作用,要想使不同镜头之间衔接得自然,必须设计合理的场景,色彩搭配要适当,应尽量从多元化的角度设计场景。

任务目标:上网搜索相关动画。

任务要求:观察动画中哪个场景属于次镜头。

任务提示:次镜头动画是对以后发生的事情内容进行的解释。

练习评价

项　目	标准描述	评定分值	得　分
基本要求 60 分	上网搜索相关动画	30	
	观察动画中哪个场景属于次镜头	30	
拓展要求 40 分	绘制次镜头时要注意哪些要点	40	
主观评价		总分	

本课小结

通过本课的学习,使读者了解次镜头动画的绘制以及色彩应用的重要性。同时也让读者明白了场景的合理设计是非常重要的。

课外阅读

场景的分类

在 Flash 动画的制作过程中,场景的合理设计也是非常重要的。而场景的合理设计,主要是指对于一些 Flash 动画作品的场景,不能单一,也不能死板,要有所选择地进行制作,要符合 Flash 动漫的整体制作要求,要尽量从多元化的角度设计场景。

在 Flash 动画中的场景主要分为远景、中景和近景。

1. 远景

远景是指较远的景色设计,一般是用来交代所制作的 Flash 动画故事发生的地点、背景、时间等,在 Flash 动画中,特别是在 Flash 卡通动画中远景一般是作为开头的场景设计,如图 9-30 所示就是远景的设计。

2. 中景

中景是指在交代过情景之后,用来使情节向前发展时所用的,属于过渡性质的场景设计,起到连贯远景和近景的作用,如图 9-31 所示就是中景的设计。

3. 近景

所谓近景,也就是近处的场景,一般是对某一事物的特写,可以是人,也可以是动物、物品等。

对于人物或动物而言,近景是对人物或者动物的面部表情的刻画;而除了人物和动物之外,对于其他元素的近景,则是为了强调某些特殊的情况,如图 9-32 所示就是近景的设计。

图　9-30　　　　　　　　　图　9-31　　　　　　　　　图　9-32

除了上面所讲的远景、中景和近景之外,场景还有内景和外景两种场景形式,主要是为了使其所制作的 Flash 动画作品有室内和室外的场景之分。内景在设计的时候要注意场景整体的空间感觉,要考虑到并不是所有的物体都是在同一个水平线上的,如果是将所有物体都放在同一个水平面上的话,会使 Flash 动画缺少空间感,从而使得整个动画作品大打折扣,如图 9-33 所示是一幅室内的场景,外景在设计时要注意场景的局部表现形式,如图 9-34 所示是一幅室外的场景。

图　9-33　　　　　　　　　　　　　　　　图　9-34

课后思考

（1）次镜头在动画中起到什么作用？

（2）次镜头的绘制有哪些要求？

第10课　定位框的绘制

定位框在制作动画时起到定位的作用，所谓的定位，就是说将主要的镜头出现在这个定位框中，来保证动画效果的协调。可以把定位框理解为辅助线，为了使用方便，利用定位框就不需要像使用辅助线一样来回拖了。当动画制作完成之后，可以将定位框删掉。

课堂讲解

任务背景：通过上一课的学习，小明已经完成了次镜头的绘制，对动画的兴趣越来越浓了，在空闲时，就上网浏览动画，观摩各种动画的特点，不经意间发现有些动画上面有一些框，心里不由起了疑问，在老师的帮助下知道了那些框叫做定位框，并且知道了在动画制作中定位框是起定位作用的，但是该怎样为自己的动画绘制合适的定位框呢？心动不如行动，先绘制一个试试看效果怎么样。

任务目标：掌握定位框的绘制。

任务分析：定位框主要起到定位的作用，需要将动画中的文字、Logo、信息等内容放置在定位框之内，使得动画的内容在任何的情况下都能够完全显示，不会出现因为放置在其他媒体上播放时信息不完全的情况。

10.1　色彩分析

根据不同的场景，可以绘制不同颜色的定位框，需要注意的是要与场景的颜色区分开来，否则难以在场景中体现出定位框的存在。定位框不限形状，可以根据实际情况的需要自由选择。

10.2　制作步骤

步骤1　创建一个 ActionScript 2.0 动画文件

执行"文件"→"新建"命令，新建一个 Flash 文档（ActionScript 2.0），文档大小为 400×300 像素，背景颜色为白色，其他选项用默认值。

步骤2　绘制定位框

（1）单击工具箱中的"矩形工具"按钮，设置"笔触颜色"为#000000，"填充颜色"为无，"笔触高度"为1，在场景中绘制矩形框，如图 10-1 所示，新建"图层 2"，相同的绘制方法，单击工具箱中的"矩形工具"按钮，在场景中绘制矩形框，单击工具箱中的"橡皮擦工具"按钮，将刚刚绘制的矩形框多余部分擦除，效果如图 10-2 所示。

操作提示：在绘制定位框时，由于定位框能够起到辅助线的作用，而且还是一圈到一圈的形式，一定要注意外框与内框之间的间距，不要过于拥挤，间距大小要适当。

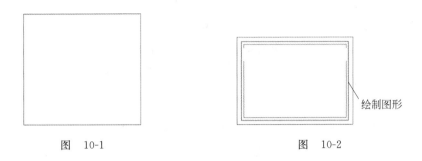

图 10-1   图 10-2

绘制图形

小技巧 "橡皮擦工具"也可以指定其"大小"和"形状"。单击工具箱中的"橡皮擦工具"按钮,从工具箱中的"选项"下拉列表中可以设置"橡皮擦形状"和"橡皮擦模式"。"橡皮擦工具"可以是圆形或方形,也可以有多种尺寸。

如果需要快速删除场景中的所有内容,可以双击"橡皮擦工具"按钮。

(2)新建"图层 3",单击工具箱中的"矩形工具"按钮,设置"笔触颜色"为#000000,"填充颜色"为无,"笔触高度"为 1,在场景中绘制矩形框,单击工具箱中的"橡皮擦工具"按钮,将刚刚绘制的矩形框多余部分擦除,图形效果如图 10-3 所示。新建"图层 4",单击工具箱中的"线条工具"按钮,设置"笔触颜色"为#000000,"笔触高度"为 1,在场景中绘制线条,如图 10-4 所示。

步骤 3   存储并测试影片

完成动画的制作,执行"文件"→"保存"命令,将文件保存为"CD\源文件\第 3 章\10-1.fla",执行"控制"→"测试影片"命令,测试动画效果如图 10-5 所示。

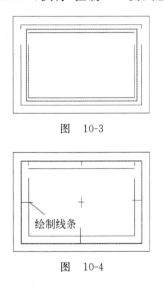

图 10-3

绘制线条

图 10-4

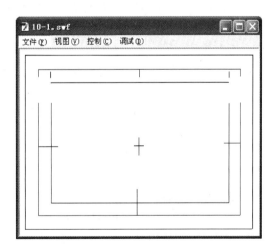

图 10-5

10.3 案例分析

本例主要讲解了在 Flash 中如何制作定位框,了解了在制作定位框时,只需使用"矩形工具"和"线条工具"等基本的绘图工具绘制即可,须要注意的是在制作时不要将定位框制作得太花哨。

课 堂 练 习

> **任务背景**：通过第10课的学习，小明已经掌握了定位框的绘制，想为自己喜欢的动画绘制定位框，同时也更加熟练地掌握绘图工具的使用。
>
> **任务目标**：制作主镜头的动画。
>
> **任务要求**：为主镜头绘制定位框。
>
> **任务提示**：定位框不限形状，可以根据实际需要绘制不同的定位框（例如，椭圆形、长方形、正方形）。

练习评价

项　　目	标　准　描　述	评定分值	得　分
基本要求 60 分	制作主镜头的动画	30	
	为主镜头绘制定位框	30	
拓展要求 40 分	从动画的角度分析定位框是否起到了作用	40	
主观评价		总分	

本 课 小 结

　　本课主要讲解了如何使用"矩形工具"和"线条工具"绘制定位框，使读者掌握了定位框的形状要根据实际情况的需要而定，须要注意的是在操作过程中外框与内框的间距。

课 外 阅 读

制作场景动画的相关提示

　　在 Flash 场景动画的制作过程中，会制作一些较为复杂的动画，而 Flash 本身的功能却不能满足需要，在这里给大家一点提示。

　　1. 简单主体

　　首先制作主体的简单与否对制作的工作量有很大的影响，善于将动作的主体简化，可以成倍地提高工作的效率。

　　一个最明显的例子就是小小的"火柴人"功夫系列，动画的主体相当简化，以这样的主体来制作以动作为主的影片，即使用完全逐帧的制作，工作量也是可以承受的。试想用一个逼真的人的形象作为动作主体来制作这样的动画，工作量就会增加很多。

　　对于不是以动作为主要表现对象的动画，画面简单是最简单省力的方法。

　　2. 尽量使用变形

　　动画补间和形状补间是 Flash 提供的两种变形，它们只需要指定首尾两个关键帧，中间过程由电脑生成，所以是制作影片时最常用来表现动作的。

　　但是，有时候用单一的变形，动作会显得比较单调，这时可以考虑组合地使用变形。例如，通过前景、中景和背景分别制作变形，或者仅是前景和背景分别变形，工作量不大，但也能取得良好的效果。

　　3. 使用一定的技巧

　　对于许多不能采用动画补间和形状补间来表现动作的时候，常常要用到逐帧动画，也就是一帧一帧地将动作的每个细节都画出来。

显然,这是一件很吃力的工作,尽量避开逐帧制作,当避无可避的时候,使用一些小的技巧能够减少一定的工作量。

(1) 循环法

这是最常用的方法,将一些动作简化成由只有几帧、甚至二三帧的逐帧动画组成的动画补间和形状补间的循环播放的特性,来表现一些动画,例如头发、衣服飘动,走路、说话等动画经常使用该法。

这种循环的逐帧动画,要注意动画的"节奏",做好了能取得很好的效果。

(2) 节选奏变法

在表现一个"缓慢"的动作时,例如手缓缓张开,头(正面)缓缓抬起,用逐帧动画是非常复杂烦琐的。可以考虑在整个动作中节选几个关键的帧,然后用渐变或闪现的方法来表现整个动作。

例如,可以通过节选手在张合动作中的 4 个"瞬间",绘制 4 个图形,定义成动作补间之后,运用 Alpha(透明度)的变形来表现出一个完整的手的张合动作。

如果完全逐帧地将整个动作绘制出来,想必会花费大量的时间精力,这种方法可以在基本达到效果的同时简化了工作。

该方法适合于"慢动作"的复杂动作,另外,一些特殊情景,如迪厅,由于黑暗中闪烁的灯光,也是自然的节选动作,这时无需变形直接闪现即可。

(3) 替代法

这是比较聪明的方法,就是用其他东西替代复杂的动作,这个"其他",可以是很多东西,例如影子、声音等。

该方法重点就在于"避实就虚",至于怎么虚,就得多动动脑子了。

(4) 临摹法

初学者常常难以独立完成一个动作的绘制,这时候可以临摹一些动画视频,可以将它们导入 Flash 中,因为有了参照,完成起来就比较轻松。而在临摹的基础上进行再加工,使动画更完善。

具体的操作是用视频处理软件从动画视频中将需要的动画截取出来,输出成系列图片或者也可以将整段动画视频导入到 Flash 中,依照它描绘而成,具体的风格就由自己决定了。

(5) 遮蔽法

该方法的中心思想就是将复杂动画的部分给遮住。而具体的遮蔽物可以是位于动作主体前面的东西,也可以是影片的框(即影片的宽度限制)等。

例如,在一些动画中的复杂动作部分,由于"镜头"仰拍的关系,已在影片框之外,因此就不需要画这部分比较复杂的动画,剩下的都是些简单的工作了。

当然如果该部分动作正是你要表现的主体,那这个方法显然就不适合了。

课后思考

(1) 绘制定位框一般都使用哪些绘图工具?

(2) 定位框的作用是什么?

第4章

动画案例制作体验

知识要点

- 制作逐帧动画的技巧
- 掌握引导层和遮罩动画的制作
- 了解补间动画和补间形状的区别
- 如何制作引导层动画效果
- 如何制作遮罩动画效果

第11课　基本补间动画

　　补间动画是 Flash 动画制作当中最为常见的制作方法,并且最大限度地减小所生成的文件大小,虽然形式简单但是极富变化性,本课主要针对一种最常见的补间动画进行讲解,补间动画共有 3 种类型,分别是补间动画、补间形状和传统补间 3 种,这 3 种补间实质上是大同小异的,但在不同的动画效果中,同时也会实现不同的动画效果,给人意想不到的效果。

课堂讲解

任务背景:小明很喜欢制作一些 Flash 动画,可是自己只会制作一些简单的逐帧动画,逐帧动画过渡虽然自然,但是不容易控制,于是他开始上网查询资料,发现有补间动画形式不但简单而且还比较富有变化性,因此,他决定上网好好学习一番。

任务目标:掌握补间动画的制作过程。

任务分析:小明学习补间动画的制作是非常必要的,只有掌握了补间动画的制作,才能更有效地制作出既生动又丰富的 Flash 动画。

11.1　旋转动画

步骤 1　创建元件

　　(1) 执行"文件"→"新建"命令,新建一个 Flash 文档,如图 11-1 所示,单击"属性"面板上的"编辑"按钮,在弹出的"文档属性"对话框中设置如图 11-2 所示,单击"确定"按钮,完成"文档属性"的设置。

　　(2) 执行"插入"→"新建元件"命令,新建一个"名称"为"旋转"的"影片剪辑"元件,如图 11-3 所示。执行"文件"→"导入"→"导入到舞台"命令,将图像"CD\源文件\第 4 章\素材\411_02.png"导入到场景中,如图 11-4 所示。

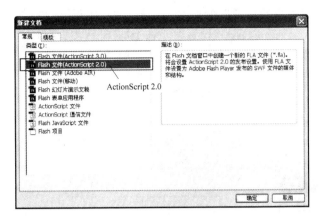

图　11-1　　　　　　　　　　　　　　　　　图　11-2

　　（3）选中刚刚导入的图像，按 F8 键将图像转换成"名称"为"转轮"的"图形"元件，如图 11-5 所示。在第 20 帧位置单击，按 F6 键插入关键帧，设置第 1 帧上的"补间类型"为"传统补间"，设置其"属性"面板上"补间"标签下的"旋转"为"顺时针"，如图 11-6 所示。

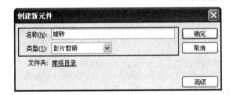

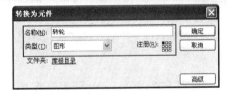

图　11-3　　　　　　　　　图　11-4　　　　　　　　　图　11-5

　　（4）执行"插入"→"新建元件"命令，新建一个"名称"为"气球动画 1"的"影片剪辑"元件，如图 11-7 所示，执行"文件"→"导入"→"导入到舞台"命令，将图像"CD\源文件\第 4 章\素材\411_03.png"导入到舞台中，如图 11-8 所示。

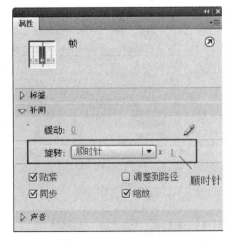

图　11-7

图　11-8

图　11-6

（5）选中刚刚导入的图像，按 F8 键将图像转换成"名称"为"气球 1"的"图形"元件，如图 11-9 所示。在第 20 帧位置单击，按 F6 键插入关键帧，设置第 1 帧上的"补间类型"为"传统补间"，选中第 1 帧上的元件，设置"属性"面板上"色彩效果"标签下的 Alpha 值为 0%，"属性"面板如图 11-10 所示。

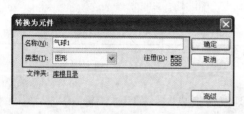

图 11-9

图 11-10

（6）新建"图层 2"，在第 1 帧位置单击，执行"窗口"→"动作"命令，在弹出的"动作-帧"面板中输入"stop();"脚本语言，如图 11-11 所示，在第 20 帧位置单击，按 F6 键插入关键帧，相同方法，在"动作-帧"面板中输入"stop();"脚本语言，"时间轴"面板如图 11-12 所示。

图 11-11

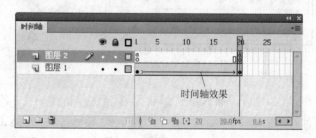

图 11-12

步骤 2　创建主场景动画

（1）根据"气球动画 1"元件的制作方法，制作出"气球动画 2、3、4、5"元件，"库"面板如图 11-13 所示。单击"编辑栏"上的"场景 1"文字 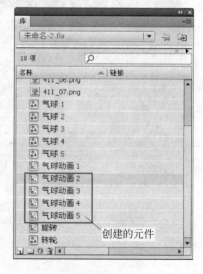，返回到"场景 1"的编辑状态，执行"文件"→"导入"→"导入到舞台"命令，将图像"CD\源文件\第 4 章\素材\411_01.png"导入到场景中，如图 11-14 所示。

操作提示　在"气球动画 1"至"气球动画 5"元件中制作的分别是不同颜色的气球亮度变化的动画。

（2）新建"图层 2"，将"库"面板中的"旋转"影片剪辑元件拖入到场景中，效果如图 11-15 所示。新建"图层 3"，将"库"面板中的"气球动画 1"影片剪辑元件拖入到场景中，效果如图 11-16 所示。

图 11-13

插入的元件

插入的元件

图　11-14　　　　　　　图　11-15　　　　　　　图　11-16

（3）在"属性"面板上设置"实例名称"为 m1，如图 11-17 所示，相同方法，分别将"气球动画 2、3、4、5"元件依次拖入到场景中，并在"属性"面板上设置其"实例名称"。新建"图层 8"，单击工具箱中的"刷子工具"按钮，在场景绘制了相应图形，效果如图 11-18 所示。

（4）按 F8 键将图形转换成"名称"为"反应区 1"的"按钮"元件，如图 11-19 所示，选中元件，设置"属性"面板上"色彩效果"标签下的 Alpha 值为 0％，执行"窗口"→"动作"命令，在弹出的"动作-按钮"面板中输入脚本语言，如图 11-20 所示。新建图层，相同的方法，可以完成"图层 9"至"图层 12"的制作。

图　11-17　　　　　　　图　11-18　　　　　　　图　11-19

```
1  on (rollOver)
2  {
3      _root.m1.gotoAndPlay(2);
4  }
5  on (rollOut)
6  {
7      _root.m1.gotoAndStop(1);
8  }
9  on (release)
10 {
11     getURL("http://www.5ifz.cn/");
12 }
```

图　11-20

操作提示 在"图层9"至"图层12"中分别绘制了不同颜色气球的反应区,分别为各反应区设置了相应的"实例名称",并且在各反应区上添加相应的脚本语言。

步骤3 存储并测试影片

执行"文件"→"保存"命令,将动画保存为"CD\源文件\第4章\11-1.fla",执行"控制"→"测试影片"命令,测试动画效果如图11-21所示。

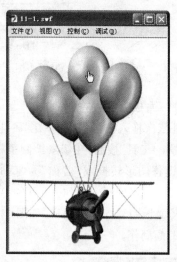

图 11-21

11.2 飞行动画

步骤1 创建元件

(1)执行"文件"→"新建"命令,新建一个Flash文档,如图11-22所示,单击"属性"面板上的"编辑"按钮,在弹出的"文档属性"对话框中设置如图11-23所示,单击"确定"按钮,完成"文档属性"的设置。

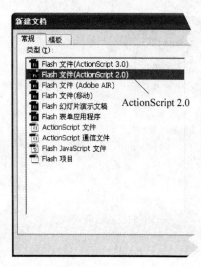

图 11-22

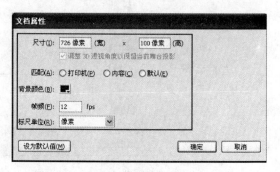

图 11-23

（2）执行"插入"→"新建元件"命令，新建一个"名称"为"草坪动画"的"影片剪辑"元件，如图 11-24 所示，执行"文件"→"导入"→"导入到舞台"命令，将图像"CD\源文件\第 4 章\素材\411_08.png"导入到场景中，如图 11-25 所示。

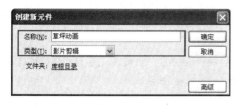

图　11-24　　　　　　　　　　　　　　　　　图　11-25

（3）按 F8 键将刚刚导入的图像转换成"名称"为"草坪"的"图形"元件，如图 11-26 所示。分别在第 50 帧和第 55 帧位置处单击，依次按 F6 键插入关键帧，在第 50 帧位置单击，将图形垂直向下移动，如图 11-27 所示，并设置第 50 帧的"补间类型"为"传统补间"。

移动元件

图　11-26　　　　　　　　　　　　　　　　　图　11-27

小·技巧　如果不将图像转换成需要的元件，进行动画的制作时系统会将图像自动生成所需的元件，这样会对后面的制作造成混乱。

（4）根据"草坪"动画元件的制作方法，制作出"走动的驴"、"文字动画"和"广告"元件，元件效果如图 11-28 所示。

图　11-28

（5）执行"插入"→"新建元件"命令，新建一个"名称"为"白云"的"影片剪辑"元件，如图 11-29 所示，单击工具箱中的"椭圆工具"按钮，设置其"填充颜色"为#FFFFFF，"笔触颜色"为无，配合"选择工具"和"部分选择工具"绘制出如图 11-30 所示的图形。

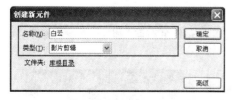
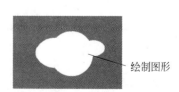

绘制图形

图　11-29　　　　　　　　　　　　　　　　　图　11-30

（6）选中图形，按 F8 键将其转换成"名称"为"一朵白云"的"影片剪辑"元件，如图 11-31 所示。单击"属性"面板上"滤镜"标签下的"添加滤镜"按钮⬛，在弹出的菜单中选择"模糊"，设置如图 11-32 所示。

图 11-31

操作提示 "模糊"滤镜可以柔化对象的边缘与细节。将模糊应用于对象，可以让它看起来好像位于其他对象的后面，或者使对象看起来好像是运动的。

（7）相同方法，分别对"发光"和"斜角"进行相应设置，如图 11-33 所示。元件效果如图 11-34 所示。

图 11-32

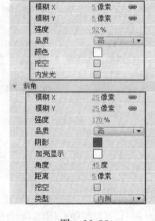

图 11-33

图 11-34

（8）执行"插入"→"新建元件"命令，新建一个"名称"为"多个白云"的"影片剪辑"元件，如图 11-35 所示。将"一朵白云"元件从"库"面板多次拖入到舞台中，并调整元件大小及位置，效果如图 11-36 所示。

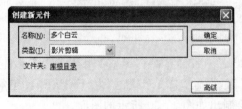

图 11-35

图 11-36

（9）根据"草坪动画"元件的制作方法，制作出"从左至右飘"和"上下飘"元件，元件效果如图 11-37 所示。

图 11-37

步骤 2　创建主场景动画

（1）单击"编辑栏"上的"场景1"文字 ⬛场景1，返回到"场景1"的编辑状态，单击工具箱中的"矩形工具"按钮，在"颜色"面板上设置其"填充颜色"为#1DD6FE 到#92FEFD 的"线性"渐变，"笔触颜色"为无，"颜色"面板如图 11-38 所示，在场景中绘制矩形，单击工具箱中的"渐变工具"按钮，选择图形，调整渐变的角度，效果如图 11-39 所示。在第 115 帧位置单击，按 F5 键插入帧。

（2）新建"图层 2"，将"库"面板中的"草坪动画"元件拖入到场景中，效果如图 11-40 所示，在第 55 帧位置单击，按 F7 键插入空白关键帧。新建"图层 3"，将"库"面板中的"上下飘"元件拖入到舞台中，调整元件相应位置和大小，如图 11-41 所示。

图　11-38

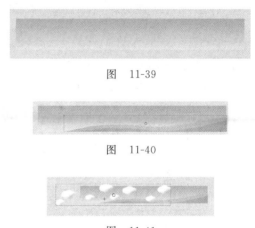

图　11-39

图　11-40

图　11-41

（3）分别在第 50 帧和第 55 帧位置单击，依次按 F6 键插入关键帧，使用"选择工具"，将第 50 帧上的元件垂直向上移动，如图 11-42 所示，设置第 1 帧和第 50 帧上的"补间类型"为"传统补间"，在第 56 帧位置单击，按 F7 键插入空白关键帧，将"库"面板中的"从左至右飘"元件拖入到场景中，"时间轴"面板如图 11-43 所示。

图　11-42

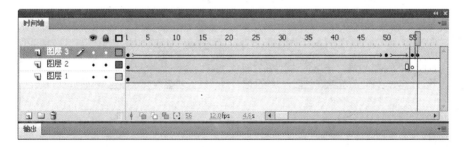

图　11-43

（4）新建"图层 4"，将"库"面板中的"文字动画"元件拖入到场景中，调整元件相应位置，效果如图 11-44 所示。在第 34 帧位置单击，按 F6 键插入关键帧，在第 1 帧位置单击，选中

图 11-44

元件，设置"属性"面板上"色彩效果"标签下的Alpha值为0%，并设置"补间类型"为"传统补间"，在第35帧位置单击，按F7键插入空白关键帧，"时间轴"面板如图11-45所示。

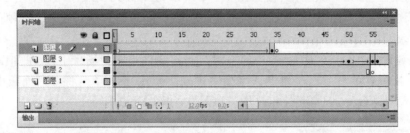

图 11-45

（5）新建图层，相同的制作方法，可以完成"图层5"至"图层8"的制作，"时间轴"面板如图11-46所示，场景效果如图11-47所示。

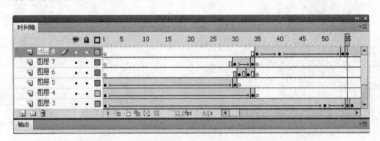

图 11-46

图 11-47

步骤3 存储并测试影片

执行"文件"→"保存"命令，将动画保存为"CD\源文件\第4章\11-2.fla"，执行"控制"→"测试影片"命令，测试动画效果如图11-48所示。

图 11-48

课堂练习

任务背景：通过本课中对基本补间动画的学习，小明已经掌握了基本补间动画的制作，并且对"传统补间"和"形状补间"这两种补间类型有了很清晰的理解，但是毕竟这是实践的东西，还是需要多多实践才可以提高制作动画的水平。

任务目标：制作补间动画。

任务要求：利用课余时间多制作一些小动画，在制作过程中理解动画的先后顺序、元件的使用，注意补间类型的设置。

任务提示：因为补间的运用在动漫制作中起着非常重要的作用，所以仅仅是基础的学习也是不够的，如果想制作出更好的 Flash 动画，还是需要多多练习。

练习评价

项　　目	标　准　描　述	评定分值	得　分
基本要求 60 分	创建元件	20	
	制作传统补间动画	20	
	制作形状补间动画	20	
拓展要求 40 分	测试动画效果	40	
主观评价		总分	

本 课 小 结

通过本课的学习，须要注意在制作"补间动画"时对象必须是元件类型，直接绘制的图形不能进行"补间动画"的制作，如果没有转换为元件，则会自动生成以补间为名称的元件，为图形制作动画可以创建"补间形状"。

课 外 阅 读

"帧频"的使用

"帧频"是动画播放的速度，以每秒播放的帧数为单位。帧频太慢会使动画看起来一顿一顿的，帧频太快会使动画的细节变得模糊。在 Web 上，每秒 12 帧的帧频通常会得到最佳的效果。但是标准的运动图像速率是 24 帧/秒。

动画的复杂程度和播放动画的计算机速度会影响播放的流畅程度，因此要在各种计算机上测试动画，以确定最佳帧频。

课 后 思 考

(1) 如何创建"补间动画"？如何创建"形状动画"？

(2) "传统补间"和"形状补间"的区别是什么？请举例说明。

第12课　引导线动画

单纯依靠设置"时间轴"上的补间动画，有时仍然无法实现一些复杂的动画效果，有很多运动是弧线或不规则的路线，如月亮围绕地球旋转、鱼儿在大海里遨游等。这样的不规则运动效果，可以通过引导层来实现。

将一个或多个层链接到一个运动引导层上，使一个或多个对象沿同一条路径运动的动画形式被称为"引导线动画"。这种动画可以使一个或多个元件完成曲线或不规则运动。

课堂讲解

> **任务背景**：小明学习了补间动画的制作这还远远不够，对于自己想制作出的Flash动画还有相当远的距离，有一天，他在窗外看见一只蜜蜂在花丛间飞舞，不由萌生一种创作的念头，但是蜜蜂飞舞的路线是那么的不规则，这可把小明愁坏了，于是上网查询了大量的资料。
>
> **任务目标**：掌握引导线动画的制作和应用。
>
> **任务分析**：通过创建引导线动画，可以使元件沿着路径应用补间动画，在引导层中可以绘制路径，使补间元件、组或文本块沿着这些路径运动。可以将多个层链接到一个引导层中，使多个对象沿着同一条路径运动。

12.1 蜜蜂飞舞动画

步骤1 创建背景

（1）执行"文件"→"新建"命令，新建一个Flash文档（ActionScript 2.0），单击"属性"面板上的"编辑"按钮，在弹出的"文档属性"对话框中设置如图12-1所示，单击"确定"按钮，完成"文档属性"的设置。

（2）单击工具箱中的"矩形工具"按钮，在"颜色"面板上设置"填充颜色"为从#14CEFC到#FFFFFF的"线性"渐变，"笔触颜色"为无，如图12-2所示，按住Alt键在场景中单击，弹出"矩形设置"对话框，内容设置如图12-3所示。

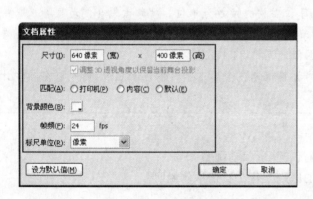

图 12-1

图 12-2

（3）在场景中绘制矩形，单击工具箱中的"渐变变形工具"按钮，选择图形，调整渐变的角度，图形效果如图12-4所示，在第100帧位置单击，按F5键插入帧。新建"图层2"，执行"文件"→"导入"→"导入到舞台"命令，将图像"CD\源文件\第4章\素材\411_15.png"导入到场景中，效果如图12-5所示。

（4）新建"图层3"，单击工具箱中的"椭圆工具"按钮，设置"填充颜色"为#FFFFFF，"笔触颜色"为无，配合"选择工具"和"部分选择工具"绘制出如图12-6所示的图形。选中图形，按F8键将其转换成"名称"为"白云飘"的"影片剪辑"元件，如图12-7所示。

图　12-3

图　12-4

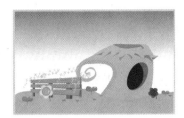

图　12-5

图　12-6

图　12-7

（5）双击元件，进入该元件编辑状态，选中图形，按 F8 键将其转换成"名称"为"白云"的"图形"元件，如图 12-8 所示，在第 500 帧位置单击，按 F6 键插入关键帧，使用"选择工具"，将元件水平向左移动，如图 12-9 所示，设置第 1 帧上的"补间类型"为"传统补间"。

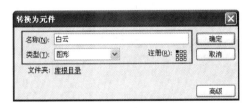

图　12-8

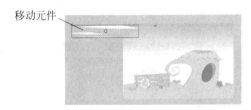

图　12-9

步骤 2　创建引导层动画

（1）单击"编辑栏"上的"场景 1"文字，返回到"场景 1"的编辑状态。新建"图层 4"，执行"文件"→"导入"→"打开外部库"命令，打开外部库"CD\源文件\第 4 章\素材\素材 12-1. fla"，如图 12-10 所示。将"角色"元件从"库-素材 12-1. FLA"面板拖入到场景中，调整大小及位置，如图 12-11 所示。

（2）在"图层 4"的"图层名称"上右击，在弹出的菜单中选择"添加传统运动引导层"选项，"时间轴"面板如图 12-12 所示。使用"铅笔工具"，在场景中绘制引导线，如图 12-13 所示。

（3）使用"选择工具"调整元件位置，使元件的中心点在引导线上，如图 12-14 所示，在第 100 帧位置单击，按 F6 键插入关键帧，相同方法调整元件位置，效果如图 12-15 所示。

图　12-10

导入元件

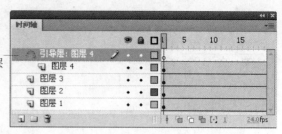

添加
引导层

图 12-11　　　　　　　　　　　图 12-12

绘制引导线

调整元件

图 12-13　　　　　　　图 12-14　　　　　　　图 12-15

步骤 3　存储并测试影片

执行"文件"→"保存"命令,将动画保存为"CD\源文件\第 4 章\12-1. fla",执行"控制"→
"测试影片"命令,测试动画效果如图 12-16 所示。

图 12-16

12.2　飞舞的蒲公英

步骤 1　创建背景

(1) 执行"文件"→"新建"命令,新建一
个 Flash 文档(ActionScript 2.0),单击"属
性"面板上的"编辑"按钮,在弹出的"文档属
性"对话框中设置如图 12-17 所示,单击"确
定"按钮,完成"文档属性"的设置。

(2) 执行"文件"→"导入"→"导入到舞
台"命令,将图像"CD\源文件\第 4 章\素材\
411_16.png"导入到场景中,效果如图 12-18

图 12-17

所示。在第 195 帧位置单击,按 F5 键插入帧。

图　12-18

(3) 执行"文件"→"导入"→"打开外部库"命令,打开外部库"CD\源文件\第 4 章\素材\素材 12-2.fla",如图 12-19 所示。新建"图层 2",将"白云飘"元件从"库-素材 12-2.FLA"面板拖入到场景中,调整大小及位置,如图 12-20 所示。

(4) 新建"图层 3",将"整体"元件从"库-素材 12-2.FLA"面板拖入到场景中,效果如图 12-21 所示,选中图形,按 F8 键将其转换成"名称"为"摇摆"的"影片剪辑"元件,如图 12-22 所示。

图　12-19

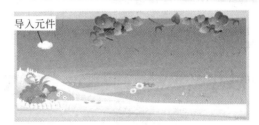

图　12-20

图　12-21

(5) 双击元件,进入该元件编辑状态,分别在第 30 帧和第 60 帧位置单击,依次按 F6 键插入关键帧,在第 30 帧位置单击,使用"任意变形工具"调整元件,如图 12-23 所示,分别设置第 1 帧和第 30 帧上的"补间类型"为"传统补间",在第 65 帧位置单击,按 F5 键插入帧,"时间轴"面板如图 12-24 所示。

图　12-22

图　12-23

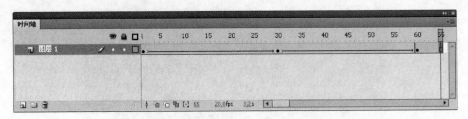

图 12-24

步骤 2 制作引导层动画

（1）单击"编辑栏"上的"场景 1"文字，返回到"场景 1"的编辑状态。新建"图层 4"，将"蒲公英"元件从"库-素材 12-2. FLA"面板拖入到场景中，如图 12-25 所示。按 F8 键将其转换成"名称"为"蒲公英飞舞 01"的"影片剪辑"元件。

（2）双击元件，进入该元件编辑状态，在"图层 1"的"图层名称"上右击，在弹出的菜单中选择"添加传统运动引导层"选项，"时间轴"面板如图 12-26 所示。使用"铅笔工具"，在场景中绘制引导线，如图 12-27 所示。

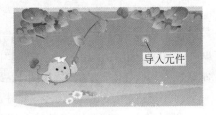

图 12-25

> **操作提示** 双击元件后可以进入该元件的编辑状态，上一级的场景会以半透明的方式显示，用这种方法便于调整元件的位置。

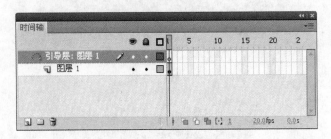

图 12-26

图 12-27

（3）使用"选择工具"调整元件位置，使元件的中心点在引导线上，如图 12-28 所示，在第 15 帧位置单击，按 F6 键插入关键帧，相同方法调整元件位置，如图 12-29 所示。在第 1 帧位置单击，选中元件，设置"属性"面板上"色彩效果"标签下的 Alpha 值为 0%，并设置"补间类型"为"传统补间"。

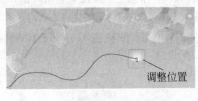

图 12-28

图 12-29

（4）在第 250 帧位置单击，按 F6 键插入关键帧，并调整元件相应位置，如图 12-30 所示，在第 270 帧位置单击，按 F6 键插入关键帧，选中元件，设置"属性"面板上"色彩效果"标签下的 Alpha 值为 0%,效果如图 12-31 所示,设置第 250 帧"补间类型"为"传统补间"。

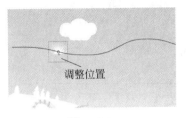
图　12-30

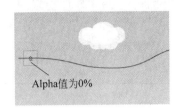
图　12-31

（5）根据"蒲公英飞舞 01"元件的制作方法,制作出"蒲公英飞舞 02"和"蒲公英飞舞 03"元件,元件效果如图 12-32 所示。

图　12-32

操作提示 "蒲公英飞舞 02"和"蒲公英飞舞 03"元件的制作方法与"蒲公英飞舞 01"元件的制作方法是相同的,只是动画的运行路径不同。

（6）单击"编辑栏"上的"场景 1"文字,返回到"场景 1"的编辑状态。将"蒲公英飞舞 01"、"蒲公英飞舞 02"和"蒲公英飞舞 03"元件从"库"面板拖入到场景中的不同位置,效果如图 12-33 所示。相同方法可以完成"图层 5"和"图层 6"的制作,"时间轴"面板如图 12-34 所示。

图　12-33

操作提示 "图层 4"至"图层 6"都为蒲公英飞行的动画,3 个图层分别错开 10 帧是为了蒲公英飞行时显得更加连贯。

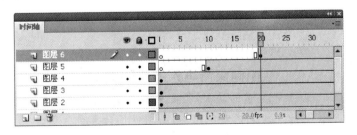
图　12-34

（7）新建"图层 7",在第 195 帧位置单击,按 F6 键插入关键帧,执行"窗口"→"动作"命令,在弹出的"动作-帧"面板中输入"stop();"脚本语言。

步骤 3　存储并测试影片

执行"文件"→"保存"命令,将动画保存为"CD\源文件\第 4 章\12-2.fla",执行"控制"→"测试影片"命令,测试动画效果如图 12-35 所示。

图 12-35

课堂练习

任务背景：通过本课的学习,小明已经理解了"引导层"的运用,掌握了制作引导线动画的技巧,接下来需要小明以同样的方法自己动手去制作一个引导线动画。

任务目标：制作引导线动画。

任务要求：在制作引导线动画的过程中注意引导线的创建,元件的中心点一定要确定在引导线上。

任务提示：引导线动画的制作可以实现一些复杂的动画效果,所以一定要多多学习、多多制作,为以后做更丰富的动画打下基础。

练习评价

项　　目	标 准 描 述	评定分值	得　　分
基本要求 60 分	掌握引导层与引导线的概念	30	
	制作引导线动画	30	
拓展要求 40 分	测试动画效果	40	
主观评价		总分	

本课小结

本课中主要讲解了引导线动画的制作,通过实例的学习,可以了解与掌握如何在 Flash 中更好地利用引导层制作动画,并对引导线动画有更深层的了解,在制作的过程中要注意对元件位置的调整。

课外阅读

如何保持导入的位图透明

尽管 Flash 动画是基于矢量的动画,但如果有必要,仍然可以在其中使用位图,而且 Flash 支持透明位图。为了导入透明的位图,必须保证含有透明部分的 GIF 图片使用的是 Web216 色安全调色板,而不是其他调色板。以常用位图处理软件 Photoshop 为例,在将图片转化为 GIF 格式之前,可以选择调色板为 Web 调色板,再输出为 GIF89a 格式,这样的透明 GIF 图片引入 Flash 后,原来透明的部分仍能够保持透明。

课后思考

(1) 如何利用"引导层"创建动画?

(2) 制作引导线动画时,动画对象有的时候为什么总是沿着直线运动? 如何解决?

第13课 遮罩动画

在 Flash 动画中,经常会看到很多炫目神奇的效果,而其中很多是利用最简单的"遮罩"来完成的,如水波、万花筒、百叶窗、放大镜、望远镜等效果。在 Flash 制作动画中遮罩动画是非常常见的,利用 Flash 的遮罩功能可以方便快捷地制作出层次感丰富的动画效果。

课 堂 讲 解

任务背景:小明在网上看到一个非常漂亮的图像遮罩效果,于是自己也想制作一个相册的遮罩,可是自己怎么做也做不出来,这可怎么办呢? 现在是 21 世纪了,最快最简捷的方法当然是互联网了,于是学习的路程又一次开始了……

任务目标:能够熟练制作遮罩动画。

任务分析:遮罩动画的学习对于小明制作 Flash 动画是必不可少的,只有学习了遮罩动画的制作,才能为 Flash 动画添加更多神奇的效果。

13.1 图像遮罩动画

步骤 1 创建元件

(1) 执行"文件"→"新建"命令,新建一个 Flash 文档,如图 13-1 所示,单击"属性"面板上的"编辑"按钮,在弹出的"文档属性"对话框中设置如图 13-2 所示,单击"确定"按钮,完成"文档属性"的设置。

图 13-1   图 13-2

(2) 执行"插入"→"新建元件"命令,新建一个"名称"为"背景"的"图形"元件,如图 13-3 所示。执行"文件"→"导入"→"导入到舞台"命令,将图像"CD\源文件\第 4 章\素材\411_17.jpg"导入到舞台中,如图 13-4 所示。

操作提示 执行"文件"→"导入"→"导入到舞台"命令,在弹出的"导入"对话框中选择要导入的图像,按 Ctrl＋R 快捷键,也可以弹出"导入"对话框。

图　13-3　　　　　　　　　　　　　　　　图　13-4

（3）再次执行"插入"→"新建元件"命令,新建一个"名称"为"扩散"的"图形"元件,如图 13-5 所示。单击工具箱中的"椭圆工具"按钮,设置其"填充颜色"为#FFFFFF,"笔触颜色"为无,配合"套索工具",绘制出如图 13-6 所示的图形。

绘制的图形

图　13-5　　　　　　　　　　　　　　　　图　13-6

步骤2　创建引导层动画

（1）单击"编辑栏"上的"场景 1"文字,返回到"场景 1"的编辑状态。将"库"面板中的"背景"元件拖入到场景中,如图 13-7 所示,选中元件,设置"属性"面板上"色彩效果"标签下的 Alpha 值为 60%,效果如图 13-8 所示。在第 150 帧位置单击,按 F5 键插入帧。

Alpha值为60%

图　13-7　　　　　　　　　　　　　　　　图　13-8

（2）新建"图层 2",将"库"面板中的"扩散"元件拖入到场景中,使用"任意变形工具"调整元件大小,如图 13-9 所示。在第 40 帧位置单击,按 F6 键插入关键帧,选中元件,调整大小,如图 13-10 所示。

小·技巧　在使用"任意变形工具"对元件进行单方向拖曳时,元件的两端会一起延伸,如果按住 Alt 键的同时进行拖曳,元件会单方向的延长。

图 13-9

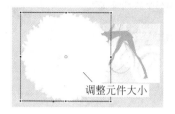

图 13-10

(3) 设置第 1 帧上的"补间类型"为"传统补间",在"图层 2"的"图层名称"上右击,在弹出的菜单中选择"遮罩层"选项,"时间轴"面板如图 13-11 所示。新建"图层 3",在第 30 帧位置单击,按 F6 键插入关键帧,将"库"面板中的"背景"元件拖入到场景中,设置"属性"面板上"色彩效果"标签下的 Alpha 值为 35%,效果如图 13-12 所示。

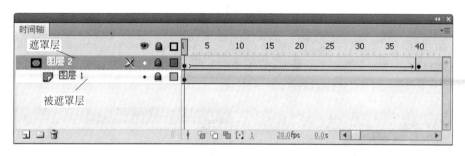

图 13-11

操作提示 在创建"遮罩层"时,默认情况下"遮罩层"与"被遮罩层"将会同时被锁定。

(4) 新建"图层 4",在第 30 帧位置单击,按 F6 键插入关键帧,将"库"面板中的"扩散"元件拖入到场景中,使用"任意变形工具"调整元件大小,如图 13-13 所示。在第 70 帧位置单击,按 F6 键插入关键帧,选中元件,调整大小,如图 13-14 所示。

图 13-12

图 13-13

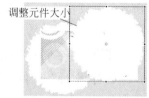

图 13-14

(5) 设置第 30 帧上的"补间类型"为"传统补间",在"图层 4"的"图层名称"上右击,在弹出的菜单中选择"遮罩层"选项,"时间轴"面板如图 13-15 所示。

(6) 相同的制作方法,可以完成其他遮罩层动画的制作,"时间轴"面板如图 13-16 所示。

小技巧 单击"时间轴"面板右上角的三角形按钮,在弹出的下拉菜单中,可以对"时间轴"面板上帧的大小进行相应的设置。

二维动画设计与制作——Flash CS4中文版

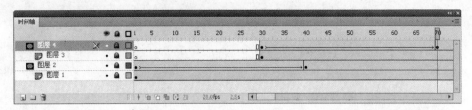

图 13-15

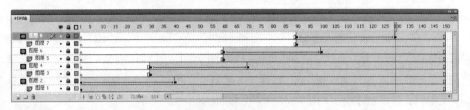

图 13-16

（7）新建"图层9"，执行"文件"→"导入"→"导入到舞台"命令，将图像"CD\源文件\第4章\素材\411_18.png"导入到场景中，如图13-17所示，按F8键将刚刚导入的图像转换成"名称"为"边框"的"图形"元件，如图13-18所示。

图 13-17

图 13-18

（8）在第75帧位置单击，按F6键插入关键帧，选择第1帧场景中的元件，设置"属性"面板上"色彩效果"标签下的Alpha值为0%，如图13-19所示。并设置"补间类型"为"传统补间"，如图13-20所示。

步骤3　存储并测试影片

执行"文件"→"保存"命令，将动画保存为"CD\源文件\第4章\13-1.fla"，执行"控制"→"测试影片"命令，测试动画效果如图13-21所示。

图 13-19

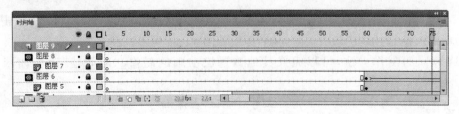

图 13-20

图 13-21

13.2 文字遮罩动画

步骤 1 制作文字遮罩元件

（1）执行"文件"→"新建"命令，新建一个 Flash 文档，如图 13-21 所示，单击"属性"面板上的"编辑"按钮，在弹出的"文档属性"对话框中设置如图 13-22 所示，单击"确定"按钮，完成"文档属性"的设置。

（2）执行"插入"→"新建元件"命令，新建一个"名称"为"文字遮罩 1"的"影片剪辑"元件，单击工具箱中的"文本工具"按钮，设置其"填充颜色"为#D31F05，"笔触颜色"为无，在"属性"面板上进行相应设置，如图 13-23 所示。

图 13-22   图 13-23

（3）在场景中输入文字，执行两次"修改"→"分离"命令将文字分离成图形，如图 13-24 所示。单击工具箱中的"墨水瓶工具"按钮，设置"笔触颜色"为#FFFFFF，"笔触高度"为 1，在文字图形上单击，添加笔触，效果如图 13-25 所示。在第 100 帧位置单击，按 F5 键插入帧。按 F8 键将其转换成"名称"为"文字 1"的"图形"元件。

描边

图 13-24   图 13-25

操作
提示 在本步骤中为文字添加笔触是为了使文字更加美观,也是为了将文字突出显示。

（4）新建"图层 2",单击工具箱中的"矩形工具"按钮,在"颜色"面板中设置"笔触颜色"为无,"填充颜色"为 0% 的 #FFFFFF 到 60% 的 #FFFFFF 到 0% 的 #FFFFFF 的"线性"渐变,如图 13-26 所示。在场景中绘制渐变矩形,并使用"任意变形工具",将矩形进行旋转,如图 13-27 所示。

图 13-26

（5）在第 85 帧位置单击,按 F6 键插入关键帧,使用"选择工具",将图形水平向右移动,如图 13-28 所示,设置第 1 帧上的"补间类型"为"形状补间"。选择"图层 1"上的文字元件,执行"编辑"→"复制"命令,新建"图层 3",执行"编辑"→"粘贴到当前位置"命令,效果如图 13-29 所示。

图 13-27

图 13-28

图 13-29

（6）在"图层 3"的"图层名称"上右击,在弹出的菜单中选择"遮罩层"选项,"时间轴"面板如图 13-30 所示。根据"文字遮罩 1"元件的制作方法,可以制作出"文字遮罩 2"元件,效果如图 13-31 所示。

图 13-30

步骤 2　制作主场景动画

（1）单击"编辑栏"上的"场景 1"文字,返回到"场景 1"的编辑状态。执行"文件"→"导

图 13-31

入"→"导入到舞台"命令,将图像"CD\源文件\第4章\素材\411_19.png"导入到场景中,如图 13-32 所示。

导入图像

图 13-32

(2) 在第 230 帧位置单击,按 F5 键插入帧。新建"图层 2",将"库"面板中的"文字 1"元件拖入到场景中,如图 13-33 所示。在第 50 帧位置单击,按 F6 键插入关键帧,将元件水平向左移动,如图 13-34 所示。

调整元件

图 13-33 　　　　　　　　　　　图 13-34

(3) 在第 1 帧位置单击,选中元件,设置"属性"面板上"色彩效果"标签下的 Alpha 值为 0%,如图 13-35 所示。并设置"补间类型"为"传统补间"。在第 51 帧位置单击,按 F7 键插入空白关键帧。

Alpha值为0%

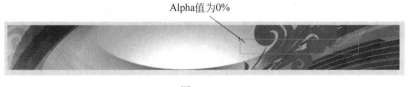

图 13-35

(4) 新建"图层 3",在第 51 帧位置单击,按 F6 键插入关键帧,将"库"面板中的"文字遮罩 1"元件拖入到场景中,如图 13-36 所示。分别在第 130 帧和第 150 帧位置单击,依次按 F6 键插入关键帧,在第 150 帧位置单击,选中元件,设置"属性"面板上"色彩效果"标签下的 Alpha 值为 0%,如图 13-37 所示。设置第 130 帧"补间类型"为"传统补间"。

Alpha值为0%

图 13-36 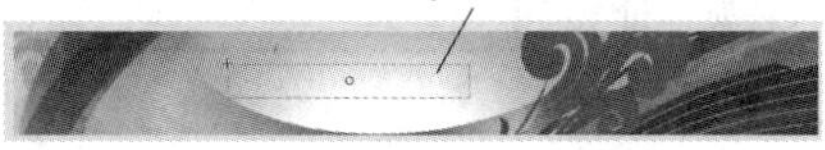　　　　　　　　　　　图 13-37

(5) 新建"图层 4",在第 160 帧位置单击,按 F6 键插入关键帧,将"库"面板中的"文字遮罩 2"元件拖入到场景中,如图 13-38 所示。在第 255 帧位置单击,按 F6 键插入关键帧,在第

160 帧位置单击,选中元件,设置"属性"面板上"色彩效果"标签下的 Alpha 值为 0%,如图 13-39 所示,并设置第 160 帧上的"补间类型"为"传统补间"。

图　13-38　　　　　　　　　　　　　图　13-39

(6)新建"图层 5",在第 230 帧位置单击,按 F6 键插入关键帧,执行"窗口"→"动作"命令,在弹出的"动作-帧"面板中输入"stop();"脚本语言。

步骤 3　存储并测试影片

执行"文件"→"保存"命令,将动画保存为"CD\源文件\第 4 章\13-2.fla",执行"控制"→"测试影片"命令,测试动画效果如图 13-40 所示。

图　13-40

课堂练习

任务背景:通过本课的学习,小明已经掌握了遮罩动画的制作,并了解了遮罩层与被遮罩层的概念,现在小明将要制作一个与实例类似的遮罩动画。

任务目标:制作遮罩动画。

任务要求:注意遮罩层的创建,在制作遮罩动画的过程中掌握如何利用遮罩动画制作各种特效。

任务提示:遮罩动画在 Flash 动画的制作中起到举足轻重的作用,一定要多多练习,只有做好基本的动画,这样才有助于以后学习更为复杂的动画。

练习评价

项　　目	标准描述	评定分值	得　　分
基本要求 60 分	了解遮罩动画与被遮罩动画的概念	30	
	从整体动画角度观看利用遮罩动画制作的各种特效	30	
拓展要求 40 分	整体动画效果是否流畅	40	
主观评价		总分	

本课小结

通过本课的学习,要熟练掌握传统补间与遮罩层的综合应用,以及利用形状补间制作动画时须要注意的一些问题,在利用文字制作遮罩动画时,一定要将文字分离成图形,如果不将文字分离成图形,就有可能无法制作遮罩动画。

课外阅读

初学者常见问题解答

（1）如何把动画输出成动态的 GIF 文件？

先执行"文件"→"发布设置"→"格式"→"gif 图像"命令，并对其进行相应的设置之后，执行"文件"→"发布"命令，选择输出 GIF 文件。如果 FLA 文件中含有影片剪辑，那么 GIF 文件中将不会包含影片剪辑中的动画，而只将影片剪辑的第 1 帧转化为 GIF 图像。

（2）如何对齐目标，并把它们放到目标位置？

选中目标，执行"窗口"→"查看窗"→"对象"命令，然后便可以调节它的高、宽、起始位置（x，y）和是否中心对齐。对齐多个物件的方法可以按 Ctrl＋K 快捷键。

（3）如何进行多帧选取？

按 Shift 键可以选择多个连续的帧，按住 Ctrl 键单击可以选择多个不连续的帧。

课后思考

（1）如何同时遮罩多个图层？

（2）笔触可不可以作为"遮罩层"来使用？

第14课　高 级 动 画

Flash 动画制作中，按照其功能和效果的不同可以分为逐帧动画、补间动画、引导层动画、遮罩动画几种。这些动画类型每一种都可以实现丰富的效果，综合使用这些方法，可以产生更多丰富多彩的动画效果。

课堂讲解

任务背景：通过对逐帧动画、补间动画、引导层动画、遮罩动画的学习，小明已经掌握了 Flash 动画制作的几种类型。但是掌握这些对于制作一个大型的动画还是远远不够的，小明自己还需要多加练习，综合使用这些方法，以便日后做出更加丰富的 Flash 动画。

任务目标：能够综合使用各种动画类型制作综合动画。

任务分析：多加练习，综合地使用这些动画类型制作动画是非常有必要的，制作动画是个漫长的过程，不要急于求成，循序渐进才是正确的学习方法。

14.1　制作风景切换动画

步骤 1　制作主场景动画

（1）执行"文件"→"新建"命令，新建一个 Flash 文档，如图 14-1 所示，单击"属性"面板上的"编辑"按钮，在弹出的"文档属性"对话框中设置如图 14-2 所示，单击"确定"按钮，完成"文档属性"的设置。

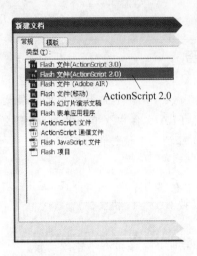

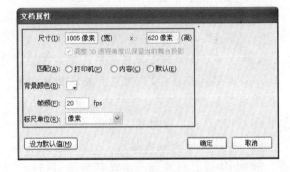

图 14-1　　　　　　　　　　　图 14-2

（2）执行"文件"→"导入"→"导入到舞台"命令，将图像"CD\源文件\第4章\素材\411_20.jpg"导入到场景中，如图14-3所示，在第265帧位置单击，按F5键插入帧。新建"图层2"，单击工具箱中的"矩形工具"按钮，设置"笔触颜色"为无，"填充颜色"为#FFFFFF，在场景中绘制矩形。

（3）使用"选择工具"选中图形，按F8键将其转换成"名称"为"过光"的"图形"元件。在第10帧位置单击，按F6键插入关键帧，选中元件，设置"属性"面板上"色彩效果"标签下的Alpha值为0%，效果如图14-5所示，并设置第1帧的"补间类型"为"传统补间"。

"过光"元件Alpha值为0%

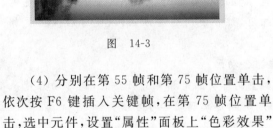

图 14-3　　　　　　　　　　图 14-4

（4）分别在第55帧和第75帧位置单击，依次按F6键插入关键帧，在第75帧位置单击，选中元件，设置"属性"面板上"色彩效果"标签下的Alpha值为25%，如图14-5所示，并设置第55帧上的"补间类型"为"传统补间"，"时间轴"面板如图14-6所示。

（5）新建"图层3"，在第20帧位置单击，按F6键插入关键帧，单击工具箱中的"文本工具"按钮，设置其"填充颜色"为#003366，"笔触颜

Alpha值为25%

图 14-5

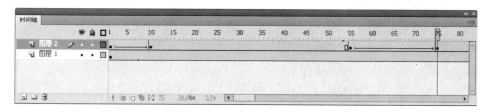

图　14-6

色"为无，在"属性"面板上进行相应设置，如图 14-7 所示。在场景中输入文字，执行两次"修改"→"分离"命令，将文字分离成图形，效果如图 14-8 所示。

图　14-7　　　　　　　　　　　　　　　　　　　　图　14-8

小·技巧　将文字分离，除了执行"修改"→"分离"命令以外，还可以按 Ctrl＋B 快捷键。将文字分离成图形，是为了其他没有安装本实例使用字体的预览者，正常预览动画效果。

（6）按 F8 键将其转换成"名称"为"文字 1"的"图形"元件，如图 14-9 所示。在第 35 帧位置单击，按 F6 键插入关键帧，将元件水平向左移动，如图 14-10 所示。

图　14-9　　　　　　　　　　　　　　　　　　　图　14-10

操作提示　移动元件时可以按"方向键"来调整，在显示比例为 100% 的情况下，按一下"方向键"的任意键，元件就会向相应的方向移动 1 像素，按住 Shift 键并按一下"方向键"的任意键，元件会向相应的方向移动 10 像素。在不同显示比例按"方向键"进行位置调整时，移动的位置是不同的。

（7）新建"图层 4"，在第 35 帧位置单击，按 F6 键插入关键帧，单击工具箱中的"文本工具"按钮，设置其"填充颜色"为#003366，"笔触颜色"为无，在"属性"面板上进行相应设置，如图 14-11 所示。在场景中输入文字，执行两次"修改"→"分离"命令，将文字分离成图形，效果如图 14-12 所示。

图 14-11

图 14-12

（8）按 F8 键将其转换成"名称"为"文字 2"的"图形"元件。在第 50 帧位置单击，按 F6 键插入关键帧，将元件向左上角移动，如图 14-13 所示。

（9）在第 35 帧位置单击，选中元件，设置"属性"面板上"色彩效果"标签下的 Alpha 值为 0%，如图 14-14 所示，并设置"补间类型"为"传统补间"，"时间轴"面板如图 14-15 所示。

图 14-13

图 14-14

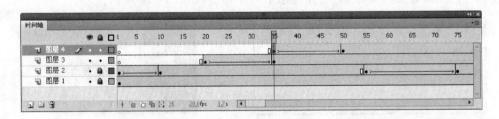

图 14-15

步骤 2　制作遮罩层动画

（1）新建"图层 5"，在第 80 帧位置单击，按 F6 键插入关键帧，执行"文件"→"导入"→"导入到舞台"命令，将图像"CD\源文件\第 4 章\素材\411_21.jpg"导入到舞台中，如图 14-16 所示。新建"图层 6"，在第 80 帧位置单击，按 F6 键插入关键帧，单击工具箱中的"矩形工具"按钮，设置其"填充颜色"为#636363，"笔触颜色"为无，配合"套索工具"，在舞台外绘制矩形，并使用"任意变形工具"，将矩形进行旋转，图形如图 14-17 所示。

（2）使用"选择工具"选中图形，按 F8 键将其转换成"名称"为"遮罩动画"的"影片剪辑"

元件。双击元件,进入该元件编辑状态,选中图形,按 F8 键将其转换成"名称"为"条形遮罩"的"图形"元件。

图　14-16

图　14-17

（3）在第 10 帧位置单击,按 F6 键插入关键帧,使用"选择工具",将元件向右上方移动,如图 14-18 所示,设置第 1 帧上的"补间类型"为"传统补间",在第 200 帧位置单击,按 F5 键插入帧。新建"图层 2",选择"图层 1"上的元件,执行"编辑"→"复制"命令,将元件复制到"图层 2"上,调整元件位置,如图 14-19 所示。

图　14-18

图　14-19

操作
提示　双击元件后可以进行该元件的编辑状态,上一级的场景会以半透明的方式显示,用这种方法便于调整元件的位置。

（4）在第 20 帧位置单击,按 F6 键插入关键帧,将元件向左下方移动,如图 14-20 所示,设置第 10 帧上的"补间类型"为"传统补间"。相同的制作方法,制作出其他图层动画效果,如图 14-21 所示。

（5）"遮罩动画"完成以后,"时间轴"面板如图 14-22 所示。单击"编辑栏"上的"场景 1"文字,返回到"场景 1"的编辑状态。在"图层 6"的"图层名称"上右击,在弹出的菜单中选择"遮罩层"选项,"时间轴"面板如图 14-23 所示。

图　14-20

图　14-21

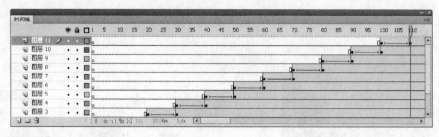

图　14-22

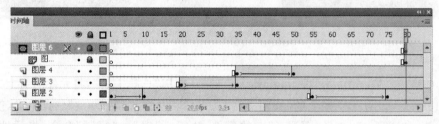

图　14-23

步骤3　完成主场景动画

根据前面文字制作的相同方法，可以完成"图层7"和"图层8"上文字的制作，如图 14-24 所示。新建"图层9"，执行"文件"→"导入"→"导入到舞台"命令，将图像"CD\源文件\第4章\素材\411_22.png"导入到场景中，如图 14-25 所示。

图　14-24

导入图像

图　14-25

步骤4　创建主场景动画

执行"文件"→"保存"命令，将动画保存为"CD\源文件\第4章\14-1.fla"，执行"控制"→"测试影片"命令，测试动画效果如图 14-26 所示。

图　14-26

14.2 制作开场动画

步骤 1 制作元件

（1）执行"文件"→"新建"命令，新建一个 Flash 文档，如图 14-1 所示，单击"属性"面板上的"编辑"按钮，在弹出的"文档属性"对话框中设置如图 14-27 所示，单击"确定"按钮，完成"文档属性"的设置。

图 14-27

（2）执行"文件"→"导入"→"导入到库"命令，弹出"导入"对话框，选中"CD\源文件\第 4 章\素材\"文件夹中需要导入的多个素材文件，如图 14-28 所示，单击"打开"按钮，将选中的素材全部导入到"库"面板中，如图 14-29 所示。

图 14-28

图 14-29

操作提示 在向 Flash 文档中导入素材文件时，可以将多个素材文件同时导入到"库"面板中，如果导入到"库"面板中的素材图像为 PNG 格式，Flash 会在"库"面板中自动生成相应的图形元件放置 PNG 格式的素材图像。

（3）执行"插入"→"新建元件"命令，新建一个"名称"为"图形 1"的"图形"元件，如图 14-30 所示。设置"填充颜色"为#F09772，"笔触颜色"为无，使用"椭圆工具"和"套索工具"绘制图形，如图 14-31 所示。

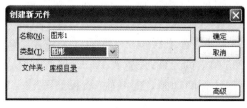

图 14-30

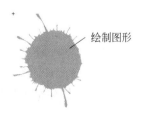

绘制图形

图 14-31

（4）相同的制作方法，新建多个图形元件，分别绘制不同颜色的图形。执行"插入"→"新建元件"命令，新建一个"名称"为"圆点"的"图形"元件。

（5）单击工具箱中的"椭圆工具"按钮，设置"填充颜色"为#B39A65，"笔触颜色"为无，按住 Shift 键在场景中绘制一个正圆形，如图 14-32 所示。执行"插入"→"新建元件"命令，新建一个"名称"为"圆点动画 1"的"影片剪辑"元件。

（6）将"圆点"元件从"库"面板拖入场景中，如图 14-33 所示。在第 20 帧位置按 F6 键插入关键帧，选中第 1 帧上的元件，将该帧上的元件等比例缩小并设置该元件的 Alpha 值为 0%，在第 1 帧位置创建传统补间动画，新建"图层 2"，在第 20 帧位置按 F6 键插入关键帧，打开"动作-帧"面板，输入"stop();"脚本语言，"时间轴"面板如图 14-34 所示。

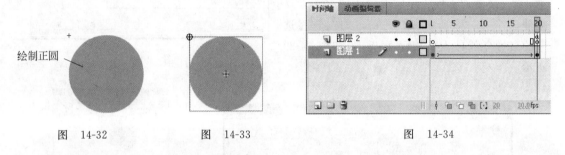

绘制正圆

图　14-32　　　　　　图　14-33　　　　　　图　14-34

（7）执行"插入"→"新建元件"命令，新建一个"名称"为"圆点动画 2"的"影片剪辑"元件，根据"圆点动画 1"元件的制作方法，可以完成该元件动画的制作，场景效果如图 14-35 所示，"时间轴"面板如图 14-36 所示。

（8）执行"插入"→"新建元件"命令，新建一个"名称"为"圆点多个动画"的"影片剪辑"元件，在不同的图层分别将"圆点动画 1"和"圆点动画 2"元件拖入到场景中，并在第 20 帧位置插入关键帧，打开"动作-帧"面板，输入"stop();"脚本语言，场景效果如图 14-37 所示，"时间轴"面板如图 14-38 所示。

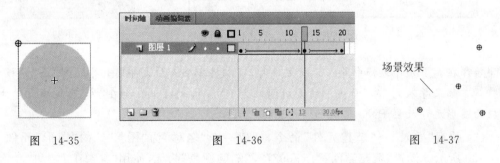

场景效果

图　14-35　　　　　　图　14-36　　　　　　图　14-37

（9）执行"插入"→"新建元件"命令，新建一个"名称"为"背景彩点动画"的"影片剪辑"元件。将"图形 7"元件从"库"面板拖入场景中，调整到合适的大小和位置，如图 14-39 所示。

（10）分别在第 44 帧、第 192 帧和第 235 帧位置依次按 F6 键插入关键帧，选中第 1 帧上的元件，设置其 Alpha 值为 0%，选中第 235 帧上的元件，设置其 Alpha 值为 0%，如图 14-40 所示。分别在第 1 帧和第 192 帧位置创建传统补间动画，"时间轴"面板如图 14-41 所示。

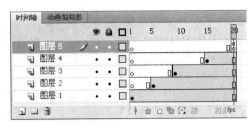

图 14-38

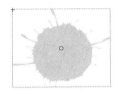

图 14-39

图 14-40

图 14-41

（11）新建图层，相同的制作方法，可以完成其他图层上彩点动画效果的制作，场景效果如图 14-42 所示，"时间轴"面板如图 14-43 所示。

（12）执行"插入"→"新建元件"命令，新建一个"名称"为"线条动画"的"影片剪辑"元件。单击工具箱中的"钢笔工具"按钮，设置"笔触颜色"为#B39A65，"笔触高度"为2，在场景中合适的位置绘制曲线，如图 14-44 所示。

图 14-42

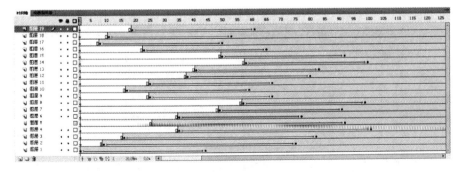

图 14-43

（13）在第145帧位置按F5键插入帧，新建"图层2"，单击工具箱中的"矩形工具"按钮，在场景中绘制矩形，如图 14-45 所示。在第45帧位置按F6键插入关键帧，修改该帧上矩形的大小，如图 14-46 所示。

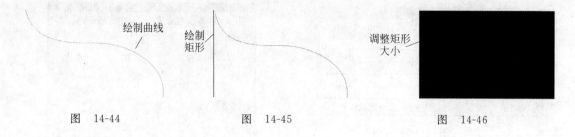

图 14-44　　　　　　　図 14-45　　　　　　　図 14-46

小技巧　在绘制矩形时,按住 Shift 键绘制矩形,可以绘制出正方形。按住 Shift＋Alt 键的同时绘制矩形,可以在单击的位置向外绘制正方形。

(14) 在第 1 帧位置创建补间形状动画,在"图层 2"上右击,在弹出的菜单中选择"遮罩层"选项,创建遮罩动画,"时间轴"面板如图 14-47 所示。

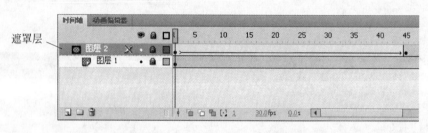

图 14-47

(15) 新建图层,相同的制作方法,可以制作出其他线条的遮罩动画效果,场景效果如图 14-48 所示,"时间轴"面板如图 14-49 所示。

(16) 新建"图层 15",在第 50 帧位置按 F6 键插入关键帧,将"圆点多个动画"元件从"库"面板拖入场景中,如图 14-50 所示。新建"图层 16",在第 53 帧位置按 F6 键插入关键帧,将"圆点多个动画"元件从"库"面板拖入场景中,调整到合适的位置,如图 14-51所示。

图 14-48

图 14-49

| 图 14-50 | 图 14-51 |

（17）相同的制作方法，可以新建多个图层，并多次将"圆点多个动画"元件从"库"面板拖入场景中，调整到合适的位置，"时间轴"面板如图 14-52 所示。新建"图层 49"，在第 145帧位置插入关键帧，打开"动作-帧"面板，输入如图 14-53 所示的脚本语言。

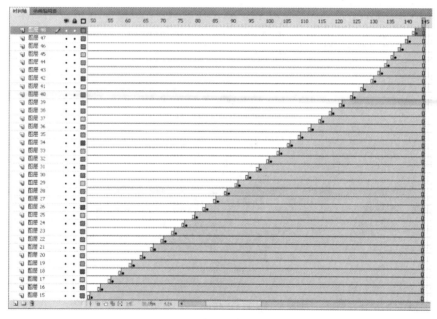

图 14-52

步骤 2　制作主场景动画

（1）单击"编辑栏"上的"场景 1"文字，返回"场景 1"的编辑状态，将"背景彩点动画"元件从"库"面板拖入到场景中，如图 14-54 所示。在第 105 帧位置按 F5 键插入帧，新建"图层2"，在"图层 2"第 20 帧位置按 F6 键插入关键帧，将"背景彩点动画"元件从"库"面板拖入到场景中，如图 14-55 所示。

图 14-53

图 14-54

图 14-55

⚙ **操作提示** 将元件从"库"面板拖入到场景中,有时候很难确定该元件应该位于场景的什么位置,例如本步骤所拖入的元件。这时可以双击该元件,进入该元件的编辑状态,通过拖动"时间轴"上的播放磁头查看该元件动画在场景中的位置是否正确,然后再返回场景中调整该元件的位置。

(2) 新建"图层 3",在第 40 帧位置按 F6 键插入关键帧,将"线条动画"元件从"库"面板拖入到场景中,如图 14-55 所示。新建"图层 4",在第 65 帧位置按 F6 键插入关键帧,相同的制作方法,拖入"线条动画"元件,如图 14-56 所示。

(3) 新建"图层 5",在第 50 帧位置按 F6 键插入关键帧,将"元件 1"元件从"库"面板拖入到场景中,如图 14-57 所示。在第 68 帧位置按 F6 键插入关键帧,选中第 58 帧上的元件,将该帧上的元件稍稍压缩一些并设置其 Alpha 值为 0%,在第 50 帧位置创建传统补间动画,"时间轴"面板如图 14-58 所示。

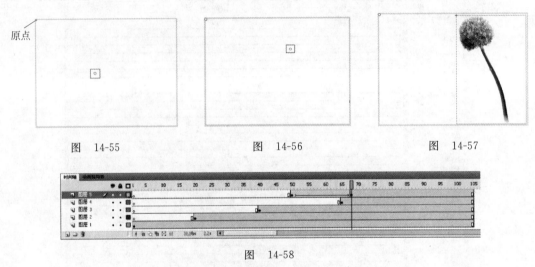

原点

图 14-55　　　　　　图 14-56　　　　　　图 14-57

图 14-58

(4) 新建"图层 6",根据"图层 5"的制作方法,可以完成"图层 6"上元件动画的制作,场景效果如图 14-59 所示,"时间轴"面板如图 14-60 所示。

(5) 新建"图层 7",在第 75 帧位置按 F6 键插入关键帧,执行"文件"→"导入"→"打开外部库"命令,打开外部库"CD\源文件\第 4 章\素材\素材 14-2.fla",如图 14-61 所示。将"蝴蝶飞舞动画"元件从"库-素材 142.FLA"面板拖入到场景中,如图 14-62 所示。

图 14-59

🔧 **小技巧** 执行"文件"→"导入"→"打开外部库"命令,可以打开"作为库打开"对话框,按 Shift+Ctrl+O 快捷键,也可以打开"作为库打开"对话框。

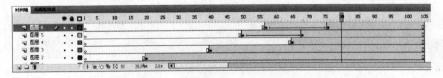

图 14-60

（6）选中刚刚拖入场景中的元件，单击工具箱中的"任意变形工具"按钮 ，调整元件的中心点到左上角，如图 14-63 所示。在第 85 帧位置按 F6 键插入关键帧，选中第 75 帧上的元件，将该帧上的元件进行旋转，并设置其 Alpha 值为 0%，如图 14-64 所示。

外部库

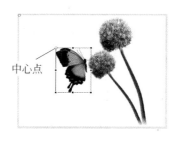

中心点

图　14-61　　　　　　　　　　图　14-62　　　　　　　　　　图　14-63

（7）在第 75 帧位置创建传统补间动画，"时间轴"面板如图 14-65 所示。新建"图层 8"，将"过光"元件从"库-素材142.FLA"面板拖入到场景中，如图 14-66 所示。

（8）新建"图层 9"，在第 105 帧位置按 F6 键插入关键帧，打开"动作-帧"面板，在该面板中输入"stop()；"脚本语言，如图 14-67 所示，"时间轴"面板如图 14-68 所示。

旋转元件

图　14-64

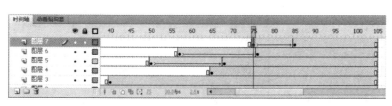

图　14-65　　　　　　　　　　　　　　　　　　图　14-66

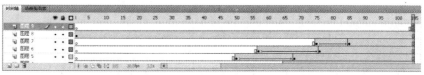

图　14-67　　　　　　　　　　　　　　　　图　14-68

步骤 3　完成动画制作

完成动画效果的制作，执行"文件"→"保存"命令，将动画保存为"CD\源文件\第 4 章\

14-2.fla",执行"控制"→"测试影片"命令,测试动画效果如图 14-69 所示。

图 14-69

14.3 制作宣传动画

步骤 1 创建元件

(1)执行"文件"→"新建"命令,新建一个 Flash 文档,如图 14-1 所示,单击"属性"面板上的"编辑"按钮,在弹出的"文档属性"对话框中设置如图 14-70 所示,单击"确定"按钮,完成"文档属性"的设置。

(2)执行"文件"→"导入"→"导入到舞台"命令,将图像"CD\源文件\第 4 章\素材\411_23.png"导入到场景中,如图 14-71 所示。选中图形,按 F8 键将其转换成"名称"为"入场动画"的"影片剪辑"元件。

(3)双击元件,进入该元件编辑状态,选中图形,按 F8 键将其转换成"名称"为"大地"的"图形"元件。在第 10 帧位置单击,按 F6 键插入关键帧,在第 1 帧位置单击,选中

图 14-70

元件,设置"属性"面板上"色彩效果"标签下的 Alpha 值为 0%,如图 14-72 所示,并设置"补间类型"为"传统补间"。在第 100 帧位置单击,按 F5 键插入帧。

(4)在第 5 帧位置单击,按 F6 键插入关键帧,新建"图层 2",执行"文件"→"导入"→"导入到舞台"命令,将图像"CD\源文件\第 4 章\素材\411_24.png"导入到舞台中,如图 14-73 所示。选中图形,按 F8 键将其转换成"名称"为"左草坪"的"图形"元件。

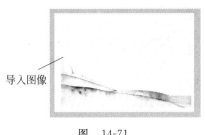

导入图像

图　14-71

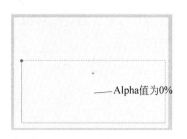

Alpha值为0%

图　14-72

(5) 在第 15 帧位置单击,按 F6 键插入关键帧,使用"选择工具",将元件垂直向上移动 30 像素,如图 14-74 所示。在第 5 帧位置单击,选中元件,设置"属性"面板上"色彩效果"标签下的 Alpha 值为 0%,如图 14-75 所示,并设置"补间类型"为"传统补间"。

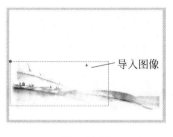

导入图像

图　14-73

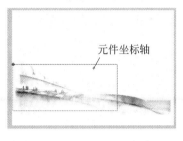

元件坐标轴

图　14-74

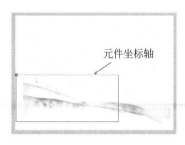

元件坐标轴

图　14-75

(6) 相同的制作方法,可以完成"图层 3"至"图层 8"的制作,如图 14-76 所示。新建"图层 9",执行"文件"→"导入"→"导入到舞台"命令,将图像"CD\源文件\第 4 章\素材\411_31.png"导入到舞台中,如图 14-77 所示。

(7) 新建"图层 10",在第 100 帧位置按 F6 键插入关键帧,执行"窗口"→"动作"命令,在弹出的"动作-帧"面板中输入"stop();"脚本语言,如图 14-78 所示,"时间轴"面板如图 14-79 所示。

图　14-76

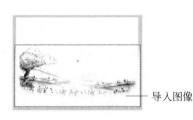

导入图像

图　14-77

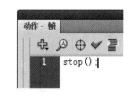

图　14-78

(8) 执行"插入"→"新建元件"命令,新建一个"名称"为"云飘动"的"影片剪辑"元件。执行"文件"→"导入"→"导入到舞台"命令,将图像"CD\源文件\第 4 章\素材\411_32.png"导入到舞台中,如图 14-80 所示。

(9) 选中刚刚导入的素材图像,按 F8 键将其转换成"名称"为"白云 1"的"图形"元件。分别在第 15 帧和第 30 帧位置依次按 F6 键插入关键帧,选中第 15 帧上的元件,将该帧上的元件向左移动,如图 14-81 所示。

二维动画设计与制作——Flash CS4中文版

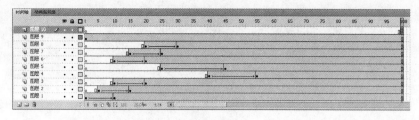

图　14-79

坐标轴

图　14-80

（10）分别在第 1 帧和第 15 帧位置创建传统补间动画，"时间轴"面板如图 14-82 所示。根据"云飘动"元件的制作方法，还可以制作出"云飘动 2"和"云飘动 3"元件，如图 14-83 所示。

坐标轴

图　14-81

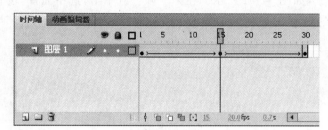

图　14-82

（11）执行"插入"→"新建元件"命令，新建一个"名称"为"云动画"的"影片剪辑"元件。将"云飘动"元件从"库"面板拖入到场景中，如图 14-84 所示。

（12）分别在第 17 帧和第 20 帧位置依次按 F6 键插入关键帧，选中第 1 帧上的元件，将该帧上的元件向左移动，并设置其 Alpha 值为 0%，如图 14-85 所示。选中第 17 帧上的元件，将该帧上的元件向右移动，如图 14-86 所示。分别在第 1 帧和第 17 帧位置创建传统补间动画，在第 62 帧位置按 F5 键插入帧。

（13）新建"图层 2"和"图层 3"，根据"图层 1"上动画的制作方法可以完成这两个图层上动画效果的制作，场景效果如图 14-87 所示，"时间轴"面板如图 14-88 所示。

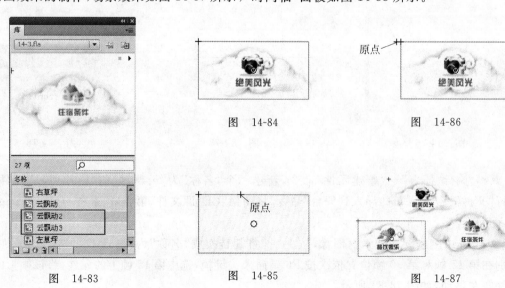

图　14-83

图　14-84

图　14-86

图　14-85

图　14-87

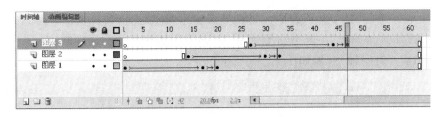

图　14-88

（14）新建"图层4"，在第47帧位置按F6键插入关键帧，将"标"元件从"库"面板拖入场景中，如图14-89所示。在第62帧位置按F6键插入关键帧，将该帧上的元件向上移动，如图14-90所示。

（15）在第47帧位置创建传统补间动画，将"图层4"拖至"图层1"下方，场景效果如图14-91所示，"时间轴"面板如图14-92所示。

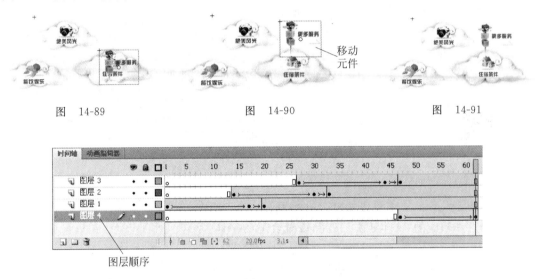

图　14-89　　　　　　　　　　图　14-90　　　　　　　　　　图　14-91

图层顺序

图　14-92

（16）新建"图层5"，在第62帧位置按F6键插入关键帧，打开"动作-帧"面板，在该面板中输入"stop();"脚本语言，"时间轴"面板如图14-93所示。执行"插入"→"新建元件"命令，新建一个"名称"为"推荐动画"的"影片剪辑"元件。

（17）在第55帧位置按F6键插入关键帧，执行"文件"→"导入"→"导入到舞台"命令，将图像"CD\源文件\第4章\素材\411_36.png"导入到舞台中，如图14-94所示。按F8键将其转换成"名称"为"推荐1"的"图形"元件。

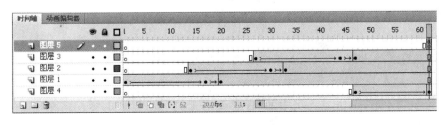

图　14-93　　　　　　　　　　　　　　　　　　　图　14-94

（18）在第 70 帧位置按 F6 键插入关键帧，选中第 55 帧上的元件，将其等比例缩小并设置其 Alpha 值为 0％，如图 14-95 所示。在第 55 帧位置创建传统补间动画，在第 105 帧位置按 F5 键插入帧，"时间轴"面板如图 14-96 所示。

元件效果

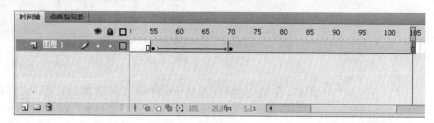

图　14-95　　　　　　　　　　　　　　　　　图　14-96

（19）新建图层，相同的制作方法，可以完成各图层中元件动画效果的制作，场景效果如图 14-97 所示，"时间轴"面板如图 14-98 所示。

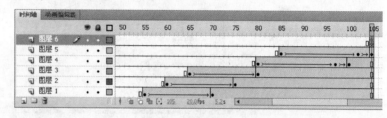

图　14-97　　　　　　　　　　　　　　　　　图　14-98

（20）执行"插入"→"新建元件"命令，新建一个"名称"为"文字动画"的"影片剪辑"元件。单击工具箱中的"文本工具"按钮，设置合适的字体、字体大小和颜色，在场景中输入文字，如图 14-99 所示。

（21）选中刚刚输入的文字，执行"修改"→"分离"命令两次，将文字分离为图形，按 F8 键将其转换成"名称"为"文字"的"图形"元件。在第 60 帧位置按 F5 键插入帧，新建"图层 2"，单击工具箱中的"矩形工具"按钮，在场景中绘制一个从透明白色到白色再到透明白色的矩形，如图 14-100 所示。

绘制矩形

输入文字

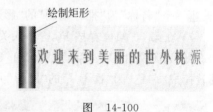

图　14-99　　　　　　　　　　　　　　　　　图　14-100

操作提示　在制作以文字图层作为遮罩层时，如果不将文字分离成图形，有时就可能导致遮罩动画失灵。

（22）选中刚刚绘制的矩形，单击工具箱中的"任意变形工具"按钮，将矩形进行旋转操作并调整到合适的位置，如图 14-101 所示。在第 30 帧位置按 F6 键插入关键帧，将该帧上的图形向右移动,如图 14-102 所示。

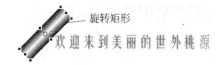

图 14-101

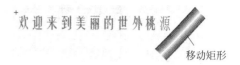

图 14-102

(23)在第 1 帧位置创建形状补间动画,新建"图层 3",将"文字"元件从"库"面板拖入到场景中调整到合适的位置,执行"修改"→"分离"命令,将其分离为图形,如图 14-103 所示。在"图层 3"上右击,在弹出的菜单中选择"遮罩层"选项,创建遮罩动画,"时间轴"面板如图 14-104 所示。

图 14-103

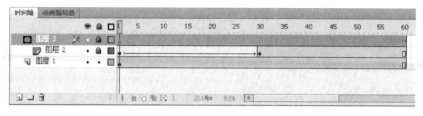

图 14-104

步骤 2 创建主场景动画

(1)单击"编辑栏"上的"场景 1"文字,返回到"场景 1"的编辑状态,将"入场动画"元件从"库"面板拖入到场景中,如图 14-105 所示。新建"图层 2",将"云动画"元件从"库"面板拖入到场景中,如图 14-106 所示。

(2)新建"图层 3",将"推荐动画"元件从"库"面板拖入到场景中,如图 14-107 所示。新建"图层4",将"文字动画"元件从"库"面板拖入到场景中,如图 14-108 所示。

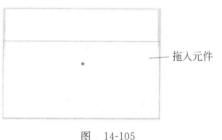

图 14-105

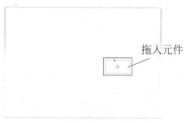

图 14-106

图 14-107

图 14-108

步骤 3 测试动画效果

完成动画效果的制作,执行"文件"→"保存"命令,将动画保存为"CD\源文件\第 4

章\14-3.fla",执行"控制"→"测试影片"命令,测试动画效果如图14-109所示。

图　14-109

课堂练习

任务背景:通过本课详细的讲解使小明进一步巩固了前面所学的知识,如果想将这些常见的动画类型应用到实际动画的制作中,小明除了要自己多加练习外,还要多参考别人的作品。于是小明开始在互联网上寻找各种类型的动画,作为参考并且选择了其中一种类型的动画制作。

任务目标:上网观看其他类型动画的制作技巧。

任务要求:找到合适的动画后,简单地分析动画的制作方法和技巧,并理解动画的制作原理,为制作动画做好准备。

任务提示:毕竟制作 Flash 动画是个循序渐进的过程,不用太过着急于制作动画,要从了解和欣赏的角度开始学习。

练习评价

项　　　目	标准描述	评定分值	得　分
基本要求 60 分	上网查找其他类型动画	15	
	了解其他类型动画的制作技巧	15	
	分析并制作动画	30	
拓展要求 40 分	调试运行自己制作的动画	40	
主观评价		总分	

本课小结

本课的实例主要通过 Flash 中的补间动画完成的,文本动画起着决定性的作用,通过淡入淡出、形状变化、位置移动等方法表现动画的主题,配合元件的 Alpha 属性设置和位置、大小的变化,以及遮罩层的灵活使用,制作出各种丰富的动画效果。

"遮罩动画"是基于补间动画制作的,"遮罩动画"必须要有遮罩层,动画才能正常播放,要灵活掌握各类动画的原理并能熟练地结合制作动画。

课外阅读

动漫创作的个性化

国内动漫迷或动漫团体积极向动漫杂志社投稿，走着日本大师最初的出道之路，但由于这些动漫杂志还没有被重视，况且不具权威性，因而导致所有的刊登，哪怕是连载的作品，最后都落得无声的结局。这些作品给人的最大感触就是，深受日本动漫的影响，作品大部分都显示出日本动漫的风格，但在故事情节上却始终没有日本漫画来得精彩。

随着几米作品的风行，绘画者和动漫迷都开始用几米的模式去表达自己内心一闪而过的念头，将其称为单幅图的剧本，这剧本有无数的开头，也有无数的结尾，所有的故事情节都来自个人的感触。单幅图剧本的出现，将完全改变动漫的理念，不需要考虑完整的剧情，只要所有观赏的人能意会，便是作品的最大成功。

在如今的 Flash 时代，从动漫作品直接跨越到动画作品是一件相当简单的事，韩国的"流氓兔"和 Pucca 就是个人向动画片进军的最好例证。近期的动画独立制作人也越来越多，CG、对白、音乐全部一个人包办，很多优秀的作品也让广大独立的动画创作者看到了希望，这意味着个人时代的到来。而相比之下由于国内动漫迷的创作能力欠缺，以组合或组成一个动漫团体或动漫工作室进行动漫创作是最明智的方式，例如《大话三国》系列作品，其实就是一个团队打造的动漫短片，虽然这些动漫短片一般只能在网上播放，但收视率绝对高于传统电视，如图 14-110 所示为《大话三国》系列动漫短片。

图 14-110

而以中学生为主体的年轻人扮演动漫中角色的 COSPLAY 活动，则标志着虚拟的动漫走向漫画书，成为动漫迷日常文化生活和人际关系中重要的一部分，进而也吸引了各民间策划广告机构和书籍报刊出版部门的关注，对于国营的和民营的经典性动画片制作单位也是一个极大的激励和推动。从制作人员到创作人员，不约而同地一改往日不屑一顾的神气和冷眼旁观的不参与态度，开始关注、研究、吸收各种热点的动漫作品，努力与自己已有的优势结合，创作和制作含有市场预期的动漫风格的新动画片。因为有了 COSPLAY，对于一个动漫团体来说，创作个人"话剧"的时代已经到来，不同的动漫角色被植入新的剧本，新的故事也随着动漫迷的即兴表演而层出不穷。

课后思考

（1）为什么在制作文字遮罩动画时，要将文本分离成图形？

（2）为什么要为元件设置 Alpha 值，设置 Alpha 值的好处是什么？

第5章

运动规律动画效果

知识要点

- 了解人物运动规律
- 掌握人物头发飘动的制作方法
- 掌握人物眨眼动画的制作方法
- 掌握人物表情转换的制作方法

- 了解人物运动动画的分类
- 掌握动画运动效果的制作
- 了解动画运动的规律
- 掌握一些常见的动画效果制作

第15课 人物动画效果

在制作Flash人物动画时,人物的运动是表现最多的部分,人物的行动是非常关键的,掌握人物动作的基本运动规律是设计与表演的基础。人物的动作复杂多变,但基本规律是相同的,所以,想要制作出好的人物动画就必须要掌握和了解人物的一些基本运动规律。

在动画中有各种各样的角色,要让它们活起来,首先要让它们动起来,说到动,就要动得合理、自然、顺畅,动得符合规律。

本课将通过头发飘动、眨眼动画、表情转换这3个实例来讲解人物的动画效果,下面将进行具体的分析。

课堂讲解

任务背景:小明学习二维动画已经有一段时间了,在这期间经常从网上看到动画中出现飘逸的长发、眨着大眼睛做可爱表情的美女,念由心生,不知道怎样才能为人物制作出这种效果,不由自主地翻阅起有关二维动画的书籍来……

任务目标:掌握人物的运动规律。

任务分析:小明所要了解的内容是非常必要的,只有掌握了人物基本的运动规律,才能制作出漂亮、自然、协调的动画人物。

15.1 头发飘扬

步骤1 创建元件

(1) 打开Flash,执行"文件"→"新建"命令,新建一个Flash文档,如图15-1所示。单击"属性"面板上的"编辑"按钮,弹出"文档属性"对话框,设置如图15-2所示,单击"确定"按钮,完成"文档属性"的设置。

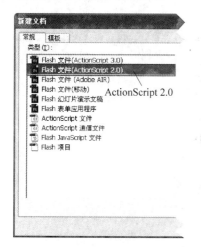

图 15-1

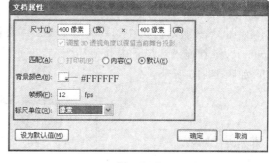

图 15-2

操作
提示 在制作头发飘动效果时,设置的帧频为 12 帧/秒,如果要将头发飘动加快些,可以将帧频值调大。

"帧频"是动画播放的速度,以每秒播放的帧数为单位。帧频太慢会使动画看起来一顿一顿的,帧频太快会使动画的细节变得模糊。Flash CS4 默认的帧频是 24 帧/秒。

(2) 执行"插入"→"新建元件"命令,新建"名称"为 background 的"图形"元件,如图 15-3所示。执行"窗口"→"颜色"命令,打开"颜色"面板,设置"类型"为"线性","填充颜色"为#FEE69E 到#FDB46C 到#FD993E 到#FD6724,其他设置如图 15-4 所示。

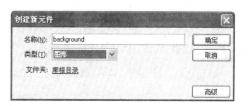

图 15-3

步骤 2 绘制主场景动画

(1) 完成"颜色"面板的设置,单击工具箱中的"矩形工具"按钮,在场景中绘制图形,如图 15-5 所示,返回场景 1 的编辑状态,将元件 background 拖入到场景中,如图 15-6 所示,在第 9 帧位置插入帧。

图 15-4

图 15-5

图 15-6

（2）新建"图层2"，执行"文件"→"导入"→"导入到舞台"命令，将图像"CD\源文件\第5章\素材\515_01.png"导入到场景中，如图15-7所示。并使用工具箱中的"任意变形工具"调整图像的大小，如图15-8所示。

（3）新建"图层3"，执行"文件"→"导入"→"打开外部库"命令，将外部库"CD\源文件\第5章\素材\5-15-1.fla"打开，如图15-9所示。选中"库-5-15-1.FLA"面板中的元件people，将其拖入到场景中并使用"任意变形工具"调整大小，如图15-10所示。

图 15-7

图 15-8

图 15-9

图 15-10

操作提示 按住Shift+Ctrl+O快捷键即可打开"作为库打开"的对话框。

（4）新建"图层4"，将"图层4"拖入到"图层3"的下面，"时间轴"面板如图15-11所示。

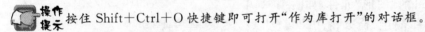
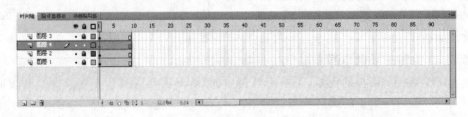

图 15-11

图 15-12

（5）将图像"CD\源文件\第5章\素材\515_02.png"导入到场景中，如图15-12所示。在第4帧位置插入空白关键帧，将图像"CD\源文件\第5章\素材\515_03.png"导入到场景中，如图15-13所示。

（6）新建"图层5"，将"库-5-15-1.FLA"面板中的元件yellow拖入到场景中并使用"任意变形工具"调整大小，如图15-14所示，在第4帧位置插入关键帧，使用工具箱中的"任意变形工具"调整位置，如图15-15所示。

图 15-13

图 15-14

图 15-15

（7）选择"图层3"，新建"图层6"，"时间轴"面板如图15-16所示。使用工具箱中的"刷子工具"，设置"填充颜色"为#7D2E18，"笔触颜色"为无，在场景中绘制头发，效果如图15-17所示。

（8）在第4帧位置插入关键帧，使用工具箱中的"任意变形工具"进行调整，如图15-18所示，完成"图层6"的制作，最终场景效果如图15-19所示。

图 15-16

绘制头发

图 15-17

头发飘动

图 15-18

图 15-19

小技巧 在这里可以利用"绘图纸外观"功能，制作者不仅可以看到当前帧的内容，还能看到这一帧前后若干帧的内容。这个"若干"由制作者控制：时间轴上方的黑色方括号代表可以预览的帧的范围，拖曳方括号可以调整预览的范围。

举例说明：单击"时间轴"面板下方的"绘图纸外观"按钮，如图15-20所示。激活"绘图纸外观"功能（绘图纸外观的范围定在了1～4帧），效果如图15-21所示。

绘图纸外观

图 15-20

第4帧效果　第1帧效果

图 15-21

步骤 3　存储并测试影片

完成动画的制作,执行"文件"→"保存"命令,将动画保存为"CD\源文件\第 5 章\15-1. fla",按住 Ctrl＋Enter 快捷键,测试动画,效果如图 15-22 所示。

图　15-22

15.2　眨眼动画

步骤 1　创建元件

(1) 打开 Flash,执行"文件"→"新建"命令,新建一个 Flash 文档,如图 15-1 所示。单击"属性"面板上的"编辑"按钮,弹出"文档属性"对话框,设置如图 15-23 所示,单击"确定"按钮,完成"文档属性"的设置。

(2) 执行"插入"→"新建元件"命令,新建"名称"为 background 的"影片剪辑"元件。执行"文件"→"导入"→"导入到舞台"命令,将图像"CD\源文件\第 5 章\素材\515_04. png"导入到场景中,如图 15-24 所示,在第 30 帧位置插入关键帧。

图　15-23

(3) 新建"图层 2",将图像"CD\源文件\第 5 章\素材\515_05. png"导入到场景中,如图 15-25 所示。选中刚刚导入的图像,按 F8 键将其转换成"名称"为 flower1 的"图形"元件,如图 15-26 所示。

图　15-24　　　　　　　图　15-25　　　　　　　图　15-26

（4）分别在第10帧和第20帧位置按F6键插入关键帧，"时间轴"面板如图15-27所示。选中第10帧，执行"修改"→"变形"→"缩放和旋转"命令，弹出"缩放和旋转"对话框，设置如图15-28所示，单击"确定"按钮，完成"缩放和旋转"的设置。

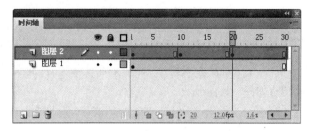

图 15-27

（5）分别在第1帧和第10帧位置创建传统补间动画，"时间轴"面板如图15-29所示。根据"图层2"的制作方法，制作出"图层3"和"图层4"上小花的动画效果，"时间轴"面板如图15-30所示。

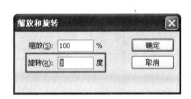

图 15-28

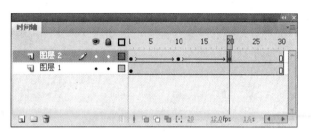

图 15-29

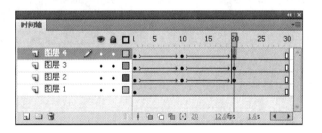

图 15-30

步骤2 制作主场景

完成 background 元件的绘制，单击"编辑栏"上的"场景1"文字，返回"场景1"的编辑状态，将元件 background 从"库"面板拖入到场景中，调整位置如图15-31所示。新建"图层2"，执行"文件"→"导入"→"导入到舞台"命令，将图像"CD\源文件\第5章\素材\515_08.png"导入到场景中，如图15-32所示。

图 15-31

图 15-32

步骤 3　制作眨眼动画

（1）执行"插入"→"新建元件"命令，新建"名称"为"eyes"的"影片剪辑"元件。执行"文件"→"导入"→"导入到舞台"命令，将图像"CD\源文件\第 5 章\素材\515_09.png"导入到场景中，如图 15-33 所示。

（2）单击"编辑栏"上的"场景 1"文字，返回"场景 1"的编辑状态，新建"图层 3"，将元件 eyes 从"库"面板拖入到场景中与眼睛对齐，如图 15-34 所示。双击进入 eyes 影片剪辑的编辑状态，分别在第 15 帧、第 30 帧、第 45 帧、第 60 帧位置按 F6 键插入关键帧，"时间轴"面板如图 15-35 所示。

图　15-33　　　　　　　　　　　　　　图　15-34

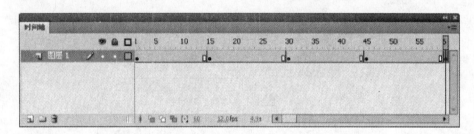

图　15-35

小技巧　要编辑某一个元件，可在"库"面板中该元件上右击，在弹出的菜单中选择"编辑"选项，即可进入到该元件的编辑状态，也可以在"库"面板中双击该元件。

（3）在相应位置插入空白关键帧，"时间轴"面板如图 15-36 所示，场景如图 15-37 所示。完成元件 eyes 的制作，单击"编辑栏"上的"场景 1"文字，返回"场景 1"的编辑状态，场景效果如图 15-38 所示。

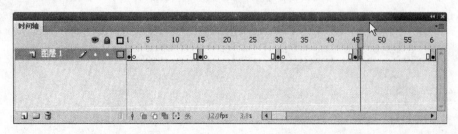

图　15-36

图 15-37   图 15-38

步骤 4 存储并测试影片

完成眨眼动画的制作,执行"文件"→"保存"命令,将动画保存为"CD\源文件\第5章\15-2.fla",按住 Ctrl＋Enter 快捷键,测试动画,效果如图 15-39 所示。

图 15-39

15.3 表情转换

步骤 1 创建元件

(1)打开 Flash,执行"文件"→"新建"命令,新建一个 Flash 文档,如图 15-1 所示。单击"属性"面板上的"编辑"按钮,弹出"文档属性"对话框,设置如图 15-40 所示,单击"确定"按钮,完成"文档属性"的设置。

(2)执行"插入"→"新建元件"命令,新建一个"名称"为"背景"的"图形"元件。单击工具箱中的"矩形工具"按钮,执行"窗口"→"颜色"命令,打开"颜色"面板,设置"填充颜色"为#FFF2AF 到#FF93BB 的"线性"渐变,如图 15-41 所示。

(3)单击工具箱中的"矩形工具"按钮,按住 Alt 键在场景上单击,弹出"矩形设置"对话框,设置如图 15-42 所示,单击"确定"按钮,在场景中绘制一个矩形,如图 15-43 所示。

(4)执行"插入"→"新建元件"命令,新建一个"名称"为"嘴"的"影片剪辑"元件。执行"文件"→"导入"→"打开外部库"命令,将外部库"CD\源文件\第5章\素材\5-15-3.fla"打开,如图 15-44 所示。

二维动画设计与制作——Flash CS4中文版

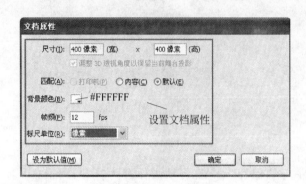

图 15-40

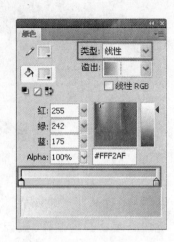

图 15-41

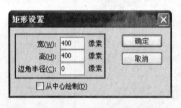

图 15-42

图 15-43

（5）在第1帧位置将元件"嘴1"拖入到场景中，如图15-45所示。分别在第2～10帧位置插入空白关键帧，依次将相应的元件拖入场景中，"时间轴"面板如图15-46所示。

（6）根据影片剪辑"嘴"的制作，制作出"眼睛"影片剪辑，如图15-47所示，"时间轴"面板如图15-48所示。

图 15-45

图 15-44

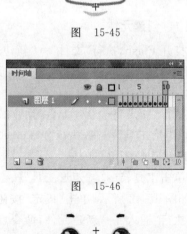

图 15-46

图 15-47

步骤 2　制作主场景

（1）单击"编辑栏"上的"场景 1"文字，返回到"场景 1"的编辑状态，将"库"面板中的"背景"元件拖入到场景中，如图 15-49 所示，在第 30 帧位置按 F5 键插入帧。新建"图层 2"，按住 Shift 键将"身体"和"头"元件从外部库"库-5-15-3.FLA"面板拖入到场景中，如图 15-50 所示。

图　15-48　　　　　　　　　　图　15-49　　　　　　　　　　图　15-50

（2）新建"图层 3"，将"库"面板中的"眼睛"元件拖入到场景中，如图 15-51 所示。新建"图层 4"，将"库"面板中的"嘴"元件拖入到场景中，如图 15-52 所示。

（3）新建"图层 5"，在第 1 帧位置，将"库"面板中的"胳膊"元件拖入到场景中，如图 15-53 所示。分别在第 4 帧和第 7 帧位置插入关键帧，选中第 4 帧上的元件，使用"任意变形工具"对该帧上的元件进行调整，如图 15-54 所示。

图　15-51　　　　　　　图　15-52　　　　　　　图　15-53　　　　　　　图　15-54

（4）分别在第 1 帧和第 4 帧位置创建传统补间动画，"时间轴"面板如图 15-55 所示，场景效果如图 15-56 所示。

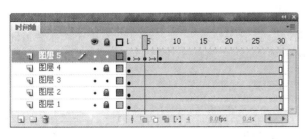

图　15-55　　　　　　　　　　　　　　　　图　15-56

步骤 3　存储并测试影片

完成人物表情动画的制作，执行"文件"→"保存"命令，将动画保存为"CD\源文件\第 5 章\15-3. fla"，按住 Ctrl＋Enter 快捷键，测试动画，效果如图 15-57 所示。

图 15-57

课堂练习

任务背景：通过本课的学习，小明已经了解了制作的要点，忍不住自己也想尝试一下，但是还没想好要制作怎样的人物效果，得仔细考虑一下。

任务目标：观察人物奔跑动作。

任务要求：观察完后根据本课学习的内容，制作一个人物奔跑的动画。

任务提示：在实际操作过程中要注意人物动作顺序排列要正确。

练习评价

项　　目	标　准　描　述	评定分值	得　　分
基本要求 60 分	观察人物奔跑的动作	25	
	制作人物奔跑动画	35	
拓展要求 40 分	在动画中增加下雨的效果	40	
主观评价		总分	

本课小结

　　本课主要讲解人物动画的制作，通过绘制人物的不同动作，依次将动作拼合起来，从而制作出头发飘扬效果、人物的眨眼动画及表情转换效果等。人物的动画基本都是相同的，动画是不受人年龄、性别以及职业等因素影响的，只要掌握了这其中的技巧，就可以完成其他动画的制作。

课外阅读

人物运动动画分类

1. 人的行走动作

　　人的行走动作的基本规律是，两只脚交替着向前，带动腿向前运动，为了保持身体平衡，就需要配合两条腿的弯曲加上踏步，上肢的双臂也要配合双腿做出前后摆动的动作。人在正常走路的状态下，为了保持重心，总是用一条腿支撑，另一条腿才能向前提起、踏步，因此,人在行走的过程中,头顶的高低形成了波浪形运动,当双脚没有行走动作时,头顶就略低,当一只脚着地,另一只脚提起向前弯曲时,头顶就略高。还有,人行走的动作过程中,迈步的腿,从离地到向前提起并落地,人腿的中间膝关节就形成弯曲状,脚踝与地面呈弧形运动线。这条弧形运动线的高低幅度,与行走时的神态和情绪有很大的关系。

2. 人的表情动作

不论是表现微笑还是大笑,都要注意笑的表情线的特点,然后再对五官进行归纳、夸张,动画角色在微笑时,一般嘴巴不张开,可以用一根嘴角向上的线条来表现,大笑多画成嘴角向上翘起的张开的大嘴,而眼睛则常被画成紧闭状。对五官的夸张幅度要符合剧情的要求,脸部的外形也应与表情的变化同步进行拉伸、缩短等变化。

表现悲哀的表情,也要注意表情线的特点。悲哀时五官的造型会发生很大的变化,从眉头、双眼和口角等部位均呈现下挂状,在此基础上对五官进行适当的刻画即可。

表现愤怒的表情,也要注意表情线的特点。愤怒时五官的造型会发生很大的变化,如眉头皱起、双目圆睁、口角向下等,在此基础上,再画一些辅助线,就能生动地表达愤怒的特点。

表现惊讶的表情,也要注意表情线的特点。惊讶时,眼睛会睁得圆圆的,黑眼珠缩小,眉毛高高地飞扬在额头的上端,嘴巴可向下移,脸的下端被拉长。

3. 人的跳跃动作

人的跳跃动作,往往是指人通过跳跃障碍、越过勾缝;或者人在兴高采烈,欢呼跳跃时所产生的一种动作,如图15-58所示。

图 15-58

人的跳跃动作的基本规律,是由身体蜷缩、蹬腿、腾空、着地、还原等几个动作姿态所组成。将整个跳跃动作的全过程进行分解,人在起跳前身体的曲缩,表示动作的准备和力量的积聚,接着一股爆发力,单腿或双腿蹬起,使整个身体向前腾空,到越过障碍之后,双脚先后或同时落地,由于自身的重量和调整身体的平衡,必然产生生动作的缓冲,随即恢复原状。

在跳跃过程中,运动线呈弧形抛物线状态。这一弧形运动线的幅度,是根据用力的大小和障碍物的高低产生不同的差别。欢呼跳跃动作的基本运动规律,与上面所述的相似。所不同的是,蹬腿跳起腾空,然后原地落下,人的身体和双脚,只是上下运动,不产生抛物线形运动。

课 后 思 考

(1) 在制作人物动画的过程中一般都应该注意哪些细节?

(2) 眨眼睛动画的制作为什么要用影片剪辑来实现?

第16课　动物动画效果

　　和人一样,动物也有一些基本的运动规律,要想制作出逼真的动画,这就需要在日常生活中仔细观察,制作动画的过程中要注意它们动作的自然、协调性。

　　本课将通过马儿奔跑和鸟翱翔这两个实例来讲解动物动画效果。制作马儿奔跑的动画,实际上是把马奔跑的连续的动作画面快速播放,从而产生了马跑的效果,在制作的过程中要注意动作的连贯性;飞鸟是动画中最常见的动物种类之一,鸟是靠翅膀飞翔的,在动画中表现鸟飞翔的方法很多,最基础也最真实的办法是:逐帧绘制出鸟飞翔的样子,这是工作量最大的方法。还有其他很多方法。例如,画面中并不出现鸟,而只出现鸟的影子;鸟的鸣叫声从无到有再到消失,也可以反映出有鸟飞过。

课堂讲解

任务背景:小明上周和同学一起去领略了骏马驰骋在草原上的风光,游玩后不由地萌生了做骏马奔跑动画的念头,但是应该怎样实现动画效果呢? 于是他打算上网搜索一些参考资料。

任务目标:掌握逐帧动画的制作和传统补间的应用。

任务分析:只有掌握了逐帧动画的制作,才能创建连贯自然的动画效果。

16.1　马儿奔跑

步骤1　创建元件

　　(1) 执行"文件"→"新建"命令,新建一个 Flash 文档,如图 16-1 所示。单击"属性"面板上的"编辑"按钮,在弹出的"文档属性"对话框中设置如图 16-2 所示,单击"确定"按钮,完成"文档属性"的设置。

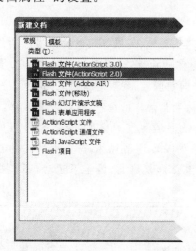

图　16-1

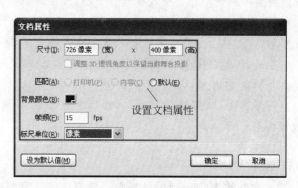

图　16-2

（2）执行"插入"→"新建元件"命令，新建一个"名称"为background 的"图形"元件。单击工具箱中的"矩形工具"按钮，执行"窗口"→"颜色"命令，打开"颜色"面板，设置"填充颜色"为从#1DD6FE 到#FFFFFF 的"线性"渐变，如图16-3所示。

（3）在场景中绘制矩形，如图16-4所示。新建"图层2"，执行"文件"→"导入"→"导入到舞台"命令，将图像"CD\源文件\第5章\素材\516_01.png"导入到场景中，如图16-5所示。

（4）新建"图层3"，使用工具箱中的"椭圆工具"，设置"填充颜色"为#FFFFFF，"笔触颜色"为无，在场景中绘制椭圆形，如图16-6所示。相同的制作方法，绘制多个椭圆形，如图16-7所示。

图　16-3

图　16-4　　　　　　　　　图　16-5　　　　　　　　　图　16-6

（5）选中刚刚调整的图形，复制多次，如图16-8所示，完成background 元件的绘制，如图16-9所示。

图　16-7　　　　　　　　　图　16-8　　　　　　　　　图　16-9

图　16-10

操作提示 复制元件的目的是为了更方便快捷地制作，不必再重新绘制，只需要对复制后的图形进行相应的调整即可。

（6）执行"插入"→"新建元件"命令，新建一个"名称"为"马儿奔跑"的"影片剪辑"元件。执行"文件"→"导入"→"打开外部库"命令，将外部库"CD\源文件\第5章\素材\5-16-1.fla"打开，如图16-10所示。

（7）在第1帧位置将元件"马儿奔跑1"拖入到场景中，如图16-11所示。分别在第2～8帧位置插入空白关键帧，依次将相应的图形元件从外部库拖入场景中，"时间轴"面板如图16-12所示。

图 16-11

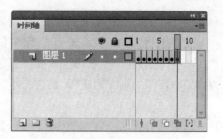

图 16-12

操作提示 在制作逐帧动画时，要耐心细致调整好马儿奔跑动作的次序并对齐位置，就可以制作出动作细腻而又丰富的逐帧动画。

步骤 2 制作主场景动画

（1）单击"编辑栏"上的"场景 1"文字，返回到"场景 1"的编辑状态，将"库"面板中的 background 元件拖入到场景中，如图 16-13 所示，在第 60 帧位置按 F5 键插入关键帧。新建"图层 2"，将"库"面板中的"马儿奔跑"元件拖入到场景中，如图 16-14 所示。

图 16-13

图 16-14

（2）在第 50 帧位置插入关键帧，将元件水平向右移动，如图 16-15 所示。在第 60 帧位置插入关键帧，将元件水平向右移动，如图 16-16 所示。

图 16-15

图 16-16

（3）分别在第 1 帧和第 50 帧位置创建传统补间动画，"时间轴"面板如图 16-17 所示。

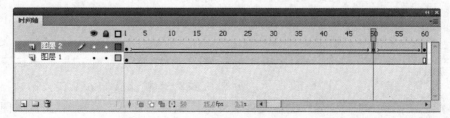

图 16-17

步骤3 存储并测试影片

完成马儿奔跑动画的制作,执行"文件"→"保存"命令,将动画保存为"CD\源文件\第5章\16-1.fla",按住 Ctrl+Enter 快捷键,测试动画,效果如图 16-18 所示。

图 16-18

16.2 鸟翱翔

步骤1 创建元件

(1) 执行"文件"→"新建"命令,新建一个 Flash 文档,如图 16-1 所示。单击"属性"面板上的"编辑"按钮,在弹出的"文档属性"对话框中设置如图 16-19 所示,单击"确定"按钮,完成"文档属性"的设置。

(2) 执行"插入"→"新建元件"命令,新建一个"名称"为"背景"的"图形"元件。单击工具箱中的"矩形工具"按钮,执行"窗口"→"颜色"命令,打开"颜色"面板,设置"填充颜色"为从 #FF8855 到 #FFFF77 的"线性"渐变,如图 16-20 所示。

图 16-19   图 16-20

(3) 在场景中绘制矩形,如图 16-21 所示。执行"插入"→"新建元件"命令,新建一个"名称"为"鸟"的"影片剪辑"元件。

(4) 执行"文件"→"导入"→"导入到舞台"命令,弹出"导入"对话框,选择图像"CD\源文件\第 5 章\素材\516_02.png",如图 16-22 所示,单击"打开"按钮,在弹出的提示对话框中单击"是"按钮,将图像的所有序列图像全部导入到场景中,场景效果如图 16-23 所示。

二维动画设计与制作——Flash CS4中文版

图 16-21　　　　　　　　　　　　　　　　　图 16-22

（5）导入序列图像后，"时间轴"面板如图 16-24 所示。选中第 1 帧上的图像，按 F8 键将其转换成"名称"为"鸟飞 1"的"图形"元件。

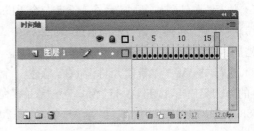

图 16-23　　　　　　　　　　　　　　　图 16-24

操作提示 在 Flash 中可以将按顺序排列的位图一次性导入到场景或"库"面板中。将图像转换成元件使用快捷键 F8 可以提高制作速度，从而提高工作效率。

步骤 2　制作主场景动画

（1）根据第 1 帧转换元件的方法，依次将第 2～17 帧位置的图像转换为元件，"库"面板如图 16-25 所示。单击"编辑栏"上的"场景 1"文字，返回到"场景 1"的编辑状态，将"库"面板中的"背景"元件拖入到场景中，如图 16-26 所示，在第 85 帧位置按 F5 键插入帧。

（2）新建"图层 2"，执行"文件"→"导入"→"打开外部库"命令，将外部库"CD\源文件\第 5 章\素材\5-16-2.fla"打开，如图 16-27 所示。在第 1 帧位置将元件"山"拖入到场景中，如图 16-28 所示。

（3）在第 40 位置按 F6 键插入关键帧，将元件水平向左移动，如图 16-29 所示。在第 80 帧位置插入关键帧，将元件水平向左移动，如图 16-30 所示。

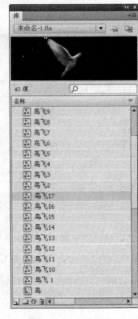

图　16-25

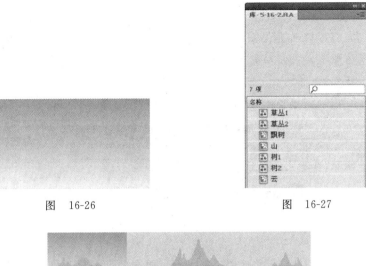

图　16-26　　　　　　　　　　　　　　　　　图　16-27

图　16-28

图　16-29　　　　　　　　　　　　图　16-30

（4）分别在第 1 帧和第 40 帧创建传统补间动画，"时间轴"面板如图 16-31 所示。根据"图层 2"的制作方法，完成"图层 3"和"图层 4"的制作，场景效果如图 16-32 所示，"时间轴"面板如图 16-33 所示。

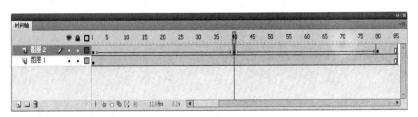

图　16-31

图　16-32

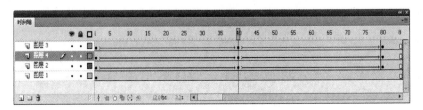

图　16-33

二维动画设计与制作——Flash CS4中文版

操作提示 如果需要移动一个或多个图层上的所有内容，而不移动其他图层上的任何内容，应该锁定或隐藏不需要移动的图层。

图 16-34

（5）新建"图层 5"，将"草丛 1"元件从外部库"库-5-16-2.FLA"拖入到场景中，效果如图 16-34 所示，"时间轴"面板如图 16-35 所示。

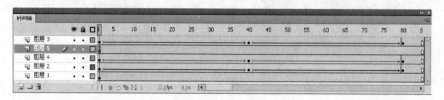
图 16-35

图 16-36

（6）根据"图层 2"制作方法，完成"图层 6"的制作，如图 16-36 所示，"时间轴"面板如图 16-37 所示。

（7）新建"图层 7"，将"库"面板中的"鸟"元件拖入到场景中，如图 16-38 所示。在第 40 帧位置按 F6 键插入关键帧，将元件水平向右移动，如图 16-39 所示。

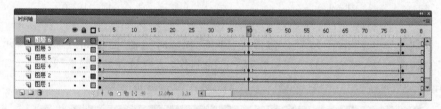
图 16-37

图 16-38

图 16-39

（8）在第 80 帧位置按 F6 键插入关键帧，将元件水平向右移动，如图 16-40 所示，"时间轴"面板如图 16-41 所示。

图 16-40

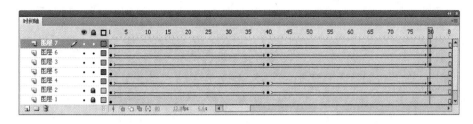

图　16-41

步骤 3　存储并测试影片

完成鸟翱翔动画的制作,执行"文件"→"保存"命令,将动画保存为"CD\源文件\第 5 章\16-2.fla",按住 Ctrl＋Enter 快捷键,测试动画,效果如图 16-42 所示。

图　16-42

课堂练习

任务背景:通过本课的学习,小明已经明白了动物的动画效果,要想制作出完美的动画效果,还需要平常多练习、多了解动物的运动规律。

任务目标:观察鱼儿从水中向上跳跃的动作。

任务要求:观察完后,制作鱼儿在水中跳跃,天空中有鸟飞过的动画效果。

任务提示:鱼儿跳跃动作可以分解成鱼在水中游转为浮出水面跳跃再转入水中游。

练习评价

项　　目	标　准　描　述	评定分值	得　　分
基本要求 60 分	观察鱼儿跳跃动作	25	
	制作鱼儿浮水面跳跃动画	35	
拓展要求 40 分	在动画中增加瀑布流动作为场景效果	40	
主观评价		总分	

本课小结

本课主要讲解动物动画的制作,通过制作马儿奔跑和鸟翱翔,主要是为了使读者掌握这种制作动画的方法,在制作动画的过程中还应注意帧频的大小,因为帧频的大小会影响动画整体的协调性。

课 外 阅 读

动物的运动规律

动物拟人化是动画片艺术经常运用的一种表现手法。以神话、寓言、童话为题材的动画片中,往往直接以各种动物作为角色来体现影片的主题,以人物为主的动画片也会出现动物。因此,了解各类动物的特征和掌握它们运动的基本规律,是动画专业的一个重要课题。

滑翔是鸟类常用的一种飞行方式。当鸟飞到一定高度,用力将翅膀动几下,就可以利用上升的热气流滑翔。滑翔的远近要看地心吸力和气流情况而定。一般原理是,翼面长大的鸟类比翼面细小的鸟类更善于滑翔。

兽类最大的特点是行走和奔跑。

一般四肢动物的行动规律有这样的方式,以马为例,开始起步时如果是右前足先向前开步,对角线的左足就会跟着向前走,接着是左前足向前走,再就是右足跟着向前走,这样就完成一个循环。

1. 马的慢走动作规律

它的方式是对角线换步法,即左前右后,右前左后的交替循环。一般慢走每一个完步大约一秒半钟的时间,也可慢些或快些,根据规定情景而定。慢走的动作,腿向前运动时不宜抬得较高。如果走快步,可以提高些。

前肢和后腿运动时的关节屈曲方向是相反的,前肢腕部向后弯,后肢跟部向前弯。走路时头部动作要配合,前足跨出时头点下,前足着地时头抬起。

2. 马的小跑动作规律

马的小跑是属于一种轻快的走步动作,四肢的运动规律基本上也是对角线交换的步法。与慢走稍为不同的是,对角线的两足是同时离地、同时落地。四足向前运动时要提得高,特别是前足可提得较高些。身躯前进时要有弹跳感,对角足运动成垂直线时身躯最高,成倾斜线时身躯最低。动作节奏是四足落地、离地时快,运动过程是两头快中间慢。

3. 马的大跑动作规律

这种大跑的步伐不用对角线的步法,而是左前右前,左后右后交换的步法,即前两足和后足的交换。前进时身躯的前后部有上下跷动的感觉,这种大跑的步法,步子跨出的幅度较大,第一个起点与第二个落点之间的距离可达一个多的体长,速度大约是每秒钟两个完步。

课后思考

(1)在本课中马儿奔跑的动作是通过什么来实现的?

(2)在 Flash CS4 中怎样将位图按顺序排列一次性导入到场景中?

第17课 其他动画效果

本课将通过风吹效果和窗帘飘动两个实例来进行具体分析。制作风吹效果的动画有很多种,但是在制作过程中应该注意什么呢?首先明确风的方向,根据风的方向来制作物的摆动方向,本课将以花的摆动作为案例进行讲解;制作窗帘飘动效果,首先考虑到窗帘是软的,受到风吹最强的部分就形成了波峰,所以随着风的前进,窗帘也作周期性的波形运动,窗帘飘动是典型的波形运动。

17.1 风吹效果

步骤1 创建元件

(1)执行"文件"→"新建"命令,新建一个 Flash 文档,如图 17-1 所示。单击"属性"面板上的"编辑"按钮,在弹出的"文档属性"对话框中设置如图 17-2 所示。单击"确定"按钮,完成"文档属性"的设置。

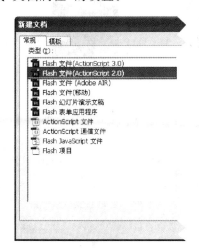

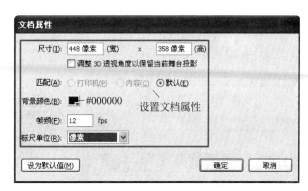

图 17-1   图 17-2

(2)执行"插入"→"新建元件"命令,新建一个"名称"为 background 的"图形"元件。执行"文件"→"导入"→"导入到舞台"命令,将图像"CD\源文件\第 5 章\素材\517_01. png"导入到场景中,如图 17-3 所示。

(3)新建"图层 2",单击工具箱中的"矩形工具"按钮,设置"填充颜色"为#FFFFFF,"笔触颜色"为无,在场景中绘制矩形,如图 17-4 所示。使用"任意变形工具"对刚刚绘制的矩形进行调整,如图 17-5 所示。

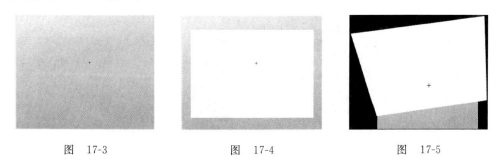

图 17-3   图 17-4   图 17-5

(4)选中刚刚调整的图形,打开"颜色"面板,设置"类型"为"线性",Alpha 值为 50%,如图 17-6 所示。执行"插入"→"新建元件"命令,新建一个"名称"为 flowers1 的"影片剪辑"元件。

（5）执行"文件"→"导入"→"导入到舞台"命令,将图像"CD\源文件\第5章\素材\517_
02.png"导入到场景中,效果如图17-7所示。选中刚刚导入的图像,按F8键将图像转换成
"名称"为"花1"的"图形"元件。

（6）分别在第10帧和第20帧位置按F6键插入关键帧,使用"任意变形工具"对第10
帧上的元件进行调整,如图17-8所示。分别在第1帧和第10帧位置创建传统补间动画,
"时间轴"面板如图17-9所示。

图　17-6

图　17-7

图　17-8

（7）根据"图层1"的制作方法,可以完成"图层2"～"图层10"的制作,"时间轴"面板如
图17-10所示,场景如图17-11所示。

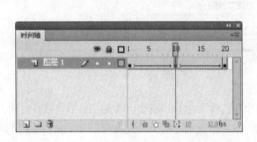

图　17-9

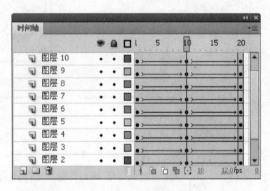

图　17-10

（8）新建"图层11",单击工具箱中的"椭圆工具"按钮,设置"填充颜色"为#58AD97,
"笔触颜色"为无,在场景中绘制椭圆形,如图17-12所示。对刚刚绘制的椭圆形进行调整,
如图17-13所示。

图　17-11

图　17-12

图　17-13

操作提示 使用工具箱中的"任意变形工具"可以对对象、组、或文本,执行缩放、旋转、压缩、伸展或倾斜等多个变形操作。

（9）选中刚刚调整的图形,多次复制并进行调整,设置"色彩效果"标签下的 Alpha 值为 50％,效果如图 17-14 所示。根据 flowers1 元件的制作方法,可以制作出相似的 flowers2 影片剪辑元件,场景效果如图 17-15 所示。

（10）执行"插入"→"新建元件"命令,新建一个"名称"为"叶子 1"的"图形"元件。单击工具箱中的"椭圆工具"按钮,设置"填充颜色"为#58AD97,"笔触颜色"为无,在场景中绘制椭圆形,并对刚刚绘制的椭圆形进行调整,如图 17-16 所示。相同的方法,可以制作出"叶子 2"图形元件,如图 17-17 所示。

图　17-14　　　　　　　图　17-15　　　　　　　图　17-16　　　　　图　17-17

步骤 2　制作主场景动画

（1）单击"编辑栏"上的"场景 1"文字,返回到"场景 1"的编辑状态,将"库"面板中的 background 元件拖入到场景中,调整元件相应位置,效果如图 17-18 所示,在第 25 帧位置按 F5 键插入关键帧。新建"图层 2",执行"文件"→"导入"→"打开外部库"命令,将外部库"CD\源文件\第 5 章\素材\5-17-1.fla"打开,如图 17-19 所示。

（2）将 star 元件拖入到场景中,调整元件相应位置,如图 17-20 所示。新建"图层 3",将"库"面板中的 flowers1 元件多次拖入到场景中,效果如图 17-21 所示。

图　17-18

图　17-19　　　　　　　图　17-20　　　　　　　图　17-21

（3）新建"图层4"，将"库"面板中的"叶子1"元件多次拖入到场景中，效果如图17-22所示。新建"图层5"，将"库"面板中的"叶子2"元件多次拖入到场景中，如图17-23所示。

（4）新建"图层6"，将"库"面板中的flowers2元件拖入到场景中，如图17-24所示。新建"图层7"，执行"文件"→"导入"→"导入到舞台"命令，将图像"CD\源文件\第5章\素材\517_05.png"导入到场景中，如图17-25所示。

图 17-22   图 17-23   图 17-24

（5）新建"图层8"，将"蝴蝶1"元件从外部库"库-5-17-1.FLA"拖入场景中，调整到相应位置，如图17-26所示。根据"图层8"的制作方法，制作出"图层9"，如图17-27所示。

图 17-25   图 17-26   图 17-27

步骤3   存储并测试影片

完成风吹动画的制作，执行"文件"→"保存"命令，将动画保存为"CD\源文件\第5章\17-1.fla"，按Ctrl＋Enter快捷键，测试动画，效果如图17-28所示。

图   17-28

17.2 窗帘飘动

步骤 1 打开文件

执行"文件"→"打开"命令,打开文件"CD\源文件\第 5 章\素材\5-17-2.fla",场景效果如图 17-29 所示,下面将在该动画的基础上制作窗帘飘动的效果。

操作提示 "库"面板中既存储导入到文档中的资源,又存储 Flash 中创建的元件。在制作窗帘飘动效果时,帧频为 15 帧/秒,读者可以根据实际情况的需要,自定义帧频值。

图 17-29

步骤 2 创建元件

(1)执行"插入"→"新建元件"命令,新建一个"名称"为"窗帘"的"影片剪辑"元件,单击工具箱中的"矩形工具"按钮,设置"填充颜色"为#FFFFFF,"笔触颜色"为无,在场景中绘制矩形,如图 17-30 所示。打开"颜色"面板,设置如图 17-31 所示。

(2)对刚刚绘制的矩形进行调整,效果如图 17-32 所示。根据刚刚图形的绘制方法,绘制出如图 17-33 所示的图形。

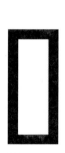

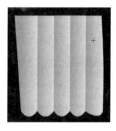

图 17-30   图 17-31   图 17-32   图 17-33

(3)分别在第 10 帧、第 20 帧、第 30 帧位置按 F6 键插入关键帧,"时间轴"面板如图 17-34 所示。选中第 10 帧,对第 10 帧上的图形进行调整,效果如图 17-35 所示。

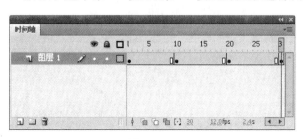

图 17-34   图 17-35

（4）相同的方法，分别对第 20 帧和第 30 帧上的图形进行调整，效果如图 17-36 所示。分别在第 1 帧、第 10 帧、第 20 帧位置创建形状补间动画，"时间轴"面板如图 17-37 所示。

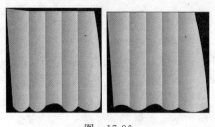

图 17-36

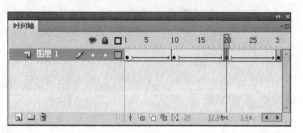

图 17-37

步骤 3　制作主场景动画

单击"编辑栏"上的"场景 1"文字，返回到"场景 1"的编辑状态。新建"图层 7"，将"库"面板中的"窗帘"元件拖入到舞台中，调整元件的位置，如图 17-38 所示，复制"窗帘"元件，执行"修改"→"变形"→"水平翻转"命令，将复制得到的元件水平翻转，调整到合适的位置，如图 17-39 所示。

图 17-38

图 17-39

步骤 4　存储并测试影片

完成窗帘动画的制作，执行"文件"→"保存"命令，将动画保存为"CD\源文件\第 5 章\17-2.fla"，按住 Ctrl＋Enter 快捷键，测试动画，效果如图 17-40 所示。

图 17-40

课堂练习

任务背景：通过本课的学习，小明已经掌握了运动规律动画的制作，而且要想把动画做得更逼真、更自然一些还需要靠平常多练习、多观察才可以。

任务目标：上网搜索一些成功的案例。

任务要求：观察这些案例的共同点是什么，都运用了什么效果。

任务提示：多观察成功的案例可以发现我们在制作动画时有哪些不足，同时也可以提高审美能力。

练习评价

项　　目	标　准　描　述	评定分值	得　　分
基本要求 60 分	搜索成功案例	30	
	观察成功案例有哪些共同点	30	
拓展要求 40 分	找出自己在制作动画时的不足之处	40	
主观评价		总分	

本 课 小 结

本课主要讲解其他动画效果的制作，制作了风吹效果和窗帘飘动，主要是为了使读者明白其实万物是相通的，要想制作出完美的动画效果，还要品味、体会、观察美好的生活。

课 外 阅 读

运动规律的基本概念

要想制作出完美的动画效果，必须了解运动规律的一些基本概念。

所谓"时间"，是指影片中物体（包括生物和非生物）在完成某一动作时所需的时间长度，这一动作所占胶片的长度（片格的多少）。这一动作所需的时间长，其所占片格的数量就多；动作所需的时间短，其所占的片格数量就少。

所谓"速度"，是指物体在运动过程中的快慢。

所谓"空间"，可以理解为动画片中活动形象在画面上的活动范围和位置，但更主要的是指一个动作的幅度（即一个动作从开始到终止之间的距离）以及活动形象在每一张画面之间的距离。

动画设计人员在设计动作时，往往把动作的幅度处理得比真人动作的幅度要夸张一些，以取得更鲜明更强烈的效果。

按照物理学的解释，如果在任何相等的时间内，质点所通过的路程都是相等的，那么，质点的运动就是匀速运动；如果在任何相等的时间内，质点所通过的路程不是都相等的，那么，质点的运动就是非匀速运动。

在动画片中，不仅要注意较长时间运动中的速度变化，还必须研究在极短暂的时间内运动速度的变化。

课 后 思 考

（1）本课中的两个案例运用了什么类型的补间？

（2）窗帘飘动属于什么运动？

第6章

自然变化动画效果

知识要点

- 如何在 Flash 动画中体现各种自然现象的变化

- 学习在 Flash 动画中自然现象的制作方式

- 理解在动画中添加不同的自然现象可以达到什么效果

- 掌握不同的自然现象在动画中的表现手法

- 学习自然现象动画与其他动画效果的配合

- 思考其他各种自然变化的规律和方式

第18课 天 气

在 Flash 动画中天气变化的运用是必不可少的,它能给动画中的角色营造出一种独特的氛围,提供一个适当的展示环境,更好地烘托主题。动画中天气的变化,少数可以采用特技摄影或电脑特效的办法来实现,但绝大部分还需动画人员动手画出来的,毕竟电脑特技不是那么容易办到的。因此在实现动画效果前,应当懂得天气的运动规律,掌握表现天气变化的基本技法。从而营造出更好的动画氛围和动画效果。本课将介绍在 Flash 动画中如何去表现天气的变化以及 Flash 动画中天气动画的制作方法。

课堂讲解

任务背景:东东通过前面的学习,已经了解了 Flash 中的基本动画类型并能够制作出一些基本的 Flash 动画效果。这是一个非常沉闷的下午,天空下着大雨,东东无聊地睡在床上,突然一声雷响把东东惊醒,东东趴在窗前,静静地观察外面天气的变化和周围的景物,好像发现了什么似的,一边观察着一边好像还在思考着什么,就这样过了好久,于是东东决定了要自己动手在 Flash 动画中加入天气的动画效果。

任务目标:使用 Flash 制作大自然天气变化效果。

任务分析：在开始制作大自然的天气变化效果前,先好好回想一下,在现实生活中所看到的风雨雷电等。回想一下雨滴的下落路径,火苗的飘动规律,或是在这样的情况下人们通常都在做什么,等等。不管是制作什么样的动画效果,在制作前做好充分的准备都是必要的。在已经对自己马上就要制作的效果有了初步的构想后,就可以开始搜集所需的资料了,一切准备就绪后,就努力完成早已拭目以待的天气变化效果吧。

18.1 下雨

步骤1　打开文件

执行"文件"→"打开"命令,打开文件"CD\源文件\第6章\素材\素材618_1.fla",场景效果如图18-1所示。需要在这个动画的基础上,为动画添加下雨的效果。

步骤2　制作下雨效果

(1) 执行"插入"→"新建元件"命令,新建一个"名称"为"雨点动画"的"影片剪辑"元件,如图18-2所示。单击工具箱中的"线条工具"按钮,在"属性"面板上设置相关属性,如图18-3所示。

图　18-1

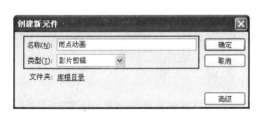

图　18-2

图　18-3

(2) 完成设置,在场景中绘制多条线条,如图18-4所示。拖动鼠标选中刚刚绘制的线条,按F8键将其转换成"名称"为"雨点1"的"图形"元件,如图18-5所示。

图　18-4

图　18-5

（3）在第 3 帧位置按 F7 键插入空白关键帧，相同的方法，使用"线条工具"在场景中绘制出多条线条，并将其转换成"名称"为"雨点 2"的"图形"元件，效果如图 18-6 所示。在第 6 帧位置按 F7 键插入空白关键帧，将"雨点 1"元件从"库"面板拖入到场景中，如图 18-7 所示。

（4）在第 9 帧位置按 F7 键插入空白关键帧，将"雨点 2"元件从"库"面板拖入到场景中，如图 18-8 所示，在第 10 帧位置按 F5 键插入帧。

图 18-6　　　　　　　　　　图 18-7　　　　　　　　　　图 18-8

操作提示 在本实例中实现的下雨效果主要是通过逐帧动画的形式实现的，通过将所绘的两帧不同的下雨效果间隔播放，实现视觉上的下雨效果，这也是最直接、最有效、最简便的方法。

步骤 3　制作主场景动画

单击"编辑栏"上的"场景 1"文字，返回"场景 1"的编辑状态，选择"图层 8"，将"雨点动画"元件从"库"面板拖入到场景中，并使用"任意变形工具"调整元件的角度，如图 18-9 所示。

步骤 4　存储并测试影片

完成下雨效果的制作，执行"文件"→"保存"命令，将动画保存为"CD\源文件\第 6 章\618_1.fla"。执行"控制"→"测试影片"命令，测试动画效果如图 18-10 所示。

图 18-9

图 18-10

18.2　火

步骤1　打开文件

执行"文件"→"打开"命令,打开文件"CD\源文件\第6章\素材\素材 618_2.fla",场景效果如图 18-11 所示,需要在该动画的基础上,为动画添加火的效果,突出表现人物的愤怒和恼火。

步骤2　制作燃烧的火焰

(1)执行"插入"→"新建元件"命令,新建一个"名称"为"火"的"影片剪辑"元件,如图 18-12 所示。单击工具箱中的"钢笔工具"按钮,在"属性"面板进行相应的设置,在场景中绘制图形,如图 18-13 所示。

图　18-11

图　18-12

图　18-13

(2)选中刚刚所绘制的图形,按 F8 键将其转换成"名称"为"火 1"的"图形"元件,选中元件,设置"属性"面板如图 18-14 所示,元件效果如图 18-15 所示。

(3)在第 2 帧位置按 F7 键插入空白关键帧,相同的方法,使用"钢笔工具"在场景中绘制图形,如图 18-16 所示。选中刚刚绘制的图形,按 F8 键将其转换成"名称"为"火 2"的"图形"元件,选中元件,设置"属性"面板如图 18-17 所示。

小技巧　此处需要绘制另一种火焰的效果,这里也可以在前面所绘制的火焰图形的基础上进行修改,需要将火焰效果修改为另一种形状,制作出第 2 种火焰的效果。

图　18-14

图　18-15

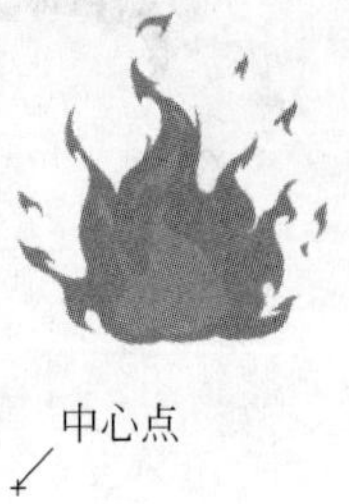

中心点

图 18-16

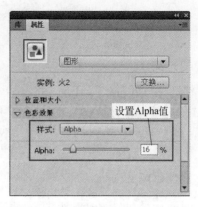

库
属性
图形
实例: 火2
交换...
位置和大小
色彩效果
设置Alpha值
样式: Alpha
Alpha:
16
%

图 18-17

(4) 完成"属性"面板上的设置,将元件垂直向上移动,效果如图 18-18 所示。分别在第 3～4 帧位置按 F7 键插入空白关键帧,根据"火 1"和"火 2"元件的制作方法,分别在第 3～4 帧上完成"火 3"和"火 4"元件的制作,效果如图 18-19 所示。

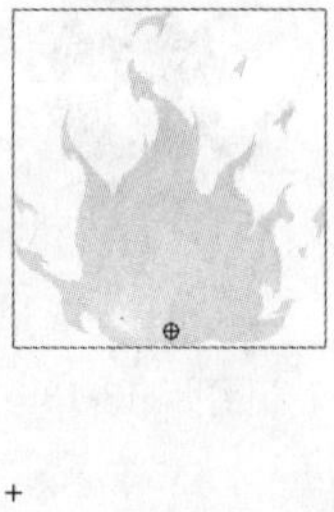

图 18-18

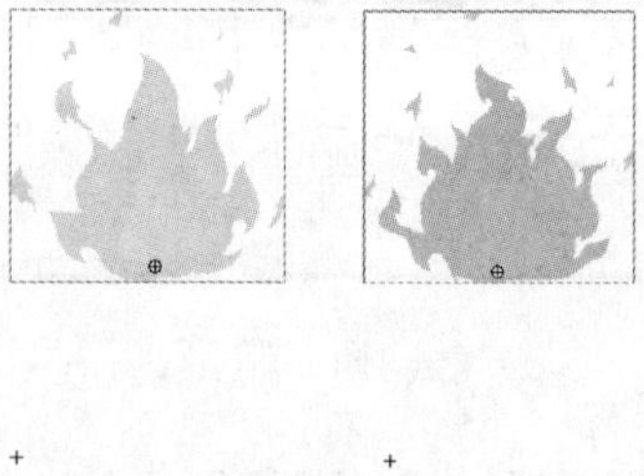

图 18-19

(5) 在第 5 帧位置按 F7 键插入空白关键帧,打开"库"面板,将"火 1"元件从"库"面板拖入到场景中,如图 18-20 所示。选中刚刚拖入场景的"火 1"元件,设置"属性"面板如图 18-21 所示,元件效果如图 18-22 所示。

图 18-20

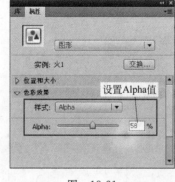

库
属性
图形
实例: 火1
交换...
位置和大小
色彩效果
设置Alpha值
样式: Alpha
Alpha:
58
%

图 18-21

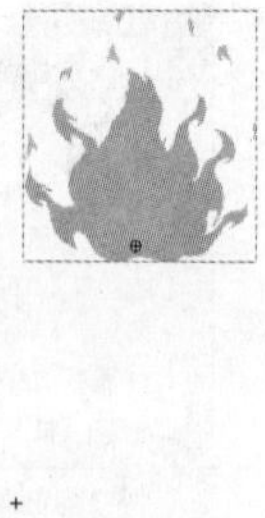

图 18-22

(6) 在第 6 帧位置按 F7 键插入空白关键帧,将"火 2"元件从"库"面板拖入到场景中,如图 18-23 所示。选中刚刚拖入场景的"火 2"元件,设置"属性"面板如图 18-24 所示,元件效果如图 18-25 所示。

图　18-23　　　　　　　　　　图　18-24　　　　　　　　　　图　18-25

操作提示　在制作火元件的时候,须要注意参考源文件,因为每帧上元件的摆放位置都是不一样的,都有一些细微的差别,书中截图无法表现得十分明显。

(7) 根据前面帧的制作方法,完成后面各帧的制作,场景效果如图 18-26 所示,"时间轴"面板如图 18-27 所示。

操作提示　在后面各帧的动画制作中,都是利用前面 4 帧上的元件完成的,只不过每帧上的元件位置和 Alpha 值有所变化,当时间轴连续播放时,就产生了火焰动画的效果。

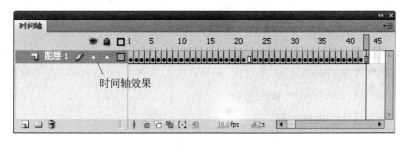

中心点

图　18-26　　　　　　　　　　　　　　　图　18-27

(8) 新建图层,根据"图层 1"的制作方法,完成"图层 2"~"图层 4"上动画效果的制作,场景效果如图 18-28 所示,"时间轴"面板如图 18-29 所示。

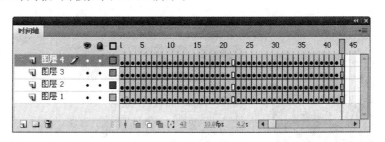

中心点

图　18-28　　　　　　　　　　　　　　　图　18-29

(9) 新建"图层 5",使用"钢笔工具"在场景中绘制图形,如图 18-30 所示,并将其转换成"名称"为"火 6"的"图形"元件,选中刚刚转换的图形元件,设置"属性"面板如图 18-31 所示。

图 18-30   图 18-31

（10）根据前面图层中动画的制作方法，可以完成"图层5"上其他帧和"图层6"上动画效果的制作，场景效果如图18-32所示，"时间轴"面板如图18-33所示。

图 18-32   图 18-33

操作提示 在制作的过程中可以回想一下在生活中看到的火焰，火焰的飘动方式，这样也许会给动画增添一些真实感。

步骤3 主场景动画

单击"编辑栏"上的"场景1"文字，返回"场景1"的编辑状态，选择"图层3"，在第39帧位置按F6键插入关键帧，将"火"元件从"库"面板拖入到场景中，场景效果如图18-34所示。

步骤4 存储并测试影片

完成火焰动画效果的制作，执行"文件"→"保存"命令，将动画保存为"CD\源文件\第6章\618_2.fla"。执行"控制"→"测试影片"命令，测试动画，效果如图18-35所示。

图 18-34   图 18-35

18.3　闪电效果

步骤1　打开文件

执行"文件"→"打开"命令，打开文件"CD\源文件\第 6 章\素材\素材 618_3.fla"，场景效果如图 18-36 所示，下面将在该动画的基础上为动画添加闪电的动画效果。

图　18-36

步骤2　制作闪电动画

（1）在"图层 9"上新建"图层 10"，在第 6 帧位置按 F6 键插入关键帧，执行"文件"→"导入"→"导入到舞台"命令，将图像"CD\源文件\第 6 章\素材\618_10.png"导入到场景中，如图 18-37 所示。执行"修改"→"分离"命令，将刚刚导入的图像分离成图形，如图 18-38 所示。

（2）在第 8 帧位置按 F6 键插入关键帧，选择第 6 帧上的图形，使用"橡皮擦工具"将图形相应部分擦除，如图 18-39 所示，分别在第 7 帧和第 9 帧位置按 F7 键插入空白关键帧。新建"图层 11"，在第 15 帧位置按 F6 键插入关键帧，执行"文件"→"导入"→"导入到舞台"命令，将图像"CD\源文件\第 6 章\素材\618_11.png"导入到场景中，如图 18-40 所示。

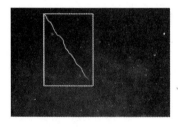

图　18-37

图　18-38

图　18-39

（3）保持图像的选中状态，执行"修改"→"分离"命令，将刚刚导入的图像分离成图形，如图 18-41 所示。分别在第 16 帧、第 18 帧和第 19 帧位置依次按 F6 键插入关键帧，选择第 15 帧上的图形，使用"橡皮擦工具"对图形进行相应的擦除，如图 18-42 所示。

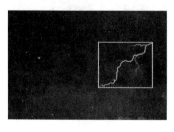

图　18-40

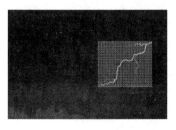

图　18-41

图　18-42

（4）选择第 16 帧上的图形，进行相应的擦除操作，如图 18-43 所示。再选择第 18 帧上的图形，进行相应的擦除，如图 18-44 所示，在第 20 帧位置按 F7 键插入空白关键帧。

操作提示　为了配合闪电动画效果的制作，通常在闪电出现前后还会有场景明显效果的变化，增加动画的真实感。

（5）新建图层，相同的制作方法，完成"图层12"至"图层18"上动画的制作，场景效果如图18-45所示，"时间轴"面板如图18-46所示。

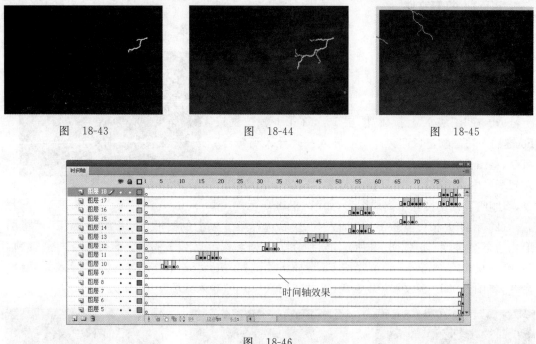

图 18-43   图 18-44   图 18-45

图 18-46

（6）新建"图层19"，在第81帧位置按F6键插入关键帧，将图像618_11.png从"库"面板拖入到场景并分离，如图18-47所示。分别在第84帧、第85帧、第87帧和第88帧位置依次按F6键插入关键帧，选择第84帧上的图形，使用"橡皮擦工具"将图形相应部分擦除，如图18-48所示。

（7）相同的制作方法，完成第85帧、第87帧和第88帧上图形效果的操作，如图18-49所示。在第90帧位置按F7键插入空白关键帧，在"时间轴"面板中拖动鼠标，同时选中第85～89帧，如图18-50所示。

图 18-47   图 18-48   图 18-49

（8）右击，在弹出的菜单中选择"复制帧"选项，选择第95～99帧，右击，在弹出的菜单中选择"粘贴帧"选项，如图18-51所示。选中刚刚粘贴的帧，如图18-52所示，右击，在弹出的菜单中选择"翻转帧"选项。

（9）相同的制作方法，可以完成其他帧上闪电动画的制作，场景效果如图18-53所示，"时间轴"面板如图18-54所示。

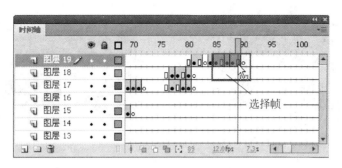

图 18-50

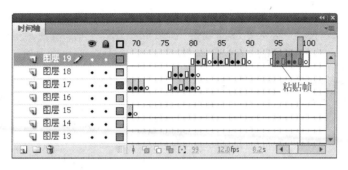

图 18-51

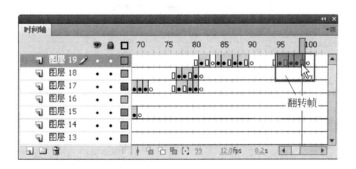

图 18-52

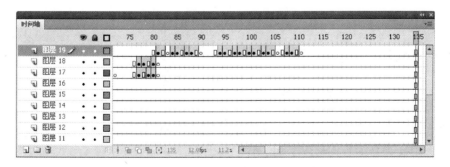

图 18-53

（10）根据"图层 19"的制作方法，完成其他层上闪电动画效果的制作，场景效果如图 18-55 所示，"时间轴"面板如图 18-56 所示。

二维动画设计与制作——Flash CS4中文版

图　18-54

图　18-55

（11）新建"图层28"，执行"文件"→"导入"→"导入到库"命令，分别将声音"CD\源文件\第6章\素材\sy618_03.wav和sy618_04.wav"导入到"库"面板。分别在第28帧和第51帧位置依次按F6键插入关键帧，设置"属性"面板如图18-57所示，在第65帧位置按F6键插入关键帧，设置"属性"面板如图18-58所示。

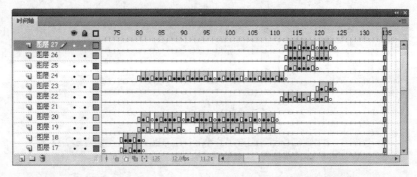

图　18-56

图　18-57

图　18-58

操作提示 在该步骤中主要是在相应的关键帧上加载声音文件，这里为第65帧加载声音文件并设置声音重复次数为20，因为声音文件比较短，如果不设置重复，声音文件根本没办法播放到动画结束，从而使最终动画效果大打折扣。

步骤3　存储并测试影片

完成动画中闪电效果的制作，执行"文件"→"另存为"命令，将动画保存为"CD\源文件\第6章\618-3.fla"。执行"控制"→"测试影片"命令，测试动画效果如图18-59所示。

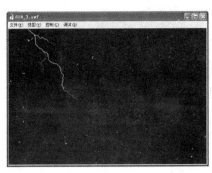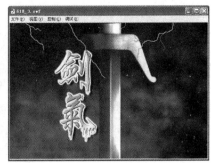

图 18-59

课堂练习

任务背景：通过本课的学习,东东已经基本掌握几种基本的天气效果制作方法,并且能够很好地实现自然现象的动态效果,接下来需要东东在通过本课的学习后,能运用天气来烘托动画的气氛和人物的内心世界。

任务目标：绘制不同的天气并利用天气表达动画的氛围和人物的内心世界。

任务要求：天气要与动画所要表达的内容或情感相符,例如下雨天能增添悲伤的氛围等。

任务提示：本书的篇幅毕竟有限,况且如何更好地运用天气来表达动画和动画角色的内心世界,并不是通过书本就可以完全讲述的,必须在生活中不断地发现和积累,细心观察,积累经验。

练习评价

项　　目	标准描述	评定分值	得　分
基本要求 60 分	绘制不同的天气	30	
	是否可以很好地表现出动画的氛围和人物的内心世界	30	
拓展要求 40 分	动画与其中的天气元素所表达的东西是否相符	40	
主观评价		总分	

本课小结

　　本课主要讲解了如何运用各种不同的工具,完成天气变化的绘制,并利用"传统补间"和"逐帧动画"效果完成风雨雷电的动态效果的制作。完成本课的学习后,读者需要能够掌握如何更好地制作出雨、闪电和火的动态效果,并能利用天气表达动画当时的气氛和角色的内心世界。

课外阅读

不同自然现象的运动规律和表现方法

　　风　风是日常生活中最为常见的一种自然现象,空气流动便是为风,风是无形的气流。人们是无法直接辨认风的形态和气流运动的。风的强弱,必须通过被风吹动的物体所产生的运动来表现。如果想了解风的运动规律,掌握对风的表现方法,只有去研究被风吹动的各种物体的运动规律。

　　光影　光影既要充分发挥光的颜色、阴影及光的象征性特征,又要尽可能地减少灯光装置和光源,与动画里面的人物融为一体,创造出千姿百态、柔和谐美的光空间,让浏览者在观看 Flash 动画的同时了解光影动画效果。

云　云在动画片中的形象是多种多样的,既可以用比较写实的方法加以表达,又可以作为装饰风格的图。云在运动时,外形要适当变化,运动速度较慢。云既可以是整块云团的飘动,也可以是由一块大的云团分裂成若干份小的云团。

烟　烟主要分为两类,一类是浓烟;一类是轻烟。浓烟包括火车头冒出的蒸汽、烟囱冒出的烟、汽车驶过扬起的灰尘等。画浓烟时要注意它的外形变化和内在结构,运动速度可根据需要进行调整。而轻烟包括香炉里冒出的烟、烟圈等。画轻烟时要注意其造型的变化,轻烟通过不断上升、拉长和弯曲而缓慢变化。

课后思考

(1) 在制作自然现象的动画效果时,最重要的还是各种自然现象图形效果的绘制,例如雨、闪电等,读者在课后需要多多的观察,思考这些图形的绘制方法。

(2) 在自然界中其他的一些自然现象,例如阳光、微风、烟雾等,这些自然现象在 Flash 动画中应该如何去表现? 读者可以自己动手制作一些这样的动画效果。

第19课　水

在不同的 Flash 动画中,水会在其中扮演着不同的动画角色,例如实现雄伟的瀑布效果、清晨草地上晶莹的露珠、动画中主人公的泪水等。在动画中很好地利用水元素,不但可以为动画营造出意想不到的效果,还可以更好地表现出动画的思想。

课堂讲解

任务背景:东东在完成了以天气为主题的动画后,心情非常愉悦,对动画的兴趣也是越发不可收拾。这是一个美好的清晨,东东一大早就出去散步,走在松软的草坪上呼吸着清晨新鲜的空气,突然发现小草上满是晶莹的小露珠,在阳光的照射下是那么的晶莹剔透,就在这时东东决定了下一步要完成的动画效果就是大自然中不同的水效果。在观察了一会儿后,东东回到了家里,坐在电脑前开始回想着曾经看到的水效果,不停地在网上搜集着资料,开始了下一步的动画制作。

任务目标:在 Flash 动画中加入水的动画效果。

任务分析:在制作不同的水效果前,再一起回到现实生活中去观察一下不同的水的运动规律。例如人们的泪水、每天清晨草地上的露珠、优美的瀑布等。其实不管是电影还是动漫一切都来自于生活,想制作出好的作品,在生活中寻找灵感是一种很好的方法,只有对动画中的每个元素有了了解,才能制作出优秀的作品。

19.1　露珠效果

步骤1　打开文件

执行"文件"→"打开"命令,打开文件"CD\源文件\第 6 章\素材\619_1.fla",场景效果如图 19-1 所示,下面将在该动画中添加露珠的动画效果。

步骤 2　制作露珠动画效果

（1）执行"插入"→"新建元件"命令，新建一个"名称"为"露珠"的"图形"元件，如图 19-2 所示。单击工具箱中的"椭圆工具"按钮，在场景中绘制椭圆形，并使用"选择工具"对所绘制的椭圆形进行调整，图形效果如图 19-3 所示。

图　19-1　　　　　　　　　　图　19-2　　　　　　　　　　图　19-3

（2）选中刚刚绘制的图形，打开"颜色"面板，设置其"填充颜色"为从 Alpha 值为 0％的 #EAF5F8 到 Alpha 值为 30％的#99CC00 到 Alpha 值为 44％的#669900 到 Alpha 值为 0％的 #99CC00 的"线性"渐变，"笔触颜色"为无，如图 19-4 所示，图形效果如图 19-5 所示。

（3）单击工具箱中的"渐变工具"按钮，调整图形上渐变填充的角度，如图 19-6 所示。新建"图层 2"，使用"椭圆工具"在场景中绘制椭圆，如图 19-7 所示。

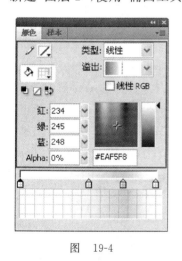

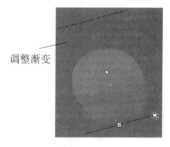

图　19-4　　　　　　　　　　图　19-5　　　　　　　　　　图　19-6

（4）选择刚刚绘制的椭圆形，在"颜色"面板中设置其"填充颜色"为从 Alpha 值为 0％的#FFFFFF 到 Alpha 值为 86％的#FFFFFF 的"放射状"渐变，"笔触颜色"为无，如图 19-8 所示，图形效果如图 19-9 所示。

（5）单击工具箱中的"渐变工具"按钮，调整图形上渐变填充的角度，如图 19-10 所示。新建"图层 3"，使用"椭圆工具"在场景中绘制图形，如图 19-11 所示。选择"图层 2"上的图形，复制该图形，选择"图层 1"，原位粘贴所复制的图形，并将复制得到的图形删除，如图 19-12 所示。

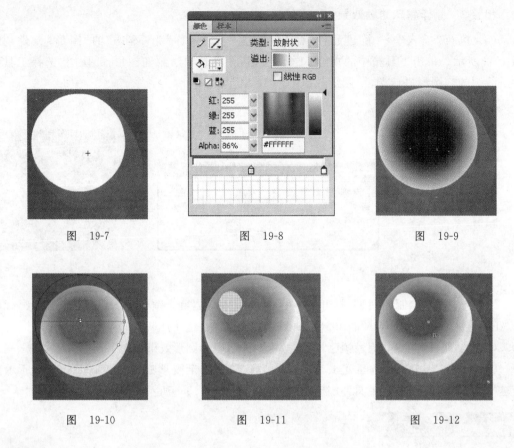

图 19-7   图 19-8   图 19-9

图 19-10   图 19-11   图 19-12

操作提示 此处的操作是为了将多余的部分删除，为露珠增添质感和美观性，相信读者通过上面的截图可以清晰地看到没有删除前后图像的对比，露珠一向都是晶莹剔透的，所以要将多余处删除。

（6）执行"插入"→"新建元件"命令，新建一个"名称"为"露珠动画"的"影片剪辑"元件，将"露珠"元件从"库"面板拖入到场景中，如图 19-13 所示，并设置"属性"面板如图 19-14 所示。

图 19-13   图 19-14

（7）在第 20 帧位置按 F6 键插入关键帧，修改"属性"面板如图 19-15 所示，并相应的移动元件的位置，如图 19-16 所示。

图　19-15

图　19-16

（8）相同的方法，可以完成露珠动画效果的制作，场景效果如图 19-17 所示，"时间轴"面板如图 19-18 所示。新建"图层 2"，在第 70 帧位置按 F6 键插入关键帧，打开"动作-帧"面板，在面板中输入"stop（）;"脚本语言。

图　19-17

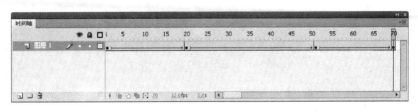

图　19-18

操作提示　在本步骤中制作的是露珠向下滑动并渐隐消失的动画效果，在本步骤中并没有进行详细的讲解，读者也可以参考源文件。

步骤 3　制作主场景动画

单击"编辑栏"上的"场景 1"文字，返回"场景 1"的编辑状态，在"图层 11"的第 20 帧位置按 F6 键插入关键帧，将"露珠动画"元件从"库"面板拖入到场景中，如图 19-19 所示。相同的制作方法，完成"图层 12"～"图层 16"的制作，如图 19-20 所示。

图　19-19

图　19-20

操作提示　在摆放露珠的位置时要注意露珠的位置要在叶子上或在叶子上经过，还要注意露珠滚动的时间差制作出先后效果。

步骤 4　存储并测试影片

完成动画中露珠动画效果的制作,执行"文件"→"保存"命令,将动画保存为"CD\源文件\第 6 章\619_1.fla"。执行"控制"→"测试影片"命令,测试动画效果如图 19-21 所示。

图　19-21

19.2　瀑布

步骤 1　创建元件

(1) 执行"文件"→"新建"命令,新建一个 Flash 文档,如图 19-22 所示。单击"属性"面板上的"编辑"按钮,在弹出的"文档属性"对话框中设置如图 19-23 所示,单击"确定"按钮,完成"文档属性"的设置。

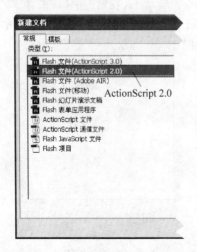

图　19-22　　　　　　　　　　　　　　　　　　图　19-23

（2）执行"插入"→"新建元件"命令，新建一个"名称"为"云动画"的"影片剪辑"元件。执行"文件"→"导入"→"导入到舞台"命令，将图像"CD\源文件\第6章\素材\619_02.png"导入场景，如图19-24所示。

（3）选择刚刚导入的图形，按F8键将其转换成"名称"为"云"的"图形"元件。在第240帧位置按F6键插入关键帧，将元件水平向左移动，如图19-25所示，在第1帧位置创建传统补间动画。

图 19-24   图 19-25

（4）新建"图层2"，相同的制作方法，完成"图层2"中云飘动效果的制作，场景效果如图19-26所示。

图 19-26

步骤2　制作主场景动画

（1）单击"编辑栏"上的"场景1"文字，返回到"场景1"的编辑状态，执行"文件"→"导入"→"导入到舞台"命令，将图像"CD\源文件\第6章\素材\619_03.png"导入场景，如图19-27所示，在第175帧位置按F5键插入帧。新建"图层2"，将"云动画"元件从"库"面板拖入到场景中，如图19-28所示。

（2）新建"图层3"，单击工具箱中的"钢笔工具"按钮，在场景中绘制图形，如图19-29所示。选中刚刚绘制的图形，按F8键将其转换成"名称"为"水纹1"的"图形"元件，如图19-30所示。

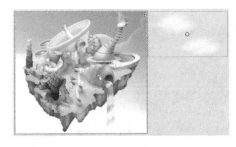

图 19-27   图 19-28   图 19-29

（3）在第2帧位置按F7键插入空白关键帧，使用"钢笔工具"在场景中绘制图形，如图19-31所示。选择刚刚绘制的图形，按F8键将其转换成"名称"为"水纹2"的"图形"元件,如图 19-32 所示。

图 19-30　　　　　　　　图 19-31　　　　　　　　图 19-32

(4) 拖动鼠标同时选中"图层 3"上第 6~175 帧,右击,在弹出的菜单中选择"删除帧"选项,删除选中的帧,如图 19-33 所示。同时选中第 1~5 帧,如图 19-34 所示,右击,在弹出的菜单中选择"复制帧"选项,复制帧。

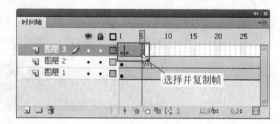

图 19-33　　　　　　　　　　　　　　　　图 19-34

操作提示 因为在后续的制作过程中,基本上都是由复制帧和粘贴帧来完成,如果不事先将后面没用的空帧删除,在粘贴帧的时候,后面会自动生成帧给后续的制作带来不便。

(5) 在"图层 3"第 6 帧位置右击,在弹出的菜单中选择"粘贴帧"选项,粘贴所复制的帧,如图 19-35 所示。相同的制作方法,可以完成"图层 3"其他帧的制作,如图 19-36 所示。

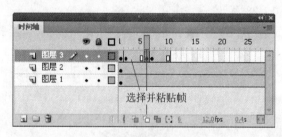

图 19-35

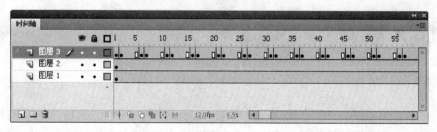

图 19-36

（6）根据"图层3"的制作方法，完成"图层4"和"图层5"的制作，场景效果如图19-37所示，"时间轴"面板如图19-38所示。

步骤3　存储并测试影片

完成瀑布动画效果的制作，执行"文件"→"保存"命令，将动画保存为"CD\源文件\第6章\619_2.fla"。执行"控制"→"测试影片"命令，测试动画效果如图19-39所示。

图　19-37

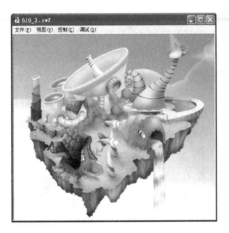

图　19-38

图　19-39

19.3　眼泪

步骤1　打开元件

执行"文件"→"打开"命令，打开文件"CD\源文件\第6章\素材\619_3.fla"，场景如图19-40所示，下面将在该动画的基础上为动画中的人物添加眼泪的动画效果。

操作提示 在制作泪水元件前，一定要先观察一下场景的动画，毕竟人物是在场景动画中，泪水的走向、位置和大小还是要根据人物的脸部来放置和制作的，所以在制作前仔细地观察一下场景元件还是有必要的。

步骤2　创建元件

（1）执行"插入"→"新建元件"命令，新建一个"名称"为"眼泪动画"的"影片剪辑"元件。单击工具箱中的"椭圆工具"按钮，设置"属性"面板如图19-41所示。

图　19-40　　　　　　　　　　　　　　　　　　图　19-41

　　（2）按住 Shift 键，在场景中绘制正圆形，如图 19-42 所示。使用"选择工具"选择图形，按 Ctrl＋C 快捷键复制图形，再按 Shift＋Ctrl＋V 快捷键，将图形粘贴在原位置，并使用"任意变形工具"将图形等比例缩小，如图 19-43 所示。

　　（3）拖动鼠标将图形全部选中，按 F8 键将其转换成"名称"为"圆"的"图形"元件。选中元件，设置其 Alpha 值为 53％，元件效果如图 19-44 所示，在第 105 帧位置按 F5 键插入关键帧。

　　（4）新建"图层 2"，将"圆"元件从"库"面板拖入到场景中，并将其调整到合适的大小和位置，如图 19-45 所示。新建"图层 3"，在第 8 帧位置按 F6 键插入关键帧，将"圆"元件从"库"面板拖入到场景中，并调整到相应的大小和位置，如图 19-46 所示。

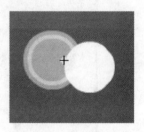

图　19-42　　　　　　图　19-43　　　　　　图　19-44　　　　　　图　19-45

　　（5）在第 12 帧位置按 F6 键插入关键帧，选中该帧上的元件，设置"属性"面板如图 19-47 所示，元件效果如图 19-48 所示，在第 8 帧位置创建传统补间动画。

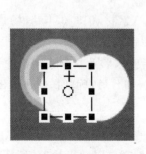

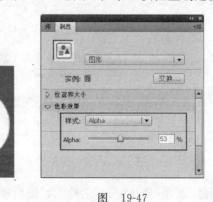

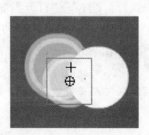

图　19-46　　　　　　　　　图　19-47　　　　　　　　　图　19-48

（6）新建"图层4"，在第24帧位置按F6键插入关键帧，单击工具箱中的"刷子工具"按钮，设置"属性"面板如图19-49所示，在场景中绘制图形，如图19-50所示。

（7）在第45帧位置按F6键插入关键帧，相同的方法，使用"刷子工具"在场景中绘制图形，如图19-51所示，在第24帧位置创建补间形状动画。在第46帧位置按F6键插入关键帧，按F8键将其转换成"名称"为"泪线"的"图形"元件。

图　19-49

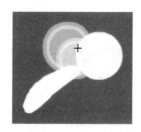
图　19-50

图　19-51

（8）在第58帧位置按F6键插入关键帧，选中该帧上的元件，设置"属性"面板如图19-52所示，在第46帧位置创建传统补间动画。新建"图层5"，在第25帧位置按F6键插入关键帧，使用"刷子工具"在场景中绘制图形，如图19-53所示。

（9）选中刚刚所绘制的图形，按F8键将其转换成"名称"为"泪滴"的"图形"元件。在第45帧位置按F6键插入关键帧，调整该帧上元件的位置，如图19-54所示。

图　19-52

图　19-53

图　19-54

（10）在第58帧位置按F6键插入关键帧，选择该帧上的元件，设置"属性"面板如图19-55所示。打开"库"面板，双击"组合动画"元件，进入该元件的编辑状态，在"图层10"的第6帧位置按F6键插入关键帧，将"泪水动画"元件从"库"面板拖入到场景中，如图19-56所示。

（11）在第18帧、第211帧和第228帧位置依次按F6键插入关键帧，分别选择第6帧和第228帧上的元件，依次设置"属性"面板如图19-57所示，元件效果如图19-58所示。

（12）再分别选择第18帧和第211帧上的元件，依次设置"属性"面板如图19-59所示，场景效果如图19-60所示。在第229帧位置单击，按F7键插入空白关键帧，分别在第6帧和第211帧位置创建补间动画。

图 19-55

图 19-56

图 19-57

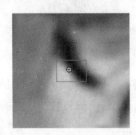

图 19-58

图 19-59

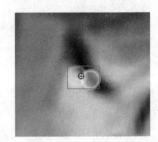

图 19-60

步骤3 存储并测试影片

完成眼泪动画效果的制作,执行"文件"→"保存"命令,将动画保存为"CD\源文件\第6章\619_3.fla"。执行"控制"→"测试影片"命令,测试动画效果如图19-61所示。

图 19-61

课堂练习

任务背景:通过本课的学习,东东已经对大自然中水的运动规律以及在Flash动画中的表现形式和方法有了基本的掌握。接下来东东需要做的就是,留心观察生活中的自然现象,多多地练习,将这些自然的运动规律运用到Flash动画中。

任务目标：练习如何将自然运动制作成 Flash 动画效果，包括河水流动、阳光照射等。

任务要求：了解大自然中各种现象的运动规律，并能够将这些大自然中的运动规律很好地运用到 Flash 动画中去。

任务提示：在制作自然界中各种现象的运动规律之前，需要能够细心地去观察、了解自然现象的运动规律，再动手去制作 Flash 动画效果，读者也可以在网络上多多观看一些成功的 Flash 作品中对这些自然现象的表现方法，逐步提高自己。

练习评价

项　　目	标　准　描　述	评定分值	得　分
基本要求 60 分	绘制出阳光的效果	30	
	制作出阳光照射的动画效果	30	
拓展要求 40 分	制作出阳光照射、风吹草动的浪漫春天效果	40	
主观评价		总分	

本课小结

本课主要讲解了如何使用 Flash 中的基本工具完成水滴效果的绘制，并通过使用"传统补间"和"补间形状"制作出露珠滴落的动态效果，并且还讲解了如何表现瀑布的动画制作方法。

课外阅读

制作 Flash 动画的一些经验和技巧

1. 绘制图形时避免过多的矢量点

如果使用过多的矢量点就会增加文件的大小以及减慢动画的播放速度，这样就使动画变得不流畅，可以通过执行"修改"→"形状"→"优化"命令，减少对象中的矢量点数。

2. 保持动画中字体数目最少

有许多刚刚接触 Flash 动画制作的设计者，常常会使用大量的字体，但事实上这种做法是错误的，在 Flash 动画中使用过多的字体会增加文件的大小，不利于 Flash 动画在网络上的传播。

3. 尽量少使用位图

位图比矢量图的体积大很多，所以在制作 Flash 动画的过程中应该尽量减少使用位图图像。

4. 把每个元素放在自己的层，尤其是像动画背景这样的大对象

这样可以使动画重绘得更快。如果使用了逐帧动画，动画的要求也会很高。为了避免这些，注意将背景保存在独立的一个静态层。

5. 在不同的浏览器/平台/机器上测试动画

在动画制作完成后，在不同的计算机上进行测试，以确保在任何地方都能够正常地浏览和播放。

课后思考

（1）如何使自然界中每一种水的形态在 Flash 动画中表现得更加自然？

（2）在制作水流的动画效果时，除了可以使用逐帧动画的形式外，还可以使用其他的什么形式？

第 7 章

动画中的音效

知识要点

- 如何在 Flash 中导入声音
- 如何为动画添加声音效果
- 在 Flash 中声音的编辑
- 掌握在 Flash 中对声音进行压缩

- 如何在按钮中添加声音
- 了解 Windows 录音机
- 掌握 Adobe Audition 软件的使用

第20课　在Flash中加入声音

在 Flash 动画中插入声音,需要考虑 Flash 所支持的文件格式,选择适合的文件格式才能将其导入到 Flash 中进行使用或编辑。在 Flash 动画中插入声音一般分为为按钮添加声音和为影片剪辑添加声音两种类型。

本课主要讲解如何在 Flash 动画中插入声音、对声音进行各种控制及如何编辑和使用声音。通过本课的学习,使读者在制作 Flash 动画时能熟练运用声音,来丰富动画的表现效果。

课堂讲解

任务背景：小王经过一个阶段的 Flash 动画制作学习,已经可以熟练地制作出生动的 Flash 动画,但是总感觉动画中缺少些什么,一次通过在互联网上欣赏别人制作的动画时,他发现可以为 Flash 动画添加声音,于是他尝试着为自己制作的动画添加声音……

任务目标：掌握如何在 Flash 中导入声音、添加声音、编辑声音和压缩声音。

任务分析：Flash 动画最突出的特点之一就是可以为动画添加声音,通过为动画添加声音,可以使 Flash 动画更加生动、更好地表达 Flash 动画的含义。

20.1　导入声音

声音的导入和其他类型文件的导入其实是相同的,执行"文件"→"导入"→"导入到库"命令,弹出"导入到库"对话框,选择需要导入的一个或多个声音文件,如图 20-1 所示,然后单击"打开"按钮,即可将声音文件导入到"库"面板中,如图 20-2 所示。

操作提示 所有导入 Flash 中的声音都会自动添加到该文档的"库"面板中。这样可以在作品中以不同的方式重复使用"库"中的声音文件,来实现各种声音效果。

图 20-1   图 20-2

20.2 声音的类型和添加声音

在 Flash 中有两种类型的声音:事件声音和流式声音。

1. 事件声音

事件声音就是指将声音与一个事件相关联,只有当该事件被触发时,才会播放声音。事件声音必须完全下载后才能开始播放。这种播放类型适用于体积小的声音文件。

2. 流式声音

所谓流式声音,就是边下载边播放的声音。这种声音需要使用脚本调用来进行控制,不需要声音文件导入到 Flash 中,利用这种驱动方式,可以在整个动画范围内同步播放和控制声音。如果动画播放停止,声音也会停止。这种播放类型一般用于体积大,需要同步播放的声音文件。

当声音文件被导入到 Flash 文件后,就可以在时间轴上添加声音文件了。

步骤1 在"属性"面板上添加声音

首先需要将声音文件导入到 Flash 影片文件中,新建一个图层用来放置声音,选中需要加入声音的关键帧,单击"属性"面板中"声音"标签下的"名称"选项,选择想要添加的声音文件,如图 20-3 所示,即可在"时间轴"上添加声音如图 20-4 所示。

步骤2 将声音直接拖入到场景中

选中需要加入声音的关键帧,将"库"面板中的声音文件直接拖入到场景中,即可在相应的关键帧上添加声音,如图 20-5 所示。

图 20-3

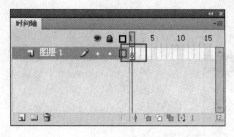
图　20-4

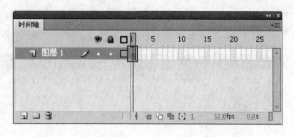
图　20-5

如果希望声音长时间播放，可以延长该图层的帧，如图 20-6 所示。

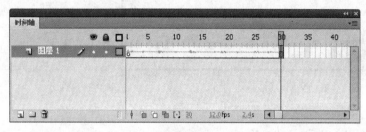
图　20-6

20.3　编辑声音

声音被使用后，可以对声音进行编辑，主要包括"效果的编辑"、"声音的同步"、"循环"等。

步骤 1　声音效果的编辑

在"属性"面板中，从"效果"下拉列表框中选择效果选项，如图 20-7 所示。

- 无：不对声音应用效果，选择这个选项将删除以前应用的效果。
- 左声道/右声道：只在左或右声道中播放声音。
- 从左到右淡出/从右到左淡出：会将声音从一个声道切换到另一个声道。
- 淡入：会在声音的持续时间内逐渐增加其幅度。
- 淡出：会在声音的持续时间内逐渐减小其幅度。
- 自定义：可以通过"编辑封套"对话框创建自己的声音淡入和淡出设置。

可以使用"属性"面板中的声音编辑控件，定义声音的起始点或控制播放的音量。单击"属性"面板中右侧的"编辑声音封套"按钮，弹出"编辑封套"对话框，如图 20-8 所示。

通过该对话框可以修改声音播放的音量，不仅可以实现简单的淡入、淡出效果，还可以实现一些复杂的声效。改变音量是通过音量线来实现的，音量线上的小方块是调节手柄，用鼠标拖动它来调节音量线的高低以达到调节某一时刻声音音量大小的目的。音量线越高表明该处的音量越大；反之，音量线越低说明该处的声音越小。如果要设置复杂的效果，还可以在音量线上的任意位置单击增加调节手柄的数量，如图 20-9 所示。

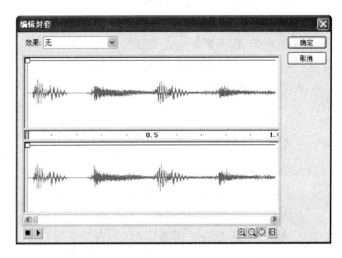

<table>
<tr><td>图　20-7</td><td>图　20-8</td></tr>
</table>

图　20-7　　　　　　　　　　　　　　　　图　20-8

步骤2　声音的同步与循环

Flash影片中和声音相关的、最常见的任务就是在动画的关键帧上开始或停止播放声音，使声音和动画保持同步。

要在关键帧上开始或停止播放声音，首先在声音层为影片添加声音，如果要使声音和场景中的事件保持同步，可以为声音选择一个开始关键帧或停止关键帧，该关键帧将和场景中的事件关键帧相对应，然后在"属性"面板的"同步"下拉列表框中选择"开始"或"停止"选项，如图20-10所示。

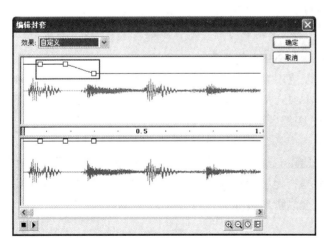

图　20-9　　　　　　　　　　　　　　　　图　20-10

如果希望声音重复播放，可以在"声音循环"右侧的文本框中输入要重复的次数，默认为播放一次。如果希望声音连续播放，可以在"声音循环"下拉列表中选择"循环"选项即可，如图20-11所示。

- 事件：此选项会将声音和一个事件的发生过程同步起来。事件声音在它的起始关键帧开始显示时播放，并独立于时间轴播放整个声音，即使影片停止也继续播放。当播放发布的影片时，事件声音混合在一起。
- 开始：此选项和"事件"选项是一样的，但如果声音正在播放，就不会播放新的声音实例。
- 停止：此选项将使指定的声音静音。
- 数据流：此选项用于在 Internet 上同步播放声音，Flash 会协调动画与声音流，使动画与声音同步。如果 Flash 显示动画帧的速度不够快，Flash 会跳过一些帧。与事件声音不同的是，如果声音过长而动画过短，声音流将随着动画的结束而停止播放。声音流的播放长度绝不会超过它所占的长度。发布影片时，声音流混合在一起播放。

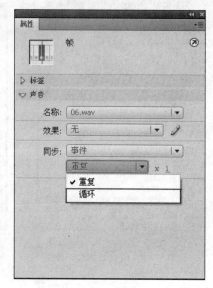

图 20-11

步骤 3　使用行为控制声音播放

可以使用声音行为来控制声音播放。行为是预先编写的 ActionScript 脚本，可以将它

图 20-12

们应用于对象，例如按钮，以便控制目标对象，例如声音。

执行"窗口"→"行为"命令，打开"行为"面板，单击"添加行为"按钮，在弹出的菜单中选择"声音"选项下的任意一项命令，如图 20-12 所示，即可为对象添加行为。

操作提示　行为可以使用户将 ActionScript 编码的强大功能、控制能力和灵活性添加到文档中，而不必自己创建 ActionScript 代码。

可以使用"从库加载声音"或"加载 MP3 流文件"行为将声音添加到文档。使用这些行为添加声音将会创建声音的实例，实例名称将用于控制声音。

"播放声音"、"停止声音"和"停止所有声音"行为可以控制播放。要使用这些行为，必须使用其中一种"加载"行为加载声音。要使用行为播放或停止声音，可以使用"行为"面板将该行为应用于触发对象上，例如按钮，需要指定触发行为的事件，例如单击按钮，选择目标对象，即行为将影响的声音，并设置行为参数以指定将如何执行行为。

20.4　声音的压缩

将 Flash 动画导入到网页中时，由于网络速度的限制，必须考虑制作 Flash 动画的大小，尤其是带有声音的文件。在导出时，压缩声音可以在不影响动画效果的同时减少数据量。可以为单个事件声音选择压缩选项，然后按这些设置导出单独的声音，也可以为单个的流式声音选择压缩选项，但是影片中的所有流式声音将作为一个流式文件导出，并且在导出时采用应用于单个流式声音中的最高设置。

使用"声音属性"对话框中的导出设置,可以很好地控制单个声音文件的导出质量和大小。如果没有定义声音的导出设置,则 Flash 将使用"发布设置"对话框中系统默认的声音设置来导出声音,也可以按照自己的需要,在"发布设置"对话框中输入值。例如,如果在本地播放 Flash 影片,则可以创建高保真的音频效果;反之,如果影片要在 Web 上播放,则适当降低保真效果、缩小声音文件是非常必要的。

但是在导出影片时,采样率和压缩比将显著影响声音的质量和大小。压缩比越高、采样率越低则文件越小且音质越差。要想取得最好的效果,必须不断地尝试才能获得最佳平衡。

当使用导入的 MP3 文件时,可以选择使用导入时的设置以 MP3 格式导出文件。

操作提示 MP3 最大的特点就是能以较小的比特率、较大的压缩比达到近乎完美的 CD 音质。所以,MP3 格式对 WAV 音乐文件进行压缩既可以保证效果,又可以达到了减少数据量的目的。

双击"库"面板中的声音元件图标,如图 20-13 所示,弹出"声音属性"对话框,如图 20-14 所示,在该对话框中可以对声音进行导出设置。

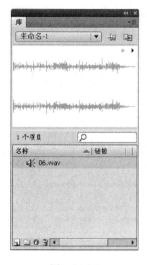

图　20-13

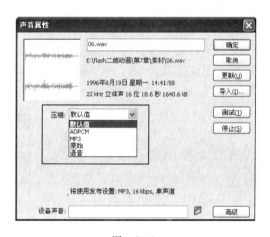

图　20-14

步骤 1　"默认"压缩选项

如果从"压缩"下拉列表框中选择"默认值"选项,表示在导出影片时使用"发布设置"对话框中默认的压缩设置,该设置没有附加设置可供选择。

步骤 2　使用 ADPCM 压缩选项

选择 ADPCM 压缩选项就是设置 8 位或 16 位声音数据的压缩。当导出较短小的事件声音时,如按钮的声音,即可选择此设置,如图 20-15 所示。

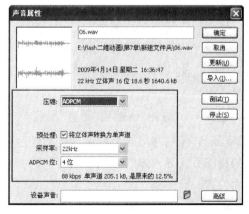

图　20-15

选中"将立体声转换为单声道"复选框,可以将混合立体声声音转换为单声道,单声道声音将不受此选项的影响。

在"采样率"下拉列表框中设置导出文件的采样率。采样率越高,声音的保真效果越好,文件也越大。低采样率可以节省磁盘空间。无论单声道还是立体声,都可以选用以下"采样率"选项。

- 5kHz的采样率只能达到人们讲话的声音质量。
- 11kHz的采样率是播放一小段音乐的最低标准,是标准CD采样率的1/4。
- 14kHz的采样率是目前众多因特网所选择的播放声音的采样率,是标准CD采样率的1/2。考虑到目前的网络速度,建议在制作Flash动画时采用14kHz的采样率。
- 22kHz是用于Web播放的常用选择,这是标准CD采样率的1/2。
- 44kHz的采样率是标准的CD音质,可以达到很好的听觉效果。

操作提示 由于Flash不能增强音质,因此如果某段声音是以11kHz的单声道录制的,则该声音在导出时将仍保持11kHz单声道,即使将其采样率更改为44kHz立体声也是无效的。

步骤3 使用MP3压缩选项

选择MP3压缩选项可以用MP3压缩格式导出声音。在需要导出较长的流式声音,如歌曲时,即可使用该选项,如图20-16所示。

在"预处理"选项区中选中"将立体声转换为单声道"复选框会将混合立体声转换为单声道。

"比特率"下拉列表框中的选项用于决定导出的声音文件中每秒播放的位数,Flash支持8~160Kbps。当导出音乐时,将比特率设置为16Kbps或更高将获得非常好的效果。

"品质"下拉列表框中的选项可以确定压缩速度和声音质量。其中,"快速"可以使压缩速度加快而使声音质量降低;"中"可以获得稍微慢一些的压缩速度和高一些的声音质量;"最佳"可以获得最慢的压缩速度和最高的声音质量。

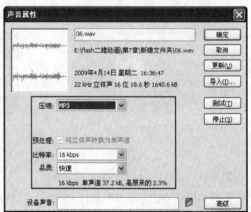

图 20-16

步骤4 "原始"压缩和"语音"压缩

"原始"压缩选项导出的声音是不经过压缩的。"语音"压缩选项使用一个特别适合于语音的压缩方式导出声音,11kHz为推荐的语音质量,如图20-17所示为"原始"压缩和"语音"压缩设置。

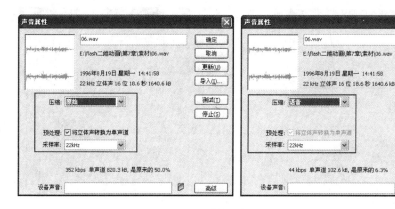

图　20-17

20.5　为按钮添加声音

声音可以与按钮元件的不同状态相关联，声音文件与按钮元件是一同保存的。将声音文件插入到按钮元件的相关帧处，当播放该帧时就会播放此声音文件。

步骤 1　新建文档

执行"文件"→"新建"命令，新建一个 Flash 文档，如图 20-18 所示，单击"属性"面板上的"编辑"按钮，在弹出的"文档属性"对话框中设置如图 20-19 所示，单击"确定"按钮，完成"文档属性"的设置。

图　20-18　　　　　　　　　　　　　图　20-19

步骤 2　创建按钮元件

（1）执行"插入"→"新建元件"命令，新建一个"名称"为"首页"的"按钮"元件，如图 20-20 所示，执行"文件"→"导入"→"导入到舞台"命令，将图像"CD\源文件\第 7 章\素材\20502.png"导入到场景中，如图 20-21 所示。

（2）分别在"指针经过"帧和"按下"帧位置按 F6 键插入关键帧，选择"指针经过"帧上的图像，调整图像大小如图 20-22 所示。新建"图层 2"，单击工具箱中的"文本工具"按钮 [T]，在"属性"面板上设置如图 20-23 所示。

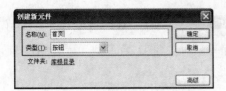

图 20-20

图 20-21

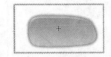

图 20-22

图 20-23

（3）设置完成后，在舞台中输入文字，如图 20-24 所示，并在"点击"帧位置按 F7 键插入空白关键帧。新建"图层 3"，执行"文件"→"导入"→"导入到库"命令，将声音"CD\源文件\第 7 章\素材\sy20501.mp3"导入到"库"面板中，在"指针经过"帧位置按 F6 键插入关键帧，在"属性"面板中选择要添加的声音文件，如图 20-25 所示。

图 20-24

（4）在"按下"帧位置按 F7 键插入空白关键帧，"时间轴"面板如图 20-26 所示。

步骤 3　制作场景动画

单击"编辑栏"上的"场景 1"文字，返回到"场景 1"编辑状态，执行"文件"→"导入"→"导入到舞台"命令，将素材图像"CD\源文件\第 7 章\素材\20501.png"导入到场景中，如图 20-27 所示。新建"图层 2"，将"首页"元件从"库"面板拖入到场景中，如图 20-28 所示。

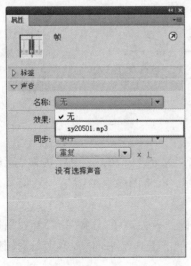

图 20-25

图 20-26

图 20-27

步骤 4 测试动画

完成为按钮添加声音效果的制作,执行"文件"→"保存"命令,将动画保存为"CD\源文件\第 7 章\20-5.fla"。执行"控制"→"测试影片"命令,预览动画效果如图 20-29 所示,将鼠标移至按钮上时,就可以听到添加在按钮上的声音。

图 20-28   图 20-29

操作提示 在影片剪辑中添加声音文件与按钮添加影片剪辑的方法是相同的,都是在声音层相应的位置插入关键帧,然后在"属性"面板上选择要添加的声音,也可以使用其他一些方法,例如,将声音文件直接拖入到场景中,或是通过使用 ActionScript 脚本重新载入。

课堂练习

任务背景:通过本课的学习,小王已经基本掌握如何在 Flash 中添加声音文件,了解了在 Flash 中,既可以使用声音独立于时间轴连续播放,又可以使声音和动画保持同步。而且 Flash 提供了最优化的压缩方式,可以保证添加声音的动画文件尽可能地变小。

任务目标:为其他一些动画添加声音。

任务要求:制作完成的动画,需要为其添加声音,首先要查看声音文件的大小,需要使用什么方式为动画添加声音及如何对声音进行编辑。

任务提示:声音是 Flash 动画的点睛之笔,读者要从基本入手,详细地了解如何将声音与动画相融合。

练习评价

项　　目	标　准　描　述	评定分值	得　　分
基本要求 60 分	自己制作一个 Flash 动画	30	
	为制作的动画添加声音	30	
拓展要求 40 分	添加的声音是否需要压缩	20	
	从动画的角度,分析声音是否与动画相融合	20	
主观评价		总分	

本课小结

本课主要讲解了如何在 Flash 中导入声音、添加声音及设置声音的属性和压缩声音,在学习本课后,需要熟练掌握 Flash 中如何导入声音、添加声音及设置声音的属性和压缩声音的方法。

课外阅读

导出 Flash 文档声音的准则

除了采样率和压缩比外,还可以使用下面几种方法在文档中有效地使用声音并保持较小的文件大小。

(1) 设置切入点和切出点,避免静音区域保存在 Flash 文件中,从而减小声音文件的大小。

(2) 通过在不同的关键帧上应用不同的声音效果,例如音量封套、循环播放和切入点/切出点,从同一声音中获得更多的变化,只需一个声音文件就可以得到许多声音效果。

(3) 循环播放短声音作为背景音乐。

(4) 不要将音频流设置为循环播放。

(5) 从嵌入的视频剪辑中导出音频时,应记住音频是使用"发布设置"对话框中所选的全局流设置来导出的。

(6) 当在编辑器中预览动画时,使用流同步使动画和音轨保持同步。如果计算机速度不够快,绘制动画帧的速度跟不上音轨,那么 Flash 就会跳过帧。

(7) 当导出 QuickTime 影片时,可以根据需要使用任意数量的声音和声道,不必担心文件大小。当将声音导出为 QuickTime 文件时,将被混合在一个单音轨中。使用的声音数不会影响最终的文件大小。

课后思考

(1) 什么是事件声音和流式声音?

(2) Flash 动画中为什么提供了声音的压缩?

第21课　混音与混音软件

在动画中使用音频是非常常见的,有了声音的烘托,动画效果才会显得更加丰富。但是实际工作中的声音素材并不一定适合所有的动画。无论是对于音效还是声音长度来说,都不能满足动画的需求,所以通过对声音的编辑让其适合动画使用,才是必须的工作。

本课将详细讲解 Windows 录音机和 Audition 软件的基本操作,使读者了解并掌握如何使用声音编辑软件对声音进行编辑。

课堂讲解

任务背景:通过上一课的学习,小王已经基本掌握了如何在 Flash 中添加声音文件,但是,他发现添加的声音有时候过长,有时候过短,没有与动画同步,于是他想到了在将声音导入到 Flash 动画之前还可以对声音文件进行编辑,知道通过 Windows 录音机和 Audition 软件可以编辑声音。

任务目标:了解 Windows 录音机和 Audition 软件,并掌握使用 Windows 录音机和 Audition 软件对声音进行编辑的方法。

任务分析：只有掌握了如何对声音文件进行编辑处理，才能够使声音文件更加符合Flash动画的需要。

21.1 Windows 录音机的使用

Windows 录音机程序能够进行简单的波形声音文件处理，包括添加回音、与文件进行混音等处理，还可以在局域网或者 Internet 上使用电子邮件发送录音文件。

步骤 1 使用"录音机"进行录音

使用"录音机"进行录音的操作如下。

（1）在 Windows 操作系统下单击"开始"按钮，执行"程序"→"附件"→"娱乐"→"录音机"命令，打开"声音-录音机"窗口，如图 21-1 所示。

在"声音-录音机"窗口中，单击"录音"按钮 ，即可开始录音，当录音到 60s 的时候就会自动停止录音，再次单击"录音"按钮可延长 60s 的录音时间，如此继续可无限录制下去。录制完毕后，单击"停止"按钮 ，停止录音，单击"播放"按钮 ，即可播放刚刚录制的声音。

操作提示 "录音机"通过麦克风和已安装的声卡来记录声音。所录制的声音以波形(.wav)文件保存。

步骤 2 调整录音文件的格式

用"录音机"所录制下来的声音文件，用户还可以调整其文件的格式，调整录音文件格式的具体操作如下。

（1）执行"文件"→"打开"命令，如图 21-2 所示，选择需要进行编辑的声音文件。

（2）执行"文件"→"属性"命令，弹出"声音文件属性"对话框，如图 21-3 所示。

图 21-1

图 21-2

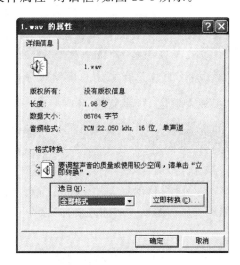

图 21-3

（3）在该对话框中显示了该声音文件的具体信息，在"格式转换"选项组的"选自"下拉列表中可以选择需要转换的格式，其各选项如下。

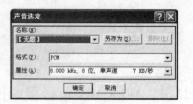

图　21-4

- 全部格式：显示全部可用的格式。
- 播放格式：显示声卡支持的所有可能的播放格式。
- 录音格式：显示声卡支持的所有可能的录音格式。

（4）选择一种所需格式，单击"立即转换"按钮，弹出"声音选定"对话框，如图 21-4 所示。

（5）在该对话框的"名称"下拉列表中可选择"无题"、"CD 质量"、"电话质量"和"收音质量"选项。在"格式"和"属性"下拉列表中可选择该声音文件的格式和属性。

> **操作提示** 如果在"名称"下拉列表中选择"CD 质量"、"收音质量"或"电话质量"选项，这些选项具有预定义格式和属性（例如，采样频率和信道数量），则无法设置其"格式"及"属性"。只有在"名称"下拉列表中选择"无题"选项时，才能够对声音的"格式"及"属性"进行设置。

（6）调整完毕后，单击"确定"按钮即可。

步骤 3　混合声音文件

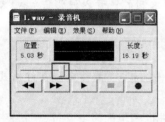

图　21-5

混合声音文件就是将多个声音文件混合到一个声音文件中。使用"录音机"进行声音文件的混音，可以执行如下操作。

（1）执行"文件"→"打开"命令，打开需要混入声音的声音文件。

（2）将滑块移动到文件中需要混入声音的地方，如图 21-5 所示。

（3）执行"编辑"→"与文件混音"命令，弹出"混入文件"对话框，选择需要混入的声音文件即可。

> **操作提示** 将某个声音文件混合到现有的声音文件中，新的声音将与插入点后的原有声音混合在一起。"录音机"只能混合未压缩的声音文件。如果在"录音机"窗口中未发现绿线，说明该声音文件是压缩文件，必须先调整其音质，才能对其进行修改。

步骤 4　插入声音文件

如果需要将某个声音文件插入到现有的声音文件中，而又不想让其与插入点后的原有声音混合，可使用"插入文件"命令，插入声音文件的具体步骤如下。

（1）执行"文件"→"打开"命令，打开需要插入声音的声音文件。

（2）将滑块移动到文件中需要插入声音的地方，如图 21-6 所示。

（3）执行"编辑"→"插入文件"命令，弹出"插入文件"对话框，选择需要插入的声音文件即可。

步骤 5　为声音文件添加回音

也可以为录制的声音文件添加回音效果，操作如下。

（1）执行"文件"→"打开"命令，打开需要添加回音效果的声音文件。

（2）执行"效果"→"添加回音"命令，如图 21-7 所示，即可为该声音文件添加回音效果。

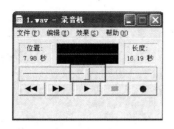

图　21-6

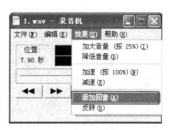

图　21-7

21.2　Adobe Audition 的使用

Flash 中自带了声音编辑器,但是对于动画中各种不同的要求,处理起来也还是有些力不从心的。在实际的工作中,对于声音的编辑常常会使用到一个专业的音频编辑软件 Audition,Audition 提供了高级混音、编辑、控制和特效处理能力,是一个专业级的音频工具,允许编辑个性化的音频文件、创建循环、引进了 45 个以上的 DSP 特效以及高达128 个音轨。下面通过实例来讲解如何使用 Audition 对声音进行编辑。

步骤 1　创建波形文档

打开 Audition,执行“文件”→“新建”命令,在弹出的“新建波形”对话框中设置“采样率”为 44100Hz,“通道”为“立体声”,“分辨率”为“16 位”,如图 21-8 所示。单击“确定”按钮,创建一个空的波形文件,如图 21-9 所示。

图　21-8

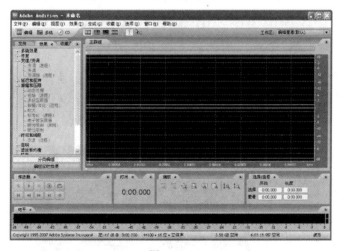

图　21-9

步骤 2　打开声音并对声音进行调整

(1)执行“文件”→“打开”命令,将声音“CD\源文件\第 7 章\素材\圣诞歌曲.mp3”导入到场景中,如图 21-10 所示,拖动鼠标选中声波中如图 21-11 所示的部分。

(2)在选中声波上部自动出现了调整音量的按钮,如图 21-12 所示。拖动调整按钮,向左可以将音量调小,向右可以将音量调大,波形效果如图 21-13 所示。

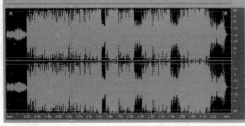
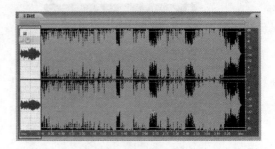

图　21-10　　　　　　　　　　　　　　　图　21-11

（3）确定声波是选中状态，执行"编辑"→"复制到新的"命令，如图21-14所示。将声波复制到一个新的单独波形文件中，如图21-15所示。

图　21-12

图　21-13

图　21-14

操作
提示　在波形的视图中，一般由两个声道组成，上面的那个为左声道，下面那个为右声道，立体声在录音时就是按左右声道录制的双声道音迹。在播放时也要严格地按左右声道分别放音，使录音时左声道录入的声音进入听者的左耳，右声道录入的声音进入听者右耳，这样，听者就会产生身临其境的感觉，也就是产生了立体感。

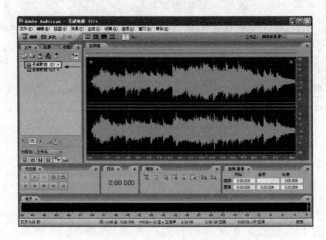

图　21-15

（4）单击并向右拖动声波左上角的淡化按钮，如图 21-16 所示。得到声音的淡入效果。同样的方法可以调整右侧的淡化按钮，制作淡出效果，如图 21-17 所示。

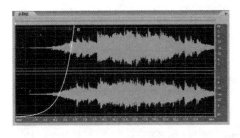
图 21-16

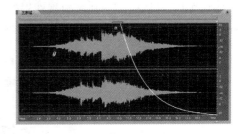
图 21-17

（5）移动光标到左通道的上端，出现一个单通道提示钮，单击编辑左通道，如图 21-18 所示。将鼠标向下移动到右通道的下端，同样出现一个单通道提示钮，单击编辑右通道，如图 21-19 所示。

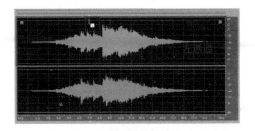
图 21-18

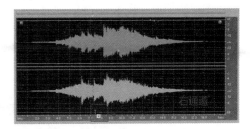
图 21-19

（6）双击左侧的"圣诞歌曲.mp3"文件，如图 21-20 所示。拖动选中如图 21-21 所示的波形。

图 21-20

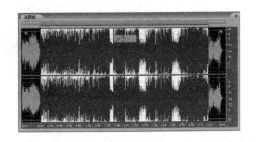
图 21-21

操作提示 除了可以对声波执行复制粘贴操作以外，还可以对其进行剪切、修剪、静音等操作。通过这些操作，可以很容易地将音频的前后关系进行调整。

（7）在选中波形上右击，在弹出的快捷菜单中选择"复制到新的"命令，如图 21-22 所示，波形效果如图 21-23 所示。

（8）单击"工具栏"上的"多轨视图"按钮，进入多轨编辑状态，如图 21-24 所示。在文件"圣诞歌曲（2）"名称处单击并拖动其到"音轨 1"位置，如图 21-25 所示。

图　21-22

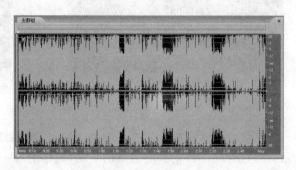

图　21-23

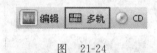

图　21-24

图　21-25

操作提示 将多个单个音频导入到不同的音轨中，再分别调整各个音轨中音频的属性，最后合成输出一个音频。这种方法在音频编辑中非常常用。例如：将伴奏音乐和录制的人声合并输出就可以得到很好的音频效果。

（9）单击"工具栏"上的"移动/复制剪辑工具"按钮，如图 21-26 所示。将音频片段移动到如图 21-27 所示的位置。

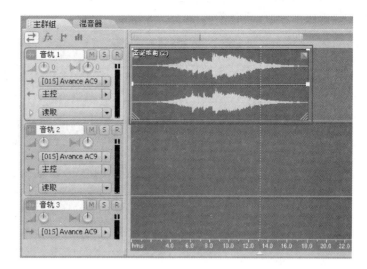

图 21-26	图 21-27

（10）在文件"圣诞歌曲（2）"文件名处单击并拖动其到"音轨 2"位置，使用"移动/复制剪辑工具"校正音频到如图 21-28 所示的位置。移动光标到"音轨 1"上的音频左侧，出现控制图标，如图 21-29 所示。

图 21-28	图 21-29

操作提示 对于声音的组合，常常需要精确到秒，所以对于不同音轨中的音频要仔细排列。可以借助标尺帮忙定位，执行"编辑"→"吸附"→"吸附到标尺"命令帮助对齐，有精确和粗略两种方式可以选择。

（11）按下鼠标向右拖动剪辑音频，效果如图 21-30 所示。同样的方法对音频左侧进行剪辑，并移动音频位置到音轨左侧，如图 21-31 所示。

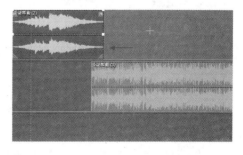

图 21-30	图 21-31

二维动画设计与制作——Flash CS4中文版

（12）双击"音轨 2"上音频，进入编辑视图，如图 21-32 所示。执行"效果"→"立体声声像"→"析取中置通道"命令，如图 21-33 所示。

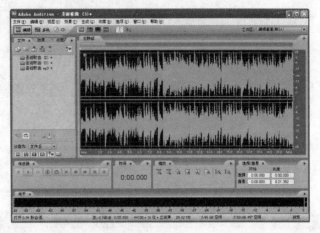

图　21-32

（13）弹出"VST 插件-析取中置通道"对话框，在"预示效果"列表中选择 Karaoke（Drop Vocals 20dB）选项，如图 21-34 所示，单击"确定"按钮，完成"VST 插件-析取中置通道"对话框，音频波形如图 21-35 所示。

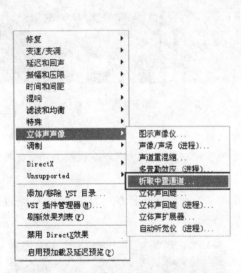

图　21-33

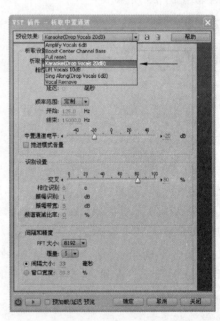

图　21-34

步骤 3　导出音频

单击"多轨视图"按钮，返回多轨编辑状态。执行"文件"→"保存会话"命令，如图 21-36 所示，将文件保存为"CD\源文件\第 7 章\21-2.ses"。执行"文件"→"导出"→"混缩音频"命令，将文件命名为"21-2_混缩.mp3"，如图 21-37 所示。

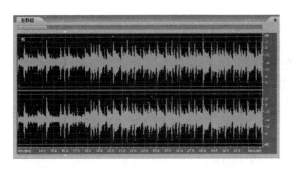

图　21-35	图　21-36

图　21-37

操作提示 在 Flash 动画中可以支持的音频有 MP3 和 WAV 格式，所以混缩音频时要将格式设置为 MP3 或者 WAV 格式，以方便制作动画时使用。

　　Audition 是功能强大的音频编辑软件，其功能远远不止这些简单的操作。对于声音的速度、降噪都是专业的处理效果。

课堂练习

任务背景：通过第 21 课的学习，小王已经掌握"Windows 录音机"和 Adobe Audition 软件的使用方法，并能熟练运用 Audition 软件编辑声音。

任务目标：将动画中添加的声音利用 Audition 软件进行编辑。

任务要求：掌握 Audition 软件，对声音的复制、粘贴、淡入、淡出、控制音量、插入多轨合并等编辑方法。

任务提示：由于刚刚接触声音编辑软件，读者不必急于掌握，要从基本入手，循序渐进地学习。

练习评价

项　目	标 准 描 述	评定分值	得　分
基本要求 60 分	制作一个 Flash 动画	20	
	找一个声音文件	20	
	使用声音编辑软件对声音文件进行编辑	20	
拓展要求 40 分	在对声音的编辑过程中是否掌握该软件	20	
	编辑后的声音是否与动画相融合	20	
主观评价		总分	

本 课 小 结

　　声音对于动画来说至关重要，所以对于声音的编辑也是非常重要的。本课通过讲解如何使用"Windows 录音机"和 Adobe Audition 软件，使操作者熟练掌握对声音的编辑过程，通过本课的学习读者可以轻松地制作动画中需要的音效以及背景音乐，从而使得 Flash 动画效果更加丰富。

课 外 阅 读

Audition 3.0 的其他功能

　　支持 VSTi 虚拟乐器。

　　增强的频谱编辑器。可按照声像和声相在频谱编辑器里选中编辑区域，编辑区域周边的声音平滑改变，处理后不会产生爆音。

　　增强的多轨编辑：可编组编辑，做剪切和淡化。

　　新增的效果：包括卷积混响、模拟延迟、母带处理系列工具、电子管建模压缩。

　　新增吉他系列效果器。

　　可快速缩放波形头部和尾部，方便做精细的淡化处理。

　　增强的降噪工具和声相修复工具。

　　更强的性能：对多核心 CPU 进行优化。

　　波形编辑工具：拖曳波形到一起即可将它们混合，交叉部分可做自动交叉淡化。

课 后 思 考

　　（1）如果在"录音机"窗口中未发现绿线，那么说明该声音文件是什么文件？

　　（2）Adobe Audition 软件除了可以对声波执行复制粘贴操作以外，还可以进行什么操作？

第8章

动作脚本入门

- 掌握按钮元件四帧的概念
- 掌握基本按钮的制作
- 掌握按钮反应区的应用

- 掌握循环的制作方法
- 如何加载影片
- 如何为按钮元件添加链接

第22课　控制影片剪辑播放

在浏览网站时常常会看到效果非常酷炫的按钮动画,通过单击按钮可以快速地浏览页面。在 Flash 中可以方便快捷地制作这些漂亮的按钮动画。

课堂讲解

任务背景:小李非常喜欢 Flash 动画,他在上网时常常会看到网站上有许多漂亮的按钮动画效果,于是小李下定决心一定要制作出按钮动画。

任务目标:通过实例的学习要熟练地掌握按钮的创建与反应区元件的应用。

任务分析:在 Flash 中按钮的应用是比较广泛的,按钮既可以是单独的,也可以是与多个元件互相交互出现的。

22.1　按钮的创建

按钮的作用非常简单,主要用于实现交互,有时也用来制作一些特殊效果。按钮元件共有 4 种状态,分别为"弹起"、"指针经过"、"按下"和"点击",如图 22-1 所示。

图　22-1

- 弹起：表示按钮的初始状态。
- 指针经过：表示鼠标的指针在按钮上经过和停留的状态。
- 按下：表示按下鼠标左键后的状态。
- 点击：表示鼠标的单击范围。

按钮的创建非常简单，下面简单介绍按钮是如何创建的。

选中"弹起"帧，使用"椭圆工具"画一个圆，将颜色填充为绿色，如图 22-2 所示。在"指针经过"帧位置单击，按 F6 键插入关键帧，将圆的颜色填充为蓝色，如图 22-3 所示。在"按下"帧位置单击，按 F6 键插入关键帧，将圆颜色填充为黄色，如图 22-4 所示。在"点击"帧，按 F5 键插入帧，这样就完成了一个简单的按钮元件。

"弹起" 帧   "指针经过" 帧   "按下" 帧

图 22-2   图 22-3   图 22-4

> **操作提示** "点击"帧为反应区，在测试动画时，"点击"帧中的内容是不显示的。

步骤 1　创建文档

执行"文件"→"新建"命令，新建一个 Flash 文档，如图 22-5 所示，单击"属性"面板上的"编辑"按钮，在弹出的"文档属性"对话框中设置如图 22-6 所示，单击"确定"按钮，完成"文档属性"的设置。

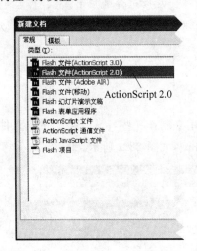

图 22-5

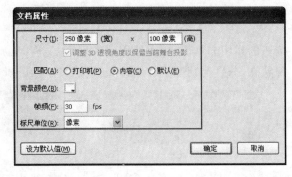

图 22-6

> **操作提示** 按 Ctrl＋N 键，也可以弹出"新建文档"对话框。

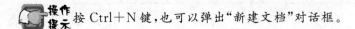

步骤 2　制作实例中的元件

（1）执行"插入"→"新建元件"命令，新建一个"名称"为"按钮"的"图形"元件，如图 22-7 所示。单击工具箱中的"矩形工具"按钮，在"属性"面板上设置"填充颜色"为 30％的 #000000，其他设置如图 22-8 所示。

图　22-7

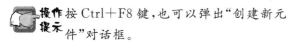 按 Ctrl＋F8 键，也可以弹出"创建新元件"对话框。

（2）设置完成后，在场景中绘制圆角矩形，如图 22-9 所示。使用"任意变形工具"，将光标放到圆角矩形的最上侧，当指针变成 ⇌ 时，水平向右移动，图形效果如图 22-10 所示。

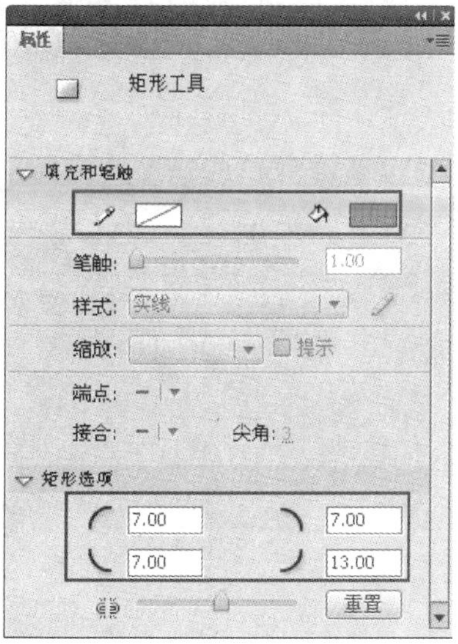

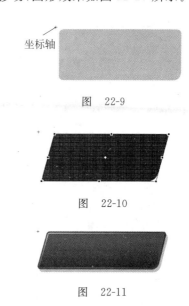

坐标轴

图　22-9

图　22-10

图　22-11

图　22-8

#FEE100

图　22-12

（3）根据"图层 1"的制作方法，制作出"图层 2"至"图层 4"，完成后的舞台效果如图 22-11 所示，新建"图层 5"，使用"文本工具"，在"属性"面板上设置如图 22-12 所示。

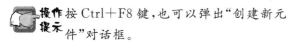 如果"属性"面板没有打开，执行"窗口"→"属性"命令，可以打开"属性"面板。按 Ctrl＋F3 键，也可以打开"属性"面板。

（4）在舞台上输入文本，如图 22-13 所示。执行两次"修改"→"分离"命令，将文本分离成图形，按 F8 键将文本图形转换成"名称"为"文本"的"影片剪辑"元件，在"属性"面板上"滤镜"标签下单击"添加滤镜"按钮 🔲 ，在弹出的菜单中选择"投影"选项，设置如图 22-14 所示，设置完成后的文本效果如图 22-15 所示。

（5）执行"插入"→"新建元件"命令，新建一个"名称"为"按钮动画"的"影片剪辑"元件，将"按钮"元件从"库"面板拖入到场景中，如图 22-16 所示。分别在第 5、10、15 和 20 帧位置单击，依次按 F6 键插入关键帧，"时间轴"面板如图 22-17 所示。

图 22-13

图 22-15

图 22-16

图 22-14

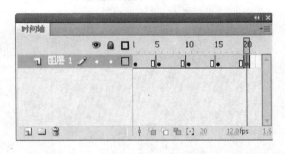

图 22-17

（6）使用"任意变形工具"，将第 5 帧上的元件进行旋转，效果如图 22-18 所示。再将第 15 帧上的元件进行旋转，效果如图 22-19 所示。分别设置第 1、5、10 和 15 帧上的补间类型为"传统补间"。

图 22-18

图 22-19

（7）执行"插入"→"新建元件"命令，新建一个"名称"为"开始游戏"的"按钮"元件，将"按钮"元件从"库"面板拖入到场景中，如图 22-20 所示，在"指针经过"帧位置单击，按 F7 键插入空白关键帧，将"按钮动画"元件从"库"面板中拖入到场景中，如图 22-21 所示。

图 22-20

图 22-21

（8）在"按下"帧位置单击，按 F7 键插入空白关键帧，将"按钮"元件从"库"面板拖入到场景中，使用"任意变形工具"，将元件等比例缩小，如图 22-22 所示，在"点击"帧位置单击，按 F7 键插入空白关键帧，使用"矩形工具"，在舞台上绘制矩形，如图 22-23 所示。

图 22-22

图 22-23

步骤 3 创建主场景动画

单击"编辑栏"上的"场景 1"文字，返回到"场景 1"的编辑状态，执行"文件"→"导入"→"导入到舞台"命令，将图像"CD\源文件\第 8 章\素材\221_01.jpg"导入到场景中，效果如图 22-24 所示。新建"图层 2"，将"开始游戏"元件从"库"面板拖入到场景中，如图 22-25 所示。

图 22-24

图 22-25

小技巧 单击"编辑栏"上的"编辑场景"按钮，在弹出的菜单中选择要编辑的场景，即可进入到该场景的编辑状态。

步骤 4 存储并测试影片

执行"文件"→"保存"命令，将动画保存为"CD\源文件\第 8 章\22-1.fla"，执行"控制"→"测试影片"命令，测试动画效果如图 22-26 所示。

图 22-26

22.2 为按钮元件添加脚本

步骤 1 创建文档

执行"文件"→"新建"命令，新建一个 Flash 文档，如图 22-5 所示，单击"属性"面板上的"编辑"按钮，在弹出的"文档属性"对话框中设置如图 22-27 所示，单击"确定"按钮，完成"文档属性"的设置。

二维动画设计与制作——Flash CS4中文版

步骤 2　创建按钮反应区元件

执行"插入"→"新建元件"命令,新建一个"名称"为"反应区"的"按钮"元件,在"点击"帧位置单击,按 F6 键插入关键帧,使用"矩形工具",在舞台中绘制矩形,如图 22-28 所示。

操作提示 本步骤制作的反应区元件,目的是在测试动画时,当鼠标经过该按钮元件后会触发鼠标事件。

图　22-27

步骤 3　制作场景动画

(1) 单击"编辑栏"上的"场景 1"文字 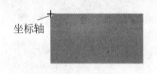,返回到"场景 1"的编辑状态,执行"文件"→"导入"→"导入到舞台"命令,将图像"CD\源文件\第 8 章\素材\222_01.jpg"导入到场景中,效果如图 22-29 所示。新建"图层 2",执行"文件"→"导入"→"打开外部库"命令,打开外部库"CD\源文件\第 8 章\素材\素材 22-2.fla",如图 22-30 所示。

坐标轴

图　22-28

图　22-29

图　22-30

(2) 将"大炮动画"元件从"库-素材 22-2.FLA"面板拖入到场景中,如图 22-31 所示,在"属性"面板中设置"实例名称"为 dapao,如图 22-32 所示。

图　22-31．

图　22-32

操作提示 本步骤中设置元件的"实例名称"目的是在后面的制作中方便使用脚本语言,进行控制。

（3）双击"大炮动画"元件进入到元件的编辑状态,选择"图层16",新建"图层17",执行"窗口"→"动作"命令,在"动作-帧"面板中输入如图22-33所示的脚本语言,在第70帧位置单击,按F6键插入关键帧,在"动作-帧"面板中输入如图22-34所示的脚本语言。

操作提示 在第1帧上输入的脚本语言意思是,当动画播放到该帧后停止动画的播放。在第70帧输入的脚本语言意思是,当动画播放到该帧后返回到第2帧进行动画的播放。

（4）单击"编辑栏"上的"场景1"文字,返回到"场景1"的编辑状态,在"图层2"上新建"图层3",将"反应区"元件从"库"面板拖入到场景中,并调整大小,如图22-35所示,在"动作-按钮"面板中输入如图22-36所示的脚本语言。

图　22-33

图　22-34

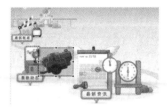
图　22-35

操作提示 此处脚本语言的意思是,当鼠标滑过该按钮时,控制实例名称为dapao的元件跳转到该元件第2帧开始播放动画。当鼠标滑离该按钮时,控制实例名称为dapao的元件跳转到该元件第1帧并停止动画的播放。当释放鼠标后,跳转到链接的网页。

图　22-36

步骤4　存储并测试影片

执行"文件"→"保存"命令,将动画保存为"CD\源文件\第8章\22-2.fla",执行"控制"→"测试影片"命令,测试动画效果如图22-37所示。

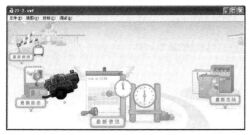
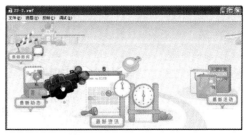
图　22-37

课堂练习

任务背景：通过第 22 课的学习小李已经掌握了按钮的创建,以及为按钮元件添加脚本语言的方法,并且可以制作出简单的按钮动画。掌握了简单的按钮动画以后,小李需要深入学习其他按钮动画的制作。

任务目标：上网找到几个常见的按钮动画。

任务要求：找到按钮以后,需要小李仔细地分析按钮动画的制作方法,以及如何与影片编辑元件相结合制作按钮动画。

任务提示：因为小李没有全面地学习按钮动画,所以对按钮的制作主要是从书本和网络学习的。

练习评价

项　目	标 准 描 述	评定分值	得　分
基本要求 60 分	上网找到 2 个到 3 个不同类型的按钮动画	20	
	仔细分析按钮元件的制作流程	20	
	在知名论坛上学习按钮动画的制作,从而提高自己的制作水平	20	
拓展要求 40 分	为按钮元件添加脚本语言以达到更高级的控制	40	
主观评价		总分	

本课小结

本课主要对 Flash 中常见的按钮动画进行讲解制作,在制作按钮动画时,一定要弄清楚按钮元件四帧的用途。

课外阅读

在 Flash 中不测试动画如何实现按钮的作用？

执行"控制"→"启用简单按钮"命令,如图 22-38 所示,在元件中或在场景中当鼠标指针变成 🖑 时,就已经触发了鼠标事件。

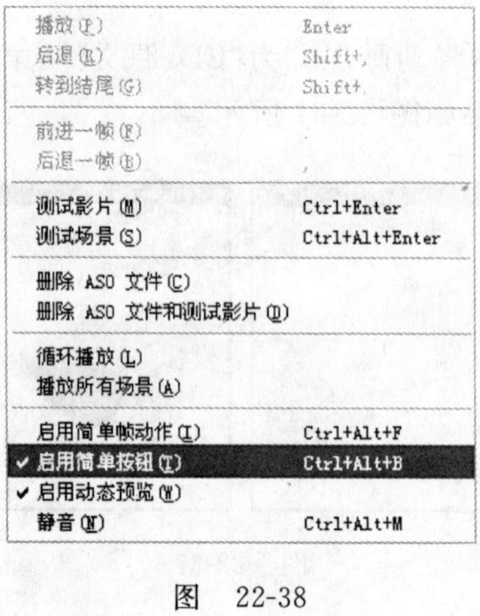

图　22-38

课后思考

（1）掌握按钮元件的 4 种状态。

（2）"按钮"元件"时间轴"面板上关键帧的用途是什么？"点击"帧的特点是什么？

第23课 循 环

循环是所有编程语言中最基础、最重要、最常用的手段之一。与其说循环是某几个语法，不如说循环体现了一种基础的编程思维。在纯 Flash 动画里，最常见的循环可分为帧循环、for 循环、OnEnterFrame 循环和 setInterval 循环。

课堂讲解

> **任务背景**：小李在网上观看 Flash 动画时，常常会看到一些动画都是由一个元素组成，但是动画播放后会产生不同的效果，经过小李的一番查找，小李发现这样的效果大多数都是用循环的方式制作的。小李觉得这种制作动画的方法，在制作动画时比较快捷，于是小李要学习循环动画的制作。
>
> **任务目标**：利用循环的方式制作出方便快捷的动画。
>
> **任务分析**：在制作循环动画之前，上网查找知名论坛从中学习循环动画的制作方式与技巧，结合自己所掌握的知识制作出一个属自己风格的循环动画。

23.1 循环的思想

在制作 Flash 动画时可以使用以下几种循环方式。

1．帧循环

帧循环的原理就是利用时间轴上的帧跳转来实现循环的。在 Flash 中常把这种循环称为 3 帧循环，一般在第 1 帧设置初始化的变量；在第 2 帧设置循环规则，也就是循环所要达到的目的；在第 3 帧设置条件，如果条件不满足则返回第 2 帧，如果满足则停止循环，如图 23-1 所示。

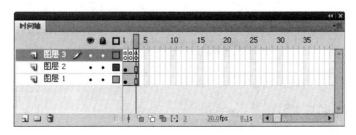

图 23-1

步骤 1 新建文档

执行"文件"→"新建"命令，新建一个 Flash 文档，如图 23-2 所示，单击"属性"面板上的"编辑"按钮，在弹出的"文档属性"对话框中设置如图 23-3 所示，单击"确定"按钮，完成"文档属性"的设置。

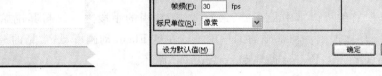

图 23-2　　　　　　　　　　　　　　　　图 23-3

步骤 2　制作实例中的元件

（1）执行"插入"→"新建元件"命令，新建一个"名称"为"圆"的"图形"元件，如图 23-4 所示。单击工具箱中的"椭圆工具"按钮，设置"笔触颜色"为无，"填充颜色"为#FF6600，在舞台上绘制一个尺寸大小为 40×40 像素的正圆，如图 23-5 所示。

（2）执行"插入"→"新建元件"命令，新建一个"名称"为"圆动画"的"影片剪辑"元件，将"圆"元件从"库"面板拖入到场景中，如图 23-6 所示，分别在第 15 帧和第 40 帧位置单击，依次按 F6 键插入关键帧，将第 15 帧上的元件等比例扩大，如图 23-7 所示。

图 23-4　　　　　　　　　　图 23-5　　　　　　　　　　图 23-6

（3）在"属性"面板上设置"样式"为"色调"，"着色"为#FFFF00，如图 23-8 所示，完成后的元件效果如图 23-9 所示。

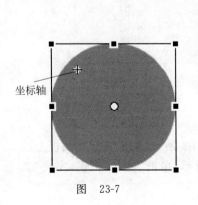

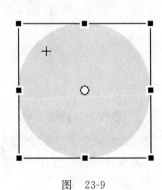

图 23-7　　　　　　　　　　图 23-8　　　　　　　　　　图 23-9

操作提示 除了设置"色调"选项,将元件的色调进行调整外,也可以通过设置"高级"选项,来达到调整元件色调的效果。

利用"色调"调整元件的色调的好处在于,可以很方便地调整元件的色调,而利用"高级"调整元件的色调时,各个参数的设置不利于掌握。

(4) 选择第 40 帧位置上场景中的元件,在"属性"面板上设置"样式"为"色调","着色"为#FF0000,如图 23-10 所示,完成后的元件效果如图 23-11 所示。分别设置第 1 帧和第 15 帧上的补间类型为"传统补间"。

图　23-10

步骤3　制作场景动画

(1) 单击"编辑栏"上的"场景 1"文字 ![场景1],返回到"场景 1"的编辑状态,执行"文件"→"导入"→"导入到舞台"命令,将图像"CD\源文件\第 8 章\素材\231_01.jpg"导入到场景中,如图 23-12 所示,在第 3 帧位置单击,按 F5 键插入帧,新建"图层 2",将"圆动画"元件从"库"面板拖入到场景中,如图 23-13 所示,在"属性"面板上设置"实例名称"为 ring0,如图 23-14 所示。

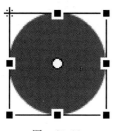
图　23-11

图　23-12

图　23-13

操作提示 在本步骤中为"影片剪辑"元件设置"实例名称"的目的是,利用脚本语言控制该元件播放,以及重复调用使用。

(2) 新建"图层 3",执行"窗口"→"动作"命令,在"动作-帧"面板中输入如图 23-15 所示的脚本语言,分别在第 2 帧和第 3 帧位置单击,依次按 F6 键插入关键帧,依次在"动作-帧"面板中输入如图 23-16、图 23-17 所示的脚本语言。

步骤4　存储并测试影片

执行"文件"→"保存"命令,将动画保存为"CD\源文件\第 8 章\23-1.fla",执行"控制"→"测试影片"命令,测试动画效果如图 23-18 所示。

2. for 循环

for 循环的基本结构如下。

```
for(初始变量;条件语句;命令语句){
命令语句 1;
命令语句 2;
}
```

图 23-14

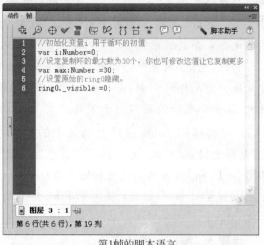

第1帧的脚本语言

图 23-15

第2帧的脚本语言

图 23-16

第3帧的脚本语言

图 23-17

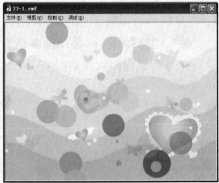

图 23-18

在实际的工作中,for 循环常用来与索引数组配合,用来遍历 MovieClip 的属性等。

```
var url:Array = new Array("home","portfolio","about","info");
for(var i:Number = 0;i<url.length; ++ ){
    //设置 link 为 url 数组的引用
Var link = url[i];
    trace(link);
}
```

输出的 link 的结果是 home,portfolio,about,info。

在上面的代码中 i 是初始变量值,url.length 代表数组的长度,也就是条件语句,i++ 即是循环所要执行的命令。

假设场景中有一个球体,希望通过循环让它从 0 一步一步地移动到 100 的位置,那么按正常的思路应写成如下形式。

```
for(var i = 0;i<100;i += 5){
ball._x = I;
}
```

如果在此时测试动画,会发现 ball 并没有按预想的形式进行动画的播放,而是一下子移动到 100 的位置,也就是说使用 for 循环并不能在循环的每一步过程中更新屏幕。所以如果想达到这种效果,就要使用 onEnterFrame 循环或是 setInterval 循环。

3. onEnterFrame 循环

onEnterFrame 循环是用当前影片的帧频不断地调用函数,也就是说帧频为 12 和 31 的执行速度是不同的。onEnterFrame 必须要定义一个执行时的调用函数,写法如下。

```
my_mc.onEnterFrame = function(){
trace("onEnterFrame run");
}
```

4. setInterval 循环

setInterval()的功能有些类似于日常生活中的定时器,每隔一段时间调用函数执行设置的任务,写法如下。

```
setInterval(函数名称,间隔时间,[参数 1,参数 2…]);
```

在它的小括号中至少要输入两个参数,一定要有的是定义的函数名,另一个就是间隔时间,是以微秒(千分之一秒)来计算的。使用它同样可以达到与 onEnterFrame 类似的效果。而它有自己独特的好处,就是不会受帧频的限制,而是取决于所定义的间隔时间,从这方面而言,对于 CPU 的使用效能是有好处的。

setInterval 的简单应用如下。

```
//定义一个函数
Function hello World();Void{
trace("hello, World");
}
setInterval(helloWorld,500);
```

23.2 循环的制作

步骤 1 制作调用元件

（1）执行"文件"→"新建"命令，新建一个 Flash 文档，如图 23-2 所示，单击"属性"面板上的"编辑"按钮，在弹出的"文档属性"对话框中设置如图 23-19 所示，单击"确定"按钮，完成"文档属性"的设置。

（2）执行"插入"→"新建元件"命令，新建一个"名称"为"圆角矩形"的"影片剪辑"元件，如图 23-20 所示。单击工具箱中的"矩形工具"按钮，在"属性"面板上设置"填充颜色"为＃FF6600，其他设置如图 23-21 所示。

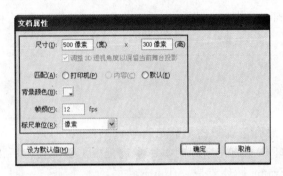

图 23-19

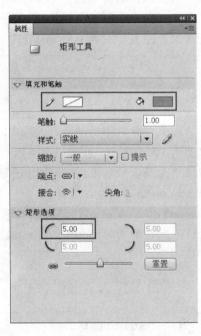

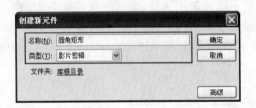

图 23-20

图 23-21

小技巧 在使用"矩形工具"时，可以在"属性"面板上"矩形选项"标签下设置"矩形边角半径"值，当"将边角半径控件锁定为一个控件"按钮变成 时，只能设置一个选项，如图 23-22 所示，当"将边角半径控件锁定为一个控件"按钮变成 时，可以设置 4 个选项，如图 23-23 所示。

（3）在舞台上绘制一个尺寸大小为 64×64 像素的圆角矩形，如图 23-24 所示。在"库"面板中选择"圆角矩形"元件，单击"库"面板底部的"属性"按钮 ，如图 23-25 所示。

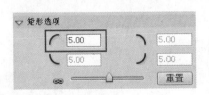

图 23-22

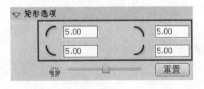

图 23-23

坐标轴

图 23-24

（4）在弹出的"元件属性"对话框中，单击"高级"按钮 [高级]，在"链接"选项中设置，如图 23-26 所示，设置完成后单击"确定"按钮，完成"元件属性"的设置，"库"面板上元件的效果，如图 23-27 所示。

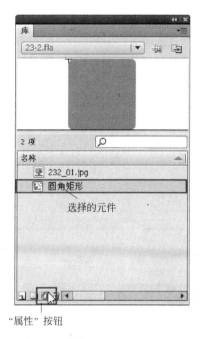

图　23-25　　　　　　　　　　　　　　　　图　23-26

操作提示 在要设置"元件属性"的元件上右击，在弹出的菜单中选择"属性"选项，也可以弹出"元件属性"对话框。

步骤 2　制作场景动画

（1）单击"编辑栏"上的"场景 1"文字 [场景1]，返回到"场景 1"的编辑状态，执行"文件"→"导入"→"导入到舞台"命令，将图像"CD\源文件\第 8 章\素材\232_01.jpg"导入到场景中，如图 23-28 所示，按 F8 键将图像转换成"名称"为"背景"的"影片剪辑"元件，其他设置如图 23-29 所示，并在"属性"面板上设置"实例名称"为 bg。

（2）新建"图层 2"，执行"窗口"→"动作"命令，在"动作-帧"面板上输入如图 23-30 所示的脚本语言。

图　23-27

步骤 3　存储并测试影片

执行"文件"→"保存"命令，将动画保存为"CD\源文件\第 8 章\23-2.fla"，执行"控制"→"测试影片"命令，测试动画效果如图 23-31 所示，在测试动画时"输出"面板上会弹出提示，如图 23-32 所示。

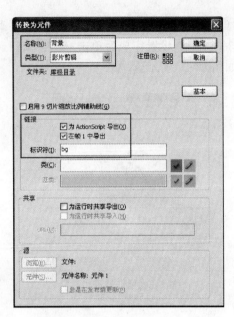

图 23-28

图 23-29

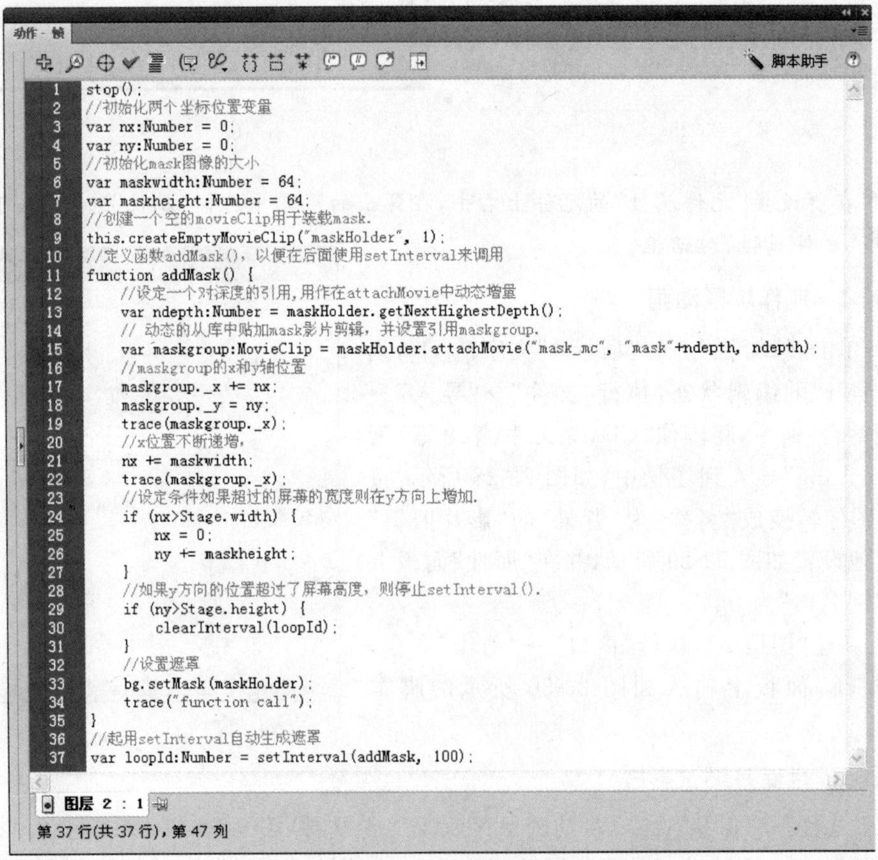

```
1    stop();
2    //初始化两个坐标位置变量
3    var nx:Number = 0;
4    var ny:Number = 0;
5    //初始化mask图像的大小
6    var maskwidth:Number = 64;
7    var maskheight:Number = 64;
8    //创建一个空的movieClip用于装载mask.
9    this.createEmptyMovieClip("maskHolder", 1);
10   //定义函数addMask(), 以便在后面使用setInterval来调用
11   function addMask() {
12       //设定一个对深度的引用, 用作在attachMovie中动态增量
13       var ndepth:Number = maskHolder.getNextHighestDepth();
14       // 动态的从库中贴加mask影片剪辑, 并设置引用maskgroup.
15       var maskgroup:MovieClip = maskHolder.attachMovie("mask_mc", "mask"+ndepth, ndepth);
16       //maskgroup的x和y轴位置
17       maskgroup._x += nx;
18       maskgroup._y = ny;
19       trace(maskgroup._x);
20       //x位置不断递增.
21       nx += maskwidth;
22       trace(maskgroup._x);
23       //设定条件如果超过的屏幕的宽度则在y方向上增加.
24       if (nx>Stage.width) {
25           nx = 0;
26           ny += maskheight;
27       }
28       //如果y方向的位置超过了屏幕高度, 则停止setInterval().
29       if (ny>Stage.height) {
30           clearInterval(loopId);
31       }
32       //设置遮罩
33       bg.setMask(maskHolder);
34       trace("function call");
35   }
36   //起用setInterval自动生成遮罩
37   var loopId:Number = setInterval(addMask, 100);
```

图层 2 : 1

第 37 行(共 37 行),第 47 列

图 23-30

  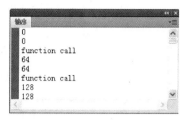

图 23-31 图 23-32

课堂练习

任务背景：通过本课的学习小李掌握了循环动画的制作方法及规范，小李便在其他人面前炫耀自己的成果，但他发现别人都比自己懂得多，于是小李又开始更加深入地学习循环动画的制作。

任务目标：通过本课的学习要制作出一个比实例稍稍复杂的循环动画。

任务要求：在制作循环动画时要注意脚本语言的使用方法，以及脚本语言所控制的效果。

任务提示：在制作循环动画时注意脚本语言如何控制动画，只有熟练地掌握脚本语言才能更方便快捷地制作出循环动画。

练习评价

项 目	标 准 描 述	评定分值	得 分
基本要求 60 分	制作循环动画的规范性	30	
	掌握循环脚本语言的使用方法与技巧	30	
拓展要求 40 分	脚本语言的掌握程度	40	
主观评价		总分	

本课小结

本课主要讲解 Flash 循环动画的制作，在学习中要掌握循环动画的制作方法与技巧，在制作循环动画时主要利用脚本实现元件的重复调用。制作动画时不要盲目地制作元件动画，循环动画主要是以脚本实现动画的。

课外阅读

脚本语言中注释的作用

注释是一种使用简单易懂的句子对代码进行注解的方法，编译器不会对注释进行求值计算。可以在代码中使用注释来描述代码的作用或描述返回到文档中的数据。注释可以帮助用户记住重要的编码决定，并且对其他任何阅读代码的人也有帮助。注释必须清楚地解释代码的意图，而不是仅仅翻译代码。如果代码中有些内容阅读起来含义不明，则应对其添加注释。这样在重新处理代码时，注释会提醒用户脚本各个部分的作用。

需要在 ActionScript 中添加说明，要将它们作为注释插入。插入注释的方法非常简单，只需要输入两个正斜杠(//)，并在它们后面输入说明语句即可。

```
//检查影片剪辑是否已经载入
If(_frameLoaded> = totalFrames) {
  gotoAndPlay(10);
//如果条件为真,在第 10 帧开始影片
}
else {
  gotoAndStop(1);
//如果条件为假,返回到第 1 帧停止影片
}
```

在 ActionScript 中,双斜杠后面的任何内容都将被 Flash 忽略。这意味着可以在斜杠后输入任何内容,Flash 都不会将这些内容解释为 ActionScript。

注释还可以"关闭"部分脚本,如果脚本中一行或多行有问题,可以把这段脚本用注释符号注释掉,这样 Flash 就不会执行这些脚本。

课 后 思 考

(1) 在 Flash 中循环可分为几种,分别是哪几种?

(2) 在添加循环时 i 和 link 的书写规范是什么?

第24课 加 载 影 片

加载影片可分为加载图像和加载 SWF 文件,通过利用"行为"面板可以方便快捷地将外部的文件加载到影片中。在利用"行为"面板加载影片时不需要考虑脚本的问题,因为利用"行为"面板加载文件后,在动画面板中会自动生成脚本语言。

课 堂 讲 解

任务背景:小李在上网浏览网站时,看到一个效果非常好的动画,于是把动画下载到了自己的电脑上,在 Flash 上查看文件,发现"库"面板中缺少素材,小李以为动画存在问题,所以又上网仔细地查找资料,发现出现这种情况的原因是动画中利用了加载功能,所以"库"面板中缺少素材,小李觉得这种制作动画的方法很好,别人只能浏览动画效果,把动画下载到本机后缺少素材,下载下来也没有什么用,就不会出现盗版的问题,于是小李下决心一定要制作出一个自己的加载动画。

任务目标:掌握并能熟练地把加载影片效果应用到实际的动画制作中。

任务分析:小李所学习的是 Flash 中比较常用的加载影片效果,在动画制作中加载可以方便快捷地调用图像或其他文件。

24.1 加载图像

步骤 1 创建文档

执行"文件"→"新建"命令,新建一个 Flash 文档,如图 24-1 所示,单击"属性"面板上的

"编辑"按钮,在弹出的"文档属性"对话框中设置如图24-2所示,单击"确定"按钮,完成"文档属性"的设置,执行"文件"→"保存"命令,将动画保存为"CD\源文件\第8章\24-1.fla"。

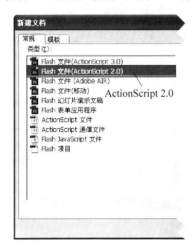

图　24-1　　　　　　　　　　　　　　　　　　　　　图　24-2

操作提示 本实例所加载的图像尺寸大小是520×325像素,所以为了图像的美观性,将文档的尺寸设置与图像尺寸一样大。

步骤2　利用行为面板加载图像

(1)执行"窗口"→"行为"命令,打开"行为"面板,单击"添加行为"按钮 <img>,在弹出的扩展菜单中选择"影片剪辑"→"加载图像"命令,如图24-3所示,在弹出的"加载图像"对话框的"输入要加载的.JPG文件的URL"文本框中输入加载图像的路径,并选中"相对"单选按钮,如图24-4所示。

操作提示 在使用"加载图像"时只能加载JPG格式的图像,其他格式的图像是无法加载的。本步骤中输入图像的URL是该FLA文件保存的位置,如果FLA文件保存在其他的目录下,也无法加载该图像。

(2)单击"确定"按钮,完成"加载图像"对话框的设置,"行为"面板如图24-5所示,场景效果如图24-6所示,"时间轴"面板如图24-7所示。

图　24-3　　　　　　　　　　图　24-4　　　　　　　　　　图　24-5

场景效果

图 24-6

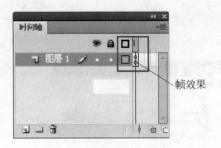

帧效果

图 24-7

步骤 3　存储并测试影片

执行"文件"→"保存"命令,执行"控制"→"测试影片"命令,测试动画效果如图 24-8 所示。

图 24-8

操作提示 此处必须先将文件保存再进行测试,如果不将文件进行保存,测试动画是不会加载图像的。

24.2　加载外部影片剪辑

步骤 1　创建文档

执行"文件"→"新建"命令,新建一个 Flash 文档,如图 24-1 所示,单击"属性"面板上的"编辑"按钮,在弹出的"文档属性"对话框中设置如图 24-9 所示,单击"确定"按钮,完成"文档属性"的设置。执行"文件"→"保存"命令,将动画保存为"CD\源文件\第 8 章\24-2.fla"。

操作提示 新建加载文件文档时,不用考虑帧频的问题,因为新建文件的帧频大小是不会影响加载文件动画播放的速度。

图 24-9

步骤2　利用"行为"面板加载外部影片剪辑

（1）执行"窗口"→"行为"命令，打开"行为"面板，单击"添加行为"按钮，在弹出的扩展菜单中选择"影片剪辑"→"加载外部影片剪辑"命令，如图24-10所示，弹出"加载外部影片剪辑"对话框，在"键入要加载的.swf文件的URL"文本框中输入加载SWF文件的路径，并选中"相对"单选按钮，如图24-11所示。

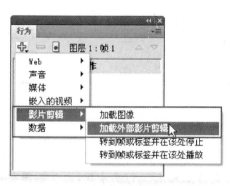
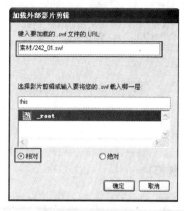

图　24-10　　　　　　　　　　　图　24-11

（2）单击"确定"按钮，完成"加载外部影片剪辑"对话框的设置，"行为"面板如图24-12所示，场景效果如图24-13所示，"时间轴"面板如图24-14所示。

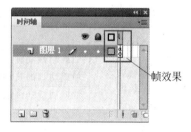

图　24-12　　　　　　　图　24-13　　　　　　　图　24-14

步骤3　存储并测试影片

执行"文件"→"保存"命令，执行"控制"→"测试影片"命令，测试动画效果如图24-15所示。

图　24-15

操作提示 要先将文件进行保存，如果不将文件保存，在测试动画时"输出"面板中会弹出提示，如图 24-16 所示，测试窗口什么都不显示，如图 24-17 所示。

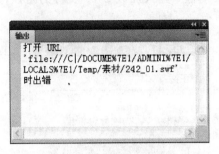

图 24-16

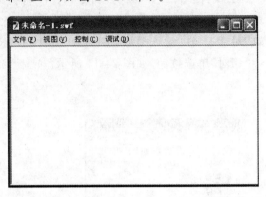

图 24-17

课堂练习

任务背景：通过本课的学习小李对加载动画的制作已经有了初步掌握，由于本课所讲解的加载动画有限，所以小李又开始了深入学习加载动画的制作。

任务目标：上网收集加载动画的制作教程以及加载动画案例。

任务要求：收集到动画后，仔细分析动画中是如何加载影片的，并从中学习加载影片的方法。

任务提示：本课所讲解的加载影片动画不够全面，小李需要上网查找加载影片动画的相关知识，从而提高制作加载影片动画的水平。

练习评价

项　目	标 准 描 述	评定分值	得　分
基本要求 60 分	加载影片动画的制作方法	20	
	加载动画的几种常见类型	20	
	掌握加载动画的相关知识，从而提高自己的制作动画水平	20	
拓展要求 40 分	加载影片在动画中使用的方法以及"行为"面板的使用	40	
主观评价		总分	

本课小结

　　本课主要利用"行为"面板制作加载影片动画，使用"行为"面板的好处就是不需要在"动作"面板中输入脚本语言，只要在"行为"面板中添加相应的行为就可以实现加载的效果。通过本课的学习需要掌握在"行为"面板中如何加载图像和 SWF 格式文件。

课外阅读

在"行为"面板中控制声音和视频

　　将声音导入到"库"面板中后，在声音文件上右击，在弹出的菜单中选择"属性"命令，如图 24-18 所示，在弹出的"声音属性"对话框中设置如图 24-19 所示。

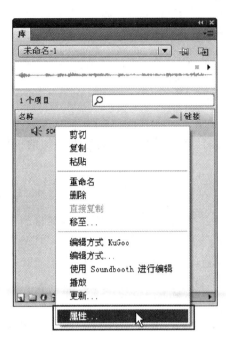

图 24-18

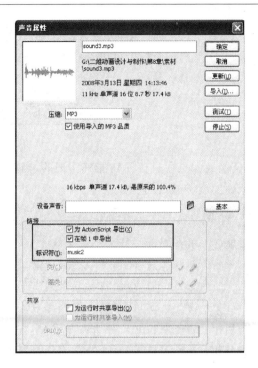

图 24-19

在"行为"面板上单击"添加行为"按钮 ➕，在弹出的扩展菜单中选择"声音"→"从库加载声音"命令，如图 24-20 所示，在弹出的对话框中设置如图 24-21 所示。

视频导入到场景后，为视频设置实例名称，选择要控制视频的按钮，打开"行为"面板，单击"添加行为"按钮，在弹出的扩展菜单中选择"嵌入的视频"→"停止"命令，如图 24-22 所示，在弹出的"停止视频"对话框中选择设置实例名称的视频，如图 24-23 所示，单击"确定"按钮，完成视频的控制。

图 24-20

图 24-21

图 24-22

图 24-23

课后思考

(1) 在"行为"面板中可以加载哪些格式的图像?

(2) 在"行为"面板中可以加载 FLA 格式的文件吗?

第25课　链　　接

链接通常是通过按钮功能来实现的,当单击了添加链接的按钮就会触发添加的鼠标事件,从而实现链接的功能。

课堂讲解

> **任务背景**:小李在上网时不小心点击了一个 Flash,不知道是怎么回事,居然链接到了一个新的网页,小李一直不理解是怎么回事,经过他在网上的一番查找与学习之后,小李发现出现链接新网页的原因就是 Flash 中添加了链接,小李觉得这种功能很实用,于是他开始学习在 Flash 中如何添加链接。
>
> **任务目标**:通过在按钮元件上添加链接,实现链接页面的功能。
>
> **任务分析**:在学习链接功能之前,上网或跟老师学习链接的概念与相关知识,只有掌握了按钮的功能与 on 的使用方法,才能制作效果独特的链接效果。

25.1　创建链接

步骤 1　创建文档

执行"文件"→"新建"命令,新建一个 Flash 文档,如图 25-1 所示,单击"属性"面板上的"编辑"按钮,在弹出的"文档属性"对话框中设置如图 25-2 所示,单击"确定"按钮,完成"文档属性"的设置。

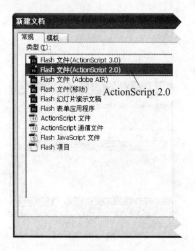

图　25-1

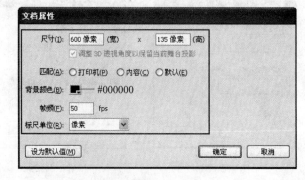

图　25-2

步骤 2 制作元件动画

(1) 执行"窗口"→"新建元件"命令,新建一个"名称"为"反应区"的"按钮"元件,如图 25-3 所示,在"点击"帧位置单击,按 F6 键插入关键帧,使用"矩形工具",在舞台上绘制一个尺寸为 133×121 像素的矩形,如图 25-4 所示。

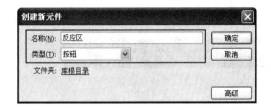

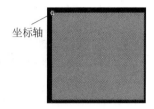

坐标轴

图 25-3   图 25-4

(2) 执行"窗口"→"新建元件"命令,新建一个"名称"为"图像"的"影片剪辑"元件,执行"文件"→"导入"→"导入到舞台"命令,将图像"CD\源文件\第 8 章\素材\251_01.jpg"导入到舞台中,效果如图 25-5 所示。

(3) 新建"图层 2",将"反应区"元件从"库"面板拖入到舞台中,如图 25-6 所示,执行"窗口"→"动作"命令,在"动作-按钮"面板中输入如图 25-7 所示的脚本语言。

图 25-5   图 25-6

图 25-7

操作提示 本步骤中输入的脚本语言意思是,当鼠标指针按下后,跳转到链接的网站。当鼠标指针释放后,跳转到链接的网站。

(4) 同样的制作方法,将反应区元件多次从"库"面板拖入到舞台中,并分别输入脚本语言,完成后的舞台效果如图 25-8 所示。

图 25-8

(5) 执行"窗口"→"新建元件"命令,新建一个"名称"为"整体图像"的"影片剪辑"元件,将"图像"元件从"库"面板拖入到舞台中,如图 25-9 所示,再次将"图像"元件从"库"面板拖入到舞台中,如图 25-10 所示。

坐标轴

图　25-9

图　25-10

步骤 3　制作场景动画

(1) 单击"编辑栏"上的"场景 1"文字 ![场景1],将"整体图像"元件从"库"面板拖入到场景中,如图 25-11 所示,在"属性"面板上设置"实例名称"为 pic。在第 2 帧位置单击,按 F5 键插入关键帧。

图　25-11

> **操作提示**　拖入元件一定要注意元件在场景中的位置,如果元件在场景中的位置与实例中的位置不一致,就要对输入的脚本语言进行修改,这样才能正常地测试动画。

(2) 新建"图层 2",在"动作-帧"面板中输入如图 25-12 所示的脚本语言,在第 2 帧位置单击,按 F6 键插入关键帧,在"动作-帧"面板中输入如图 25-13 所示的脚本语言。

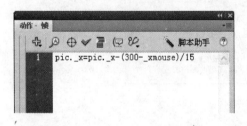

图　25-12

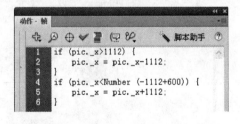

图　25-13

步骤 4　存储并测试影片

执行"文件"→"保存"命令,将动画保存为"CD\源文件\第 8 章\25-1.fla",执行"控制"→"测试影片"命令,测试动画效果如图 25-14 所示。

图　25-14

25.2 创建特殊链接

步骤 1 创建文档

执行"文件"→"新建"命令,新建一个 Flash 文档,如图 25-1 所示,单击"属性"面板上的"编辑"按钮,在弹出的"文档属性"对话框中设置如图 25-15 所示,单击"确定"按钮,完成"文档属性"的设置。

步骤 2 制作元件动画

(1)执行"窗口"→"新建元件"命令,新建一个"名称"为"qq 动画"的"影片剪辑"元件,将图像"CD\源文件\第 8 章\素材\252_03.png"导入到舞台中,效果如图 25-16 所示,在第 2 帧位置插入关键帧。

(2)新建"图层 2",在第 2 帧位置插入关键帧,使用"钢笔工具"在舞台上绘制图形,并将路径删除,如图 25-17 所示,将图形转换成"名称"为"qq 过光动画"的"影片剪辑"元件,双击该元件进入到元件的编辑状态,在第 35 帧位置插入关键帧。

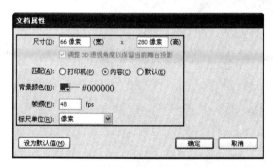

图 25-15

坐标轴

图 25-16

图 25-17

操作提示 在本步骤中将图形转换成元件后,双击进入元件的编辑状态,可以更好地定位过光动画的位置。如果不使用此方法,是很难对齐过光动画位置的。

(3)选择"图层 2",执行"窗口"→"颜色"命令,在"颜色"面板中设置其"填充颜色"为从 Alpha 值为 0% 的 #FFFFFF 到 Alpha 值为 100% 的 #FFFFFF 到 Alpha 值为 0% 的 #FFFFFF 的"线性"渐变,其他设置如图 25-18 所示,使用"矩形工具",在舞台中绘制矩形,如图 25-19 所示,并使用"渐变变形工具"调整渐变角度,如图 25-20 所示。

图 25-18

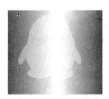

图 25-19

图 25-20

（4）在第 25 帧位置插入关键帧，使用"渐变变形工具"调整渐变角度，如图 25-21 所示，在第 1 帧位置上创建补间形状动画，"时间轴"面板如图 25-22 所示。

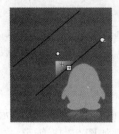
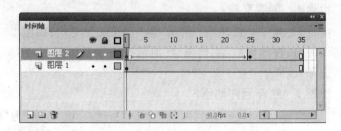

图　25-21　　　　　　　　　　　　　　　　图　25-22

（5）将"图层 2"拖至"图层 1"下面，"时间轴"面板如图 25-23 所示，在"图层 2"的图层名称上右击，在弹出的菜单中选择"遮罩层"选项，完成后的"时间轴"面板如图 25-24 所示。

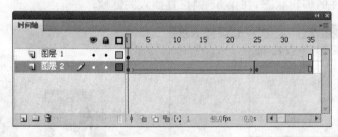

图　25-23

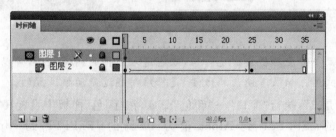

图　25-24

（6）返回到"qq 动画"元件的编辑状态，选择"图层 2"新建"图层 3"，执行"窗口"→"动作"命令，在"动作-帧"面板中输入"stop( )；"脚本语言，如图 25-25 所示，完成后的"时间轴"面板如图 25-26 所示。

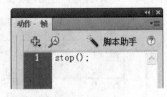

图　25-25

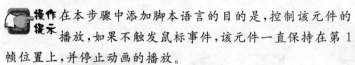操作提示 在本步骤中添加脚本语言的目的是，控制该元件的播放，如果不触发鼠标事件，该元件一直保持在第 1 帧位置上，并停止动画的播放。

（7）根据"qq 动画"元件的制作方法，制作"msn 动画"元件和"电子邮件动画"元件，元件效果如图 25-27 所示。

（8）执行"窗口"→"新建元件"命令，新建一个"名称"为"反应区"的"按钮"元件，在"点击"帧位置插入关键帧，使用"矩形工具"，在舞台上绘制矩形，如图 25-28 所示。

图 25-26

图 25-27

坐标轴

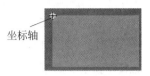

图 25-28

步骤 3 制作场景动画

(1) 单击"编辑栏"上的"场景 1"文字 ，将图像"CD\源文件\第 8 章\素材\252_01.jpg"导入到场景中,如图 25-29 所示,新建"图层 2",将"msn 动画"元件从"库"面板拖入到场景中,如图 25-30 所示。

(2) 在"属性"面板上设置"实例名称"为 v0,如图 25-31 所示,同样的制作方法,新建"图层 3"和"图层 4",分别将"qq 动画"元件和"电子邮件动画"元件从"库"面板拖入到场景中,并依次设置"实例名称"为 v1 和 v2,完成后的场景效果,如图 25-32 所示。

图 25-29

图 25-30

图 25-31

图 25-32

(3) 新建"图层 5",将"反应区"元件从"库"面板拖入到场景中,并调整大小,如图 25-33 所示,在"动作-按钮"面板中输入如图 25-34 所示的脚本语言。

图 25-33

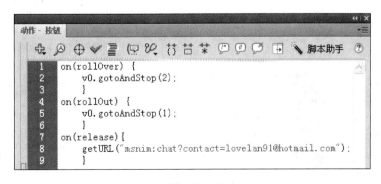

图 25-34

操作提示 在本步骤中输入的脚本语言意思是,当鼠标滑过"实例名称"为 v0 的元件时,跳转到该元件的第 2 帧位置并停止播放。当鼠标滑离"实例名称"为 v0 的元件时,跳转到该元件的第 1 帧位置并停止播放。当释放鼠标时,在弹出的对话框中可以利用 MSN 进行聊天。

(4)新建"图层 6",将"反应区"元件从"库"面板拖入到场景中,并调整大小,如图 25-35 所示,在"动作-按钮"面板中输入如图 25-36 所示的脚本语言。

操作提示 在本步骤中输入的脚本语言意思是,当鼠标滑过"实例名称"为 v1 的元件时,跳转到该元件的第 2 帧位置并停止播放。当鼠标滑离"实例名称"为 v1 的元件时,跳转到该元件的第 1 帧位置并停止播放。当释放鼠标时,在弹出的对话框中可以利用 QQ 进行聊天。

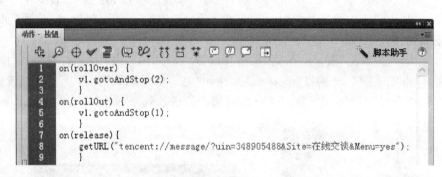

图 25-35   图 25-36

(5)新建"图层 7",将"反应区"元件从"库"面板拖入到场景中,并调整大小,如图 25-37 所示,在"动作-按钮"面板输入如图 25-38 所示的脚本语言。

操作提示 在本步骤中输入的脚本语言意思是,当鼠标滑过"实例名称"为 v2 的元件时,跳转到该元件的第 2 帧位置并停止播放。当鼠标滑离"实例名称"为 v2 的元件时,跳转到该元件的第 1 帧位置并停止播放。当释放鼠标时,在弹出的对话框中可以给设置的用户发邮件。

步骤 4   存储并测试影片

执行"文件"→"保存"命令,将动画保存为"CD\源文件\第 8 章\25-2.fla",执行"控制"→"测试影片"命令,测试动画效果如图 25-39 所示。

 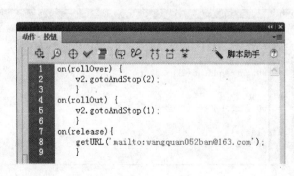  

图 25-37   图 25-38   图 25-39

课堂练习

任务背景：通过本课的学习小李已经掌握了在 Flash 中如何添加链接以及在 Flash 中 3 种特殊链接的添加方法。由于本课所讲解的链接毕竟有限，所以小李需要上网查找关于链接的一些知识，以提高制作链接的水平。

任务目标：上网找到几种与本课所讲解的不同的添加链接方法。

任务要求：找到添加链接方法以后，要仔细地分析研究链接的添加方法，如果自己搞不清楚，可以请教老师帮助分析，从而将不明白的问题弄清楚。

任务提示：因为小李没有系统地学习添加链接的方法，所以对链接的制作主要是从书本上和网络上学习的。

练习评价

项　　目	标　准　描　述	评定分值	得　分
基本要求 60 分	掌握特殊链接的添加方法	20	
	掌握鼠标事件的作用	20	
	掌握普通链接与特殊链接的区别	20	
拓展要求 40 分	开拓创新制作特殊链接	40	
主观评价		总分	

本课小结

本课主要讲解了在 Flash 中如何为按钮元件添加链接，通过为按钮添加链接，当触发了相应的鼠标事件后，就会与添加链接的网站进行链接，达到链接的目的。

课外阅读

在添加链接时可以指定 4 种弹出页面的窗口

_blank：在新窗口中打开链接。

_self：在自身窗口中打开链接。

_parent：在上级窗口中打开链接。

_top：在顶级窗口中打开链接。

课后思考

（1）可以为图形元件添加链接吗？

（2）如何实现在不同的窗口打开链接？

第 9 章

测试和发布影片

第26课 测试影片

在使用 Flash 制作动画时,常常需要查看动画的效果,利用测试可以查看动画的效果,而且 Flash 中提供了多种在 SWF 文件中测试 ActionScript 的工具,除了可以在"调试器"中对 SWF 文件进行测试,迅速找到其中包含的错误外,Flash 还提供以下调试工具。

- "输出"面板可显示错误信息,包括某些运行时的错误以及变量和对象列表。
- Trace 语句可以将编程注释和表达式的值发送到"输出"面板。
- Throw 和 try…catch…finally 语句可以测试和响应脚本中的运行时错误。

在 Flash Player 中运行 SWF 文件时,Flash 中的"调试器"作为监视影片所有内部工作的窗口,可以显示影片中所有的影片剪辑实例、层级和它们的属性,"调试器"还能跟踪影片指定的时间轴中所有活动的变量。这样当影片无法正常运行时,"调试器"能够帮助用户检查脚本的执行情况。

课堂讲解

任务背景:小王经常制作 Flash 动画,但是发现动画中经常出现错误,通过在网上查询,他知道了 Flash"调试影片"和"测试影片"的命令……

任务目标:掌握如何对影片进行调试。

任务分析:不仅小王在制作动画时会出现错误,任何人都可能出现错误,只要对影片进行调试,这样的错误就不会再发生了。

26.1 如何对影片进行调试

步骤 1 打开"测试"面板

执行"窗口"→"调试面板"→"ActionScript 2.0 调试器"命令,或按 Shift＋F4 键,打开"调试器"面板,这时所打开的窗口处于不活动状态,如图 26-1 所示。

　　要使"调试器"开始正常工作，必须执行"调试"→"调试影片"命令，Flash 将自动转入测试影片模式，"调试器"面板开始显示影片内容，在默认情况下，"调试器"处于暂停状态。要开始调试，单击代码视图窗口上方的"继续"按钮，如图 26-2 所示。

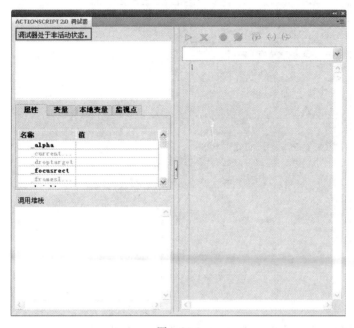

图　26-1

图　26-2

步骤 2　调试面板的功能

　　"调试器"被激活后，将在面板中显示影片的图层、元件实例、代码等信息，如图 26-3 所示。

二维动画设计与制作——Flash CS4中文版

图　26-3

1. 状态栏

"调试器"面板最顶端是状态栏,在文件被激活后,"调试器"面板的状态栏就会显示文件的 URL 或本地路径,表示文件是运行在测试模式下还是从远程位置运行,并且显示影片剪辑显示列表的动态视图。

2. 显示列表

"调试器"面板被激活后,显示列表将显示断点处每个影片层级和影片剪辑实例的详细分类。当复制、删除、加载或从主时间轴上卸载时,显示列表会立即反映出这些更改。该窗口类似影片浏览器的显示方式,可以从中清楚地看到影片剪辑实例的继承关系。如果影片中包含大量的影片剪辑,通过移动水平拆分器,可以重新调整显示列表的大小。

3. "属性"选项卡

"属性"选项卡用于查看和更改指定的影片剪辑实例的属性。可以在测试影片时查看影片剪辑的属性并直接从"调试器"面板中更改它们,在"属性"选项卡中进行的任何更改只是暂时性的更改,并不能永久地改变影片的参数。

要显示影片剪辑的属性,从显示列表中选择影片剪辑,单击"属性"选项卡,可以从中查看到所有关于影片剪辑属性的清单,如图 26-4 所示。当在影片中改变影片剪辑时,此处的属性也会随着更改。

在"属性"选项卡中修改属性值时,注意该值不能是表达式,如可以输入 50 或者 clearwater,但是不能输入 X+50。该值可以是字符串、数字或布尔值(true 或 false)。不能在"调试器"中输入对象或数组值(如:{id:"rogue"}或[1,2,3])。

4. "变量"选项卡

"调试器"面板中的"变量"选项卡用来显示在显示列表中选择的 SWF 文件的所有全局变量和时间轴变量的名称和值,如图 26-5 所示,如果没有设置"变量",则显示为空白;如果

设置了"变量"并改变了"变量"选项卡上的变量值，当 SWF 文件运行时，就能看到在 SWF
文件中的变化。

图　26-4　　　　　　　　　　　　　　　　　图　26-5

5. "本地变量"选项卡

"调试器"面板中的"本地变量"选项卡会显示 ActionScript 特定行，即在断点处或在用
户定义函数内任何位置，停止 SWF 文件时当前行中所有可用的本地变量名称和值。

6. "监视点"选项卡

要以可管理的方式监视一组关键变量，可以标记这些变量，使之显示在监视点列表中，监
视点列表显示了变量和它的值的绝对路径，和在"变量"选项卡中的方式一样，还可以在监视点
列表中输入新的变量值，监视点列表中能显示使用绝对目标路径可以访问的变量和属性。

如果将某个本地变量添加到监视点列表中，只有当 Flash Player 停止在该变量所在范
围的 ActionScript 的某一行时，才会显示该变量的值，所有其他变量会在 SWF 文件播放时
显示，如果"调试器"查找不到该变量的值，则该变量的值将按 undefined 列出。

监视点列表只能显示变量，不能显示属性或函数。

要创建监视列表，可以执行以下操作之一。

- 在"变量"或"本地变量"选项卡上，右击一个选定的变量，从快捷菜单中选择"监视
  点"选项，此时该变量旁边会出现一个蓝点。
- 在"监视点"选项卡中右击，从快捷菜单中选择"增加"选项，在"名称"列中双击，并在
  该字段中输入变量名的目标路径即可。

不能从"属性"选项卡上直接向监视列表指定项目（例如_alpha 或_curentfram），Flash
只允许观察变量，但是可以为要监视的属性初始化一个变量，并使用"调试器"设置对该变量
进行监视。

例如,如果需要连接监视某影片剪辑的水平位置,可以为_x属性创建一个变量。

```
block_mc.OnEnterFrame = function()
{
    block_hPos = block_mc_x;
}
```

使用"变量"选项卡设置对变量 block_hPos 的监视。

在"监视点"选项卡或"变量"选项卡上右击,从快捷菜单中选择"删除"选项就可以从监视列表中删除项目。

7. 断点

断点可以在 ActionScript 的特定行终止正在 Flash 调试播放器中运行的 Flash 应用程序,从而发现代码中可能的错误点。例如,如果编写了一组 if...else...if 语句,但不能确定哪一个正在执行,则可以在语句前面添加断点,在"调试器"中逐个检查这些语句。

可以在"动作"面板、脚本窗口或者"调试器"中设置断点。在"动作"面板中设置的断点会保存在 FLA 文件中,在"调试器"和脚本窗口中设置的断点不会保存在 FLA 文件中,并且只在当前的调试中有效。

在"动作"面板中设置和删除断点的步骤如下。

(1)打开"动作"面板,在"动作"面板的脚本窗口中单击要设置或删除断点的行。

(2)执行下面的一项操作。

- 单击"调试选项"按钮,从弹出的下拉菜单中选择"切换断点"或"删除所有断点"选项,如图 26-6 所示。

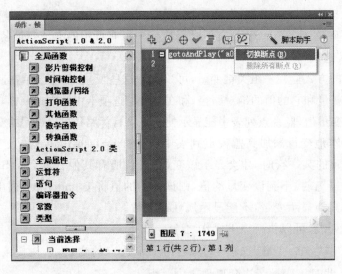

图　26-6

- 右击,从快捷菜单中选择"切换断点"或"删除此文件中的断点",如图 26-7 所示。
- 按 Shift＋Ctrl＋B 键。
- 直接在"动作"面板脚本窗口中显示的行号上单击来增加或删除断点,如果行号没有显示,可以从"动作"面板右上角的选项菜单中选择"行号"。

图 26-7

在"调试器"面板中设置和删除断点的步骤如下。

(1) 使用"调试器"的跳转菜单查找到要设置或删除断点的脚本。

(2) 从代码视图栏中,单击要设置或删除断点的行。

(3) 执行下面的一项操作。

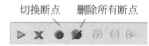

- 在"调试器"面板工具栏中单击"切换断点"或"删除所有断点"按钮,如图 26-8 所示。

  图 26-8

- 右击,从快捷菜单中选择"切换断点"或"删除所有断点",如图 26-9 所示。或按 Shift+Ctrl+B 键。

图 26-9

26.2　测试场景与影片

步骤 1　测试场景

制作动画的过程中将会创建多个场景,在需要测试当前场景动画时,可以执行"控制"→"测试场景"命令,如图 26-10 所示,就可以单独测试一个场景。

打开文件"CD\源文件\第 9 章\源文件\26-2.fla"如图 26-11 所示。执行"窗口"→"其他面板"→"场景"命令,打开"场景"面板,选择"场景 1",如图 26-12 所示,执行"控制"→"测试场景"命令,测试场景效果如图 26-13 所示。

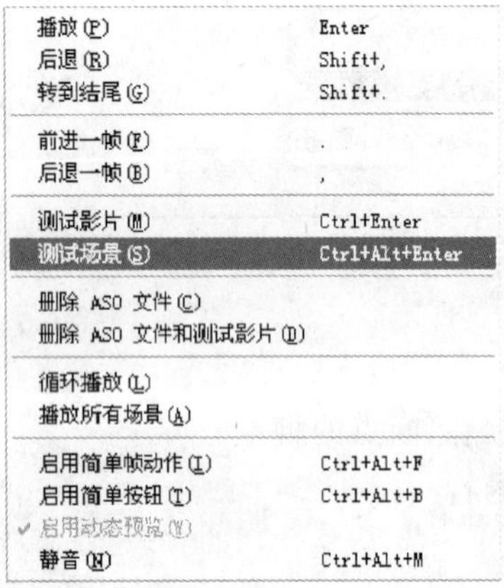

图　26-11

图　26-10

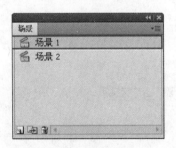

图　26-12

图　26-13

步骤 2　测试影片

在动画制作完成后,需要对动画进行整体的测试,从而观看动画中是否有漏洞,执行"控制"→"测试影片"命令,如图 26-14 所示,测试动画效果。

继续上一步操作,如图 26-15 所示,执行"控制"→"测试影片"命令,测试场景效果如图 26-16、图 26-17 所示。

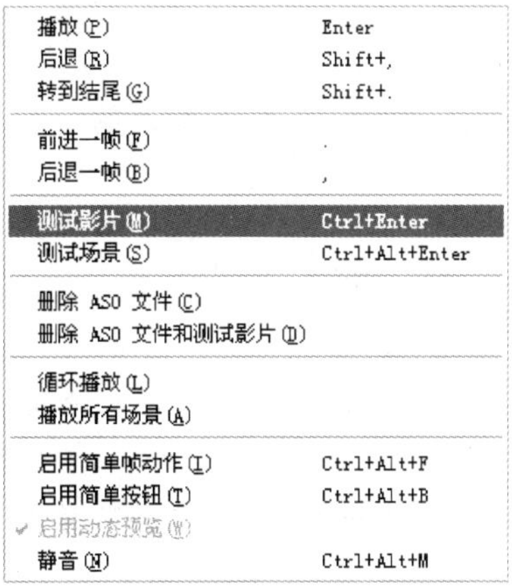

播放(P) Enter
后退(R) Shift+,
转到结尾(G) Shift+.
前进一帧(F) .
后退一帧(B) ,
测试影片(M) Ctrl+Enter
测试场景(S) Ctrl+Alt+Enter
删除 ASO 文件(C)
删除 ASO 文件和测试影片(D)
循环播放(L)
播放所有场景(A)
启用简单帧动作(I) Ctrl+Alt+F
启用简单按钮(T) Ctrl+Alt+B
启用动态预览(W)
静音(N) Ctrl+Alt+M

图 26-14

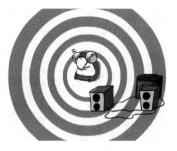

图 26-15

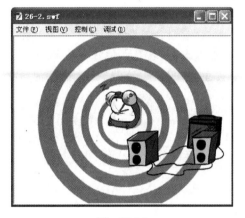

26-2.swf
文件(F) 视图(V) 控制(C) 调试(D)

图 26-16

26-2.swf
文件(F) 视图(V) 控制(C) 调试(D)

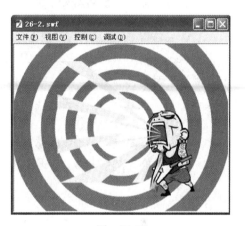

图 26-17

课堂练习

任务背景：通过本课的学习，小王已经基本掌握了如何对影片进行调试和测试了，了解了在 Flash 中，“调试”面板的一些基本命令。

任务要求：在制作完成动画后，需要再对影片进行相应调试和测试。

任务提示：“调试器”作为监视影片所有内容工作的窗口，可以显示影片中所有影片剪辑实例、层级和它们的属性，还能跟踪影片制定的时间轴中所有活动的变量。

练习评价

项　目	标准描述	评定分值	得　分
基本要求 60 分	制作一个 Flash 动画	20	
	测试动画场景	20	
	测试整体动画	20	
拓展要求 40 分	分析测试动画的目的	40	
主观评价		总分	

本 课 小 结

本课主要讲解了如何在 Flash 中对影片进行调试和测试,通过本课的学习,要掌握在 Flash 中调试影片的方法,并熟练应用到实际操作中。

课 外 阅 读

Flash 中的影片优化

在完成一个 Flash 影片制作后,可以将其上传到网络中共享,但有时会受到网站或空间的限制,文件传不上去,或传上去后因文件过大而影响浏览速度。这就要求在不损坏观赏效果的前提下,减小 Flash 影片的大小,也就是所谓的优化,下面介绍在制作影片时优化影片的一些方法。

1. 影片的优化原则

(1) 多使用符号。如果电影中的元素有使用一次以上者,则应考虑将其转换为符号。重复使用符号并不会使电影文件明显增大,因为电影文件只需储存一次符号的图形数据。

(2) 尽量使用渐变动画。只要有可能,应尽量以“移动渐变”的方式产生动画效果,而少使用“逐帧渐变”的方式产生动画。关键帧使用得越多,电影文件就会越大。

(3) 多采用实线,少用虚线。限制特殊线条类型如短画线、虚线、波浪线等的数量。由于实线的线条构图最简单,因此使用实线将使文件更小。

2. 字体和文字

(1) 尽可能多用同一字体,尽量少用嵌入字体。

(2) 对于“嵌入字体”选项,只选择需要的字体,不要包括所有字体。

3. 线条

(1) 尽量组合元素。

(2) 尽可能减少线条中分隔线的数量。

(3) 尽可能少用特殊的线条,如虚线、点状线、锯齿线等,因为实线占用内存空间较少,而特殊线条占用内存多,使用铅笔工具绘制的线条,比刷子工具绘制的线条所需的内存要少。

4. 色彩

在元件“属性”面板的“颜色”下拉列表框中,可以为元件设置亮度、色调、Alpha 值和高级等属性。

课 后 思 考

(1) 在“窗口”命令中打开的“调试器”面板为什么处于不活动状态?

(2) 测试动画的目的是什么?

第27课　发布和导出影片

当已准备好将影片传递给浏览器时,必须先将 FLA 格式的文件发布或导出为其他格式以便播放。

默认情况下,在 Flash 中执行“发布”命令,可以将 Flash 影片发布为 SWF 文件、包含该 Flash 影片的 HTML 文档。并且将 Flash 影片发布为 HTML 文档时还将自动生成使

SWF 文件在浏览器中兼容活动的标记为 AC_OETags.js 的 JavaScript 文档。在创建发布配置文件以后,将其导出以便其他文档使用,或供在同一项目上工作的其他人使用。

课堂讲解

> **任务背景**:小王平常很喜欢制作 Flash 动画,常常自己制作很多动画。一次他制作了一个 Flash 贺卡,想上传到互联网上,但是却不知道如何上传,通过一番询问后,他知道了 Flash 发布影片的功能……
>
> **任务目标**:了解并掌握在 Flash 中如何发布影片。
>
> **任务分析**:Flash 的发布功能就是为在网上演示动画而设计的,发布命令可以创建 Flash 播放器能播放的 SWF 文件格式,并且可以根据需要生成 HTML 文件,使浏览者可以在浏览器中播放 Flash 影片。

27.1 发布影片

步骤 1 发布 SWF 格式

执行"文件"→"发布设置"命令,弹出"发布设置"对话框,如图 27-1 所示,单击 Flash 选项卡,进行相应设置如图 27-2 所示。

- 播放器:在"播放器"下拉列表框中选择一个"播放器版本"。
- 脚本:在"脚本"下拉列表中选择一个"ActionScript 版本"。
- JPEG 品质:要控制位图压缩,可调整"JPEG 品质"滑块或输入一个值。

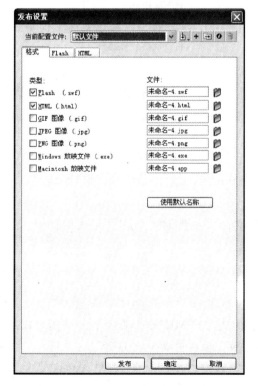

图 27-1

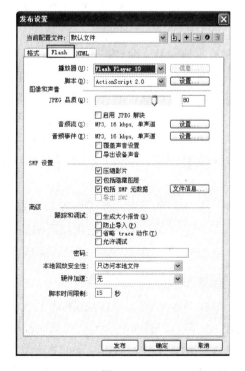

图 27-2

- 音频流、音频事件：要为影片中的所有音频流或事件声音设置采样率和压缩比，可以单击"音频流"或"音频事件"旁边的"设置"按钮，然后在"声音设置"对话框中选择"压缩比"、"比特率"和"品质"选项，完成后单击"确定"按钮。

SWF 设置：在该项目下可以设置"压缩影片"、"包括隐藏图层"、"包括 XMP 元数据"和"导出 SWC"。

- 压缩影片：压缩 SWF 文件以减小文件大小和缩短下载时间。当文件包含大量文本或 ActionScript 时，使用此选项十分有益。经过压缩的文件只能在 Flash Player 6.0 或更高版本中播放。
- 包括隐藏图层：导入 Flash 文档中所有隐藏的图层。取消选择"包括隐藏图层"选项，将阻止把生成的 SWF 文件中标记为隐藏的所有图层导出，包括嵌套在影片剪辑内的图层。
- 包括 XMP 元数据：默认情况下，将在"文件信息"对话框中导出输入的所有元数据。单击"文件信息"按钮，就会弹出对话框，在对话框中显示该文件的相关信息。
- 导出 SWC：选择该选项后会导出 .swc 格式的文件，该文件用于分发组件。.swc 文件包含一个编译剪辑、组件的 ActionScript 类文件以及描述组的其他文件。
- 生成大小报告：生成一个报告，按文件列出最终 Flash 内容中的数据量。
- 防止导入：防止其他人导入 SWF 文件并将其转换回 FLA 文档。可使用密码来保护 Flash 的 SWF 文件。
- 省略 trace 动作：使用 Flash 忽略当前 SWF 文件中的 ActionScript trace 语句。如果选择此选项，trace 语句的信息将不会显示在"输出"面板中。
- 允许调试：激活调试器并允许远程调试 Flash SWF 文件。可使用密码来保护 SWF 文件。
- 本地回放安全性：从弹出的菜单中，选择要使用的 Flash 安全模型。"指定"是授予已发的 SWF 文件本地安全性访问权，"清空"是网络安全性访问权。"只访问本地"可使用已发布的 SWF 文件与本地系统上的文件和资源交互，但不能与网络上的文件和资源交互。"只访问网络"可使已发布的 SWF 文件与网络上的文件和资源交互，但不能与本地系统上的文件和资源交互。
- 硬件加速：若要使 SWF 文件能够使用硬件加速，可选择该选项中的任意一项："第1级-直接"和"第2级-GPU"。
- 脚本时间限制：若要设置脚本在 SWF 文件中执行时可占用的最大时间量，Flash Player 将取消执行超出此限制的任何脚本。

设置完成后，单击"发布"按钮，完成 SWF 的发布。

步骤 2　发布 HTML 格式

要在 Web 浏览器中播放 Flash 影片，则必须创建 HTML 文档，激活影片和指定浏览器设置。使用"发布"命令即可按模板文档中的 HTML 参数自动生成 HTML 文档。

HTML 参数可以控制 Flash 影片出现在浏览器窗口中的位置、背景颜色和影片大小等，并且可以设置 object 和 embed 标签的属性。单击"发布设置"对话框上的 HTML 选项卡,转换到 HTML 选项卡设置,如图 27-3 所示,可以修改这些设置。改变这些设置将覆盖原先在影片中设置的选项,如图 27-4 所示。

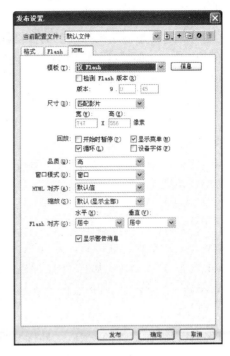

- 模板:在"模板"下拉列表中选择一种已经安装的模板,单击右侧的"信息"按钮可以显示所选模板的说明。

- 尺寸:在"尺寸"下拉列表中可以选择影片尺寸大小单位,设置影片的尺寸。

- 回放:在"回放"选项区中可以通过勾选复选框,控制影片的播放和各种功能。

- 品质:在"品质"下拉列表中可以选择影片的品质高低。选择"品质"选项将在处理时间与应用消除锯齿功能之间确定一个平衡点,从而在将每一帧呈现在浏览者的屏幕之前对其进行平滑处理。

- 窗口模式:指定一种"窗口模式"选项用于透明度、定位和层。

图 27-3

- HTML 对齐:在"HTML 对齐"下拉列表中可以设置 Flash 影片窗口在浏览器窗口中的位置。

- 缩放:如果已经改变了影片的原始宽度和高度,选择一种"缩放"选项可以将影片放到指定的边界内。

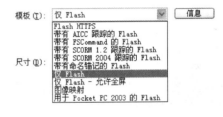

图 27-4

- Flash 对齐:选择一个"Flash 对齐"选项可以设置如何在影片窗口内放置影片和在必要时如何裁剪影片边缘。

- 显示警告消息:选中"显示警告消息"复选框可以在标记设置发生冲突时显示错误消息。

设置完成后,单击"发布"按钮,HTML 页面发布完成。

步骤 3　发布图像格式

1. GIF

GIF 文件提供了一种简单的方法来导出绘画和简单动画,以供 Web 中使用。标准的 GIF 文件是一种简单的压缩位图。

GIF 动画文件提供了一种简单的方法来导出简短的动画序列。Flash 可以优化 GIF 动画文件,并且只存储逐帧更改的文件。除非通过在"属性"面板上输入帧标签#Static 来标记要导出的其他关键帧;否则 Flash 会将 SWF 文件的第 1 帧导出为 GIF 文件。除非通过在相应的关键帧中输入帧标签#First 和#last 来指定导出的范围;否则 Flash 会将当前的 SWF 文件中的所有帧导出为一个 GIF 动画文件。

Flash 可以为 GIF 文件生成一个图像映射,以保留原始文档中按钮的 URL 连接。使用"属性"面板,在想创建图像映射的关键帧中放入帧标签#Map。如果没有创建帧标签,Flash 会使用 SWF 文件最后一帧中的按钮创建映射图像。只有在选择的模板中有 $IM 模板变量时,才可以创建图像映射。

2. JPEG

JPEG 格式可将图像保存为高压缩比的 24 位位图。通常,GIF 格式对于导出线条绘画效果较好,而 JPEG 格式更适合显示包含连续色调(如照片、渐变色或嵌入位图)的图像。除非输入帧标签#Static 来标记要导出的其他关键帧;否则 Flash 会把 SWF 文件的第 1 帧导出为 JPEG 文件。

3. PGN

PNG 是唯一支持透明度(Alpha 通道)的跨平台位图格式。它也是用于 Macromedia Fireworks 的本地文件格式。除非输入帧标签#Static 来标记要导出的其他关键帧;否则 Flash 会把 SWF 文件中的第 1 帧导出为 PNG 文件。

步骤 4　发布为 EXE 可执行文件

使用发布命令既可以为 Windows 系统创建可执行文件,也可以为苹果系统创建可执行文件。通过发布建立的 EXE 文件比 SWF 动画文件要大一些,这是因为 EXE 文件中内建 Flash 播放器。这样,即使没有安装 Flash 软件,也能够观看 Flash 动画。

在"发布设置"对话框中选中"Windows 放映文件"复选框,单击"发布"按钮,即可以发布 EXE 可执行文件了。

27.2　导出影片

要准备用于其他应用程序的 Flash 内容,或以特定文件格式导出当前 Flash 文档的内容,可以使用"导出影片"和"导出图像"命令。"导出"命令不会为每个文件单独存储导出设置,"发布"命令也一样。

步骤 1　导出影片

"导出影片"命令可以将 Flash 文档导出为静止图像格式,而且可以为文档中的每一帧都创建一个带有编号的图像文件。还可以使用"导出影片"命令将文档中的声音导出为 WAV 文件。如图 27-5 所示为"导出影片"对话框。

步骤 2　导出图像

也可以使用"导出图像"命令将当前帧内容或当前所选图像导出为一种静止图像格式或导出为单帧 Flash Player 应用程序。如图 27-6 所示为"导出图像"对话框。

在导出图像时,应该注意以下两点。

- 在将 Flash 图像导出为矢量图形文件(Illustrator 格式)时,可以保留其矢量信息。用户可以在其他基于矢量的绘画程序中编辑这些文件,但是不能将这些图像导入大多数的页面布局和文字处理程序中。
- 将 Flash 图像保存为位图文件时,图像会丢失其矢量信息,仅以像素信息保存。可以在图像编辑软件中编辑导出为位图的 Flash 图像,但是不能再在基于矢量的绘画软件中编辑它们了。

图 27-5

图 27-6

课堂练习

任务背景：通过本课的学习，小王已经基本掌握了如何在 Flash 中发布影片了，了解了默认的存储格式并不能直接被应用到互联网上，动画的每个具体应用都需要相应的格式来支持。

任务目标：制作其他 Flash 动画并将其发布为 SWF 格式。

任务要求：制作完动画以后，将动画发布为 HTML 格式。

任务提示：除了掌握将动画发布为 SWF 格式以外，还需要掌握将动画发布成其他格式。

练习评价

项　　目	标　准　描　述	评定分值	得　分
基本要求 60 分	制作一个 Flash 动画	30	
	将动画发布为 SWF 格式	30	
拓展要求 40 分	将动画发布成其他格式	40	
主观评价		总分	

本课小结

本课主要讲解了如何发布 Flash 影片,通过本课的学习,要掌握如何将动画以不同的格式发布,并应用到实际的操作中。

课外阅读

Flash Optimizer 优化软件

Flash Optimizer 是一个功能强大简单易用的 Flash 动画(SWF)文件优化工具,程序采用特殊的算法可以将 Flash 动画文件的体积缩小到只有原来的 60%~70%,而可以基本保持动画品质不变,是网页设计师、专业 Flash 动画设计师首选的 Flash 优化压缩解决方案。

经过此软件的优化后,原来 Flash 的体积将大大减小,以便于在网上的传输。可以在互联网上搜索并下载该软件使用。

课后思考

(1) Flash 有几种发布类型?

(2) 将动画发布为 GIF 格式文件,动画中的 ActionScript 和 URL 连接都会失效吗?

第 **10** 章

综合实例制作

知识要点

- 了解展示动画的制作
- 掌握展示动画制作的原则
- 了解网站广告动画的制作
- 掌握网站广告的类型

- 网站导航动画的制作方法
- 制作网站导航动画的要求
- 网站导航动画的设计理念

第28课 展 示 动 画

展示动画是工作中常常用到的动画类型,表现形式一般比较简单,达到向浏览者展示产品、服务、形象等内容即可。

与其他 Flash 动画最大的区别是,一般不需要在动画中加入过多的脚本,从开始到结束都是在 Flash 动画中设置好的,不需要浏览者单击控制,最多在动画中加入链接,当单击时直接进入到指定的页面,最主要的是要将所需的产品展现给浏览者。

课 堂 讲 解

任务背景:小王经过长时间地学习制作 Flash 动画,已经对 Flash 动画,有了深入的了解,一次在互联网上,看到一部手机的展示动画广告,小王并没有接触过这种类型的动画,于是他尝试着制作一个展示动画……

任务目标:掌握展示动画的制作手法,以及一些基本命令的应用。

任务分析:展示动画重点是如何能够突出主题,传达相关的信息内容,给人以优美的视觉效果。

28.1 动画分析

本例首先制作动画需要的各种影片动画,然后制作主场景动画,在制作过程中多处使用了淡入、淡出的动画效果,来突出展示的产品。

28.2 动画制作流程

步骤 1 新建文档

执行"文件"→"新建"命令,新建一个 Flash 文档,如图 28-1 所示,单击"属性"面板上的

"编辑"按钮,在弹出的"文档属性"对话框中设置如图 28-2 所示,单击"确定"按钮,完成"文档属性"的设置。

图 28-1   图 28-2

步骤 2   新建元件

(1) 新建"名称"为"背景动画"的"影片剪辑"元件,执行"文件"→"导入"→"导入到舞台"命令,将图像"CD\源文件\第 10 章\素材\28202.jpg"导入到舞台中,如图 28-3 所示。将其转换成"名称"为"背景 1"的"图形"元件,在第 11 帧位置插入关键帧,选择第 1 帧上场景中的元件,设置"属性"面板上的 Alpha 值为 0%,如图 28-4 所示。

图 28-3   图 28-4

操作提示 在本步骤所制作的背景场景效果,通过设置 Alpha 值,制作出背景的淡入淡出效果。

(2) 选择第 11 帧上场景中的元件,移动元件的位置,并对"属性"面板上的"高级"样式进行相应的设置,如图 28-5 所示,设置后的元件效果如图 28-6 所示。

(3) 在第 41 帧位置插入关键帧,设置"属性"面板上的"颜色样式"为"无",移动该元件位置,如图 28-7 所示,在第 61 帧和第 80 帧位置插入关键帧,选择第 80 帧上场景中的元件,移动元件位置,设置"属性"面板上的 Alpha 值为 0%,如图 28-8 所示,在第 255 帧位置插入帧,分别在第 1、11 和 61 帧上创建"传统补间"。

(4) 相同方法,制作出"图层 2"和"图层 3",如图 28-9 所示,"时间轴"面板如图 28-10 所示。

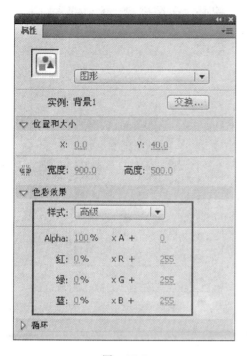

图　28-6

图　28-7

图　28-5

图　28-8

（5）新建"名称"为"花动画"的"影片剪辑"元件，将图像 28206. png 导入到舞台中，如图 28-11 所示，将其转换成"名称"为"花 1"的"图形"元件，分别在第 7 帧和第 21 帧位置插入关键帧，选择第 1 帧上场景中的元件，在"属性"面板上设置 Alpha 值为 0％，效果如图 28-12 所示。

图层2

图层3

图　28-9

图　28-10

（6）选择第 7 帧上场景中的元件，对"属性"面板上的"高级"样式进行相应的设置，如图 28-13 所示，设置后的元件效果如图 28-14 所示。在第 160 帧位置插入帧，分别在第 1 帧和第 7 帧上创建"传统补间"。

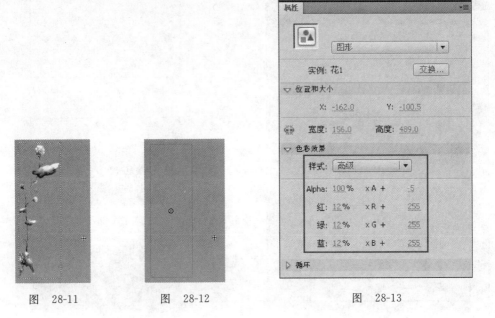

图　28-11　　　　　　图　28-12　　　　　　　　图　28-13

　　（7）相同方法，制作出"图层2"至"图层5"，如图28-15所示，新建"图层6"，在"动作-帧"面板上输入"stop();"脚本语言，"时间轴"面板如图28-16所示。

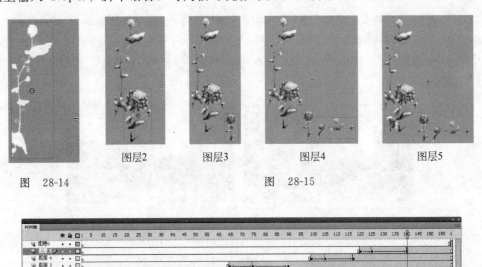

图层2　　　　图层3　　　　图层4　　　　图层5

图　28-14　　　　　　　　　　　　　　　图　28-15

图　28-16

　　（8）新建"名称"为"光"的"图形"元件，执行"窗口"→"颜色"命令，打开"颜色"面板，设置"笔触颜色"为无，"填充颜色"为100%的#FFFFFF到0%的#FFFFFF的"放射状"渐变，如图28-17所示，设置完成后，使用"椭圆工具"在场景中绘制图形，如图28-18所示。

　　（9）选择刚刚绘制的图形，执行"窗口"→"变形"命令，打开变形面板，设置如图28-19所示，单击"重制选区和变形"按钮，复制图形，如图28-20所示。

图 28-17　　　　　　　　　图 28-18　　　　　　　　　图 28-19

（10）相同方法，制作出"图层 2"，如图 28-21 所示，新建"名称"为"光动画"的"影片剪辑"元件，将"光"元件从"库"面板拖入到舞台中，如图 28-22 所示。在第 20 帧位置插入关键帧，在第 1 帧上创建"传统补间"，并设置"属性"面板上的"旋转"为"逆时针"旋转，如图 28-23 所示。

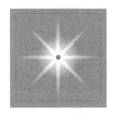

图 28-20　　　　　　　　　图 28-21　　　　　　　　　图 28-22

（11）新建"名称"为"背景遮罩"的"图形"元件，将图像 28205.png 导入到舞台中，如图 28-24 所示，新建"图层 2"，将图像 282011.png 和 282011.png 依次导入到舞台中，并复制多个移动到相应位置，如图 28-25 所示。

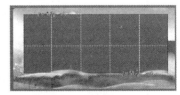

图 28-24

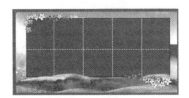

图 28-23　　　　　　　　　　　　　　图 28-25

步骤3 制作场景动画

（1）返回到"场景1"编辑状态，将图像28201.jpg导入到场景中，如图28-26所示，在第295帧位置插入帧，新建"图层2"在第3帧位置插入关键帧，使用"椭圆工具"设置"填充颜色"为#FFFFFF，"笔触颜色"为无，在场景中绘制图形，如图28-27所示。

（2）在第7帧位置插入关键帧，使用"任意变形工具"调整图形的形状，如图28-28所示，在第9帧插入空白关键帧，使用"矩形工具"设置"填充颜色"为#FFFFFF，"笔触颜色"为无，在场景中绘制图形，如图28-29所示。

图 28-26　　　　　　　图 28-27　　　　　　　图 28-28

（3）在第28帧位置插入关键帧，使用"任意变形工具"调整图形的形状，如图28-30所示。在第41帧位置插入关键帧，设置"填充颜色"为0%的#D6D6D6，"笔触颜色"为无，如图28-31所示，并在第3帧、第9帧和第28帧上创建"补间形状"。

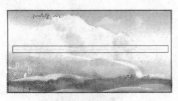

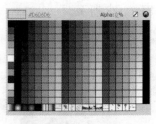

图 28-29　　　　　　　图 28-30　　　　　　　图 28-31

（4）新建"图层3"，在第42帧位置插入关键帧，将"背景动画"元件从"库"面板拖入到场景中，如图28-32所示，新建"图层4"，将"背景遮罩"元件从"库"面板拖入到场景中，如图28-33所示。

（5）新建"图层5"，将"花动画"元件从"库"面板拖入到场景中，如图28-34所示。新建"图层6"，在第50帧位置插入关键帧，将"光动画"元件从"库"面板拖入到场景中，如图28-35所示。分别在第70帧和第270帧位置插入关键帧，在第271帧位置插入空白关键帧，选择第50帧上场景中的元件，设置"属性"面板上的Alpha值为0%。

图 28-32

图 28-33　　　　　　　图 28-34　　　　　　　图 28-35

（6）在"图层 6"的"图层名称"上右击，在弹出的菜单中选择"添加传统运动引导层"选项，如图 28-36 所示，使用"铅笔工具"在"属性"面板上进行相应设置，如图 28-37 所示，设置完成后在场景中绘制线段，如图 28-38 所示。并将"图层 6"第 70 帧和第 270 帧上的元件，依次对齐线段的起点和终点。分别在第 70 帧和第 270 帧上创建"传统补间"。

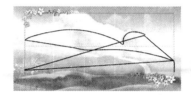

图　28-36　　　　　　　　图　28-37　　　　　　　　图　28-38

步骤 4　保存动画测试影片

新建"图层 8"在第 296 帧位置插入关键帧，在"动作-帧"面板上输入"stop（）;"脚本语言，完成动画的制作，执行"文件"→"保存"命令，将动画保存为"CD\源文件\第 10 章\28-2.fla"，执行"控制"→"测试影片"命令，测试动画效果如图 28-39 所示。

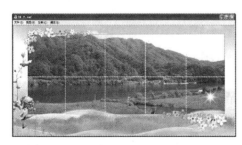

图　28-39

28.3　总结扩展

在制作展示动画时应注意播放的连贯性，注意要突出动画的层次感、内容及元件之间的位置关系。通过本实例的学习，让读者对展示动画的制作有了深入的了解。

课堂练习

任务背景：通过第 28 课的学习，小王已经基本了解了制作展示动画的手法和技巧，掌握了利用一些基本动画效果来突出动画的层次感及内容。

任务目标：制作一个商品的展示动画。

任务要求：深入了解掌握制作展示动画的相关知识。

任务提示：制作出造型简单、给人一种美观、酷、炫的视觉效果的展示动画。

练习评价

项　　目	标　准　描　述	评定分值	得　　分
基本要求 60 分	分析动画的表现手法	30	
	制作动画效果	30	
拓展要求 40 分	是否突出动画主题	20	
	图形元件和影片剪辑元件的套用是否自然	20	
主观评价		总分	

课外阅读

展示动画制作的原则

（1）技法原则：制作展示动画有很多技法，如遮罩法和模糊法等。

（2）色彩原则：展示动画的制作，应注意色彩与展示内容相符，如化妆品应以暖色为主色调。

（3）动画原则：动画制作中，不必采用过于复杂的动画类型，关键是突出动画的主题即可。

（4）脚本原则：展示动画使用的脚本语言也非常简单，不要使用过多的脚本语言，对动画进行控制，使用一些简单的脚本语言，如 stop、gotoAndPlay，只要使动画自然的播放即可。

课后思考

（1）展示动画的特点是什么？

（2）如何制作出一个独特的展示动画？

第29课　网站广告动画

在网站的建设中，为完成网站推广和宣传，制作网站广告是非常必要的，制作广告动画须要注意主题突出，色彩鲜明，使浏览者一目了然。

课堂讲解

任务背景：小王已经对 Flash 动画有了长足的了解，可以制作一些比较复杂的 Flash 动画了，一次小王的一个制作网站的朋友，让他帮忙制作一个网站的 Flash 广告，对自己的网站进行推广，于是小王便答应了……

任务目标：制作一个网站的 Flash 广告。

任务分析：网站广告制作首先要根据页面安排制作相应的元件，然后再利用层级关系制作出个性的动画效果。

29.1　动画分析

网站广告动画制作起来相对不那么复杂,一般会综合几种动画的类型。首先要将动画中应用到的图片内容制作出影片剪辑,再综合运用到场景中。

在制作过程中,多处使用了动画淡入淡出的效果,并且在"动作-按钮"和"动作-帧"面板上输入了相应脚本语言。读者需要注意脚本之间的调用。

29.2　动画制作流程

步骤1　新建文档

执行"文件"→"新建"命令,新建一个 Flash 文档,如图 29-1 所示,单击"属性"面板上的"编辑"按钮,在弹出的"文档属性"对话框中设置如图 29-2 所示,单击"确定"按钮,完成"文档属性"的设置。

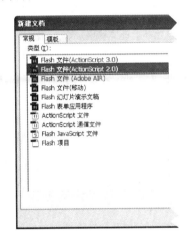

图　29-1

图　29-2

步骤2　新建元件

(1)新建"名称"为"按钮1"的"按钮"元件,执行"文件"→"导入"→"导入到舞台"命令,将图像"CD\源文件\第 10 章\素材\29201.png"导入到舞台中,如图 29-3 所示,在"点击"帧位置插入帧,"时间轴"面板如图 29-4 所示。

图　29-3

图　29-4

（2）根据"按钮 1"元件的制作方法，制作出
"按钮 2"元件和"按钮 3"元件，如图 29-5 所示。

（3）新建"名称"为"方块动画"的"影片剪
辑"元件，使用"矩形工具"，按 Alt 键在舞台上单
击，弹出"矩形设置"对话框，设置如图 29-6 所
示，设置完成后单击"确定"按钮，在舞台中绘制
矩形，如图 29-7 所示。

按钮2   按钮3

图   29-5

（4）执行"修改"→"转换为元件"命令，将矩
形转换成"名称"为"方块"的"图形"元件，如
图 29-8 所示，分别在第 25、50、75、100、125 和 150 帧位置插入关键帧，选择第 1 帧上场景中
的元件，在"属性"面板上设置 Alpha 值为 0%，效果如图 29-9 所示。

图   29-6   图   29-7   图   29-8

（5）选择第 25 帧上场景中的元件，移动元件到相应位置，并在"属性"面板上设置
Alpha 值为 50%，效果如图 29-10 所示，选择第 50 帧上场景中的元件，移动元件到相应位
置，并在"属性"面板上设置 Alpha 值为 50%，效果如图 29-11 所示。

图   29-9   图   29-10   图   29-11

（6）相同方法，移动其他帧上的元件，并设置相应的 Alpha 值，分别在第 1、25、50、75、
100 和 125 帧上创建"传统补间"，如图 29-12 所示。

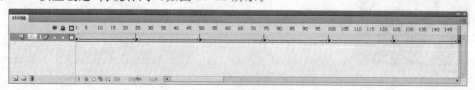

图   29-12

（7）新建"名称"为"方块主体动画"的"影片剪辑"元件，将"方块动画"元件从"库"面板拖入到舞台中，如图 29-13 所示，在第 100 帧位置插入帧。新建"图层 2"，在第 15 帧位置插入关键帧，将"方块动画"元件从"库"面板拖入到场景中，使用"任意变形工具"调整元件的大小，如图 29-14 所示。

图　29-13　　　　　　　　　图　29-14

（8）相同方法，制作出"图层 3"至"图层 6"，新建"图层 7"，在第 100 帧插入关键帧，在"动作-帧"面板中输入"stop();"脚本语言，"时间轴"面板如图 29-15 所示。

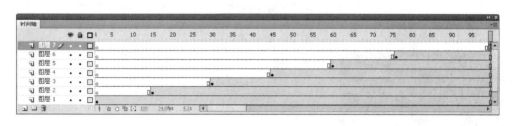

图　29-15

（9）新建"名称"为"文字动画"的"影片剪辑"元件，在第 13 帧位置插入关键帧，使用"文本工具"，在"属性"面板上设置如图 29-16 所示，设置完成后在场景中输入文字，并将其转换成"名称"为"第二届"的"图形"元件，如图 29-17 所示。

> **操作提示** 此处需要将"第二届"元件中的文字分离，防止在其他计算机上打开本实例时缺少字体。

（10）在第 29 帧位置插入关键帧，在第 45 帧位置插入帧，选择第 13 帧上场景中的元件，设置"属性"面板上的 Alpha 值为 0%，如图 29-18 所示，选择第 29 帧上场景中的元件，移动位置，如图 29-19 所示，并在第 13 帧上创建"传统补间"。

（11）根据"图层 1"的制作方法，制作出"图层 2"至"图层 7"，如图 29-20 所示，新建"图层 8"，在第 45 帧位置插入关键帧，在"动作-帧"面板中输入"stop();"脚本语言，"时间轴"面板如图 29-21 所示。

> **操作提示** 动画制作中常常要制作文字的影片剪辑动画，为能准确确定文字动画出现的位置，可以通过将元件拖入到场景中，并双击进入编辑状态，来确定文字范围。

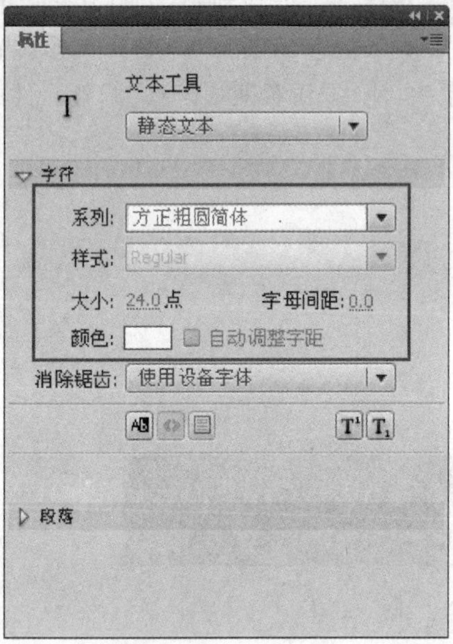

图　29-17

图　29-18

图　29-19

图　29-16

图　29-20

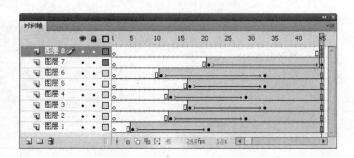

图　29-21

步骤 3　制作场景动画

（1）返回到"场景 1"编辑状态，将图像 29204. jpg 导入到场景中，如图 29-22 所示，将其转换成"名称"为"背景 1"的"图形"元件，在第 44 帧位置插入关键帧，在第 135 帧位置插入帧，选择第 1 帧上场景中的元件，设置"属性"面板上的 Alpha 值为 0%，如图 29-23 所示，并在第 1 帧上创建"传统补间"。

图　29-22

图　29-23

（2）新建"图层 2"，在第 44 帧位置插入关键帧，将图像 29205. jpg 导入到场景中，如图 29-24 所示，将其转换成"名称"为"背景 2"的"图形"元件，在第 72 帧位置插入帧，选择第

44 帧上场景中的元件,设置"属性"面板上的 Alpha 值为 0%,如图 29-25 所示,并在第 44 帧上创建"传统补间"。

(3) 根据"图层 1"和"图层 2"的制作方法,制作出"图层 3"至"图层 6",如图 29-26 所示。

图 29-24

图 29-25

图层3

图层4

图层5

图层6

图 29-26

(4) 新建"图层 7",将"按钮 3"元件从"库"面板拖入到场景中,如图 29-27 所示,在第 28 帧位置插入关键帧,选择第 1 帧上场景中的元件,使用"任意变形工具"调整元件的大小和位置,并设置"属性"面板上的 Alpha 值为 0%,如图 29-28 所示。

图 29-27

图 29-28

(5) 选择第 28 帧上场景中的元件,在"动作-按钮"面板中输入如图 29-29 所示的脚本语言,根据"图层 7"的制作方法,制作出"图层 8",如图 29-30 所示。

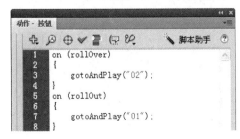

```
on (rollOver)
{
    gotoAndPlay("02");
}
on (rollOut)
{
    gotoAndPlay("01");
}
```

图 29-29

图 29-30

操作提示 脚本的含义是当鼠标滑过时动画跳转到第 2 帧标签处播放。当鼠标移开时，跳转到第 1 帧标签处播放。

　　（6）选择"图层 8"第 34 帧上场景中的元件，在"动作-按钮"面板上输入如图 29-31 所示的脚本语言，相同方法，制作出"图层 9"，如图 29-32 所示。

图　29-31　　　　　　　　　　　　　　　　　　图　29-32

操作提示 "图层 9"中的元件没有添加脚本语言。

　　（7）新建"图层 10"，在第 20 帧位置插入关键帧，将"方块主体动画"元件从"库"面板拖入到场景中，如图 29-33 所示，新建"图层 11"，在第 15 帧位置插入关键帧，将"文字动画"元件从"库"面板拖入到场景中，如图 29-34 所示。

　　（8）新建"图层 12"，在第 44 帧位置插入关键帧，在"属性"面板中设置"标签"下的"名称"为 01，"类型"为"名称"，如图 29-35 所示。相同方法，分别在第 81 帧和第 108 帧位置插入关键帧，并设置"名称"依次为 02 和 03，如图 29-36 所示。

图　29-33

图　29-34　　　　　　　　　　　　　　　　　　图　29-35

　　（9）新建"图层 13"，分别在第 80、107 帧和 135 帧位置插入关键帧，依次在"动作-帧"面板中输入"stop();"脚本语言，完成后的"时间轴"面板如图 29-37 所示。

第81帧位置

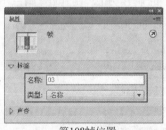

第108帧位置

图　29-36

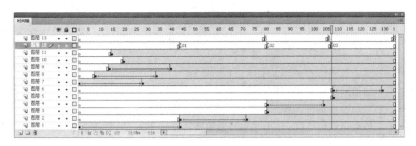

图 29-37

步骤 4 保存动画测试影片

完成动画的制作，执行"文件"→"保存"命令，将动画保存为"CD\源文件\第 10 章\29-2.fla"，执行"控制"→"测试影片"命令，测试动画效果如图 29-38 所示。

图 29-38

29.3 总结扩展

本实例是制作一个网站广告动画。在制作时，多处使用了淡入淡出的效果，以便突出广告的主题，通过本例的学习，需要掌握网站广告设计的手法和技巧，并应用到实际的操作中。

课堂练习

任务背景： 小王通过制作网站广告，进一步地掌握了制作网站广告的一些基本的手法和技巧。在制作时要多使用一些动画特效，如淡入淡出和动画场景的切换，来突出动画的主题。

任务目标： 制作一个游戏网站广告条。

任务要求： 在制作过程中，需要深入了解广告条的制作手法、技巧及目的。

任务提示： 网站广告是推广和宣传网站的一个重要的途径，所以在制作时要突出广告的主题。

练习评价

项　目	标　准　描　述	评定分值	得　分
基本要求 60 分	分析游戏广告的表现手法	30	
	制作出动画效果	30	
拓展要求 40 分	制作出的动画主题是否鲜明	20	
	从动画的角度分析,元件之间的搭配是否和谐	20	
主观评价		总分	

课 外 阅 读

网站的广告形式

网站广告的形式多种多样,形形色色,也经常会出现一些新的广告形式。就目前来看,网站广告的主要形式有以下几种。

(1)文字广告:文字广告是最早出现,也是最为常见的网站广告形式。网站文字广告的优点是直观、易懂、表达意思清晰。缺点是太过于死板,不容易引起人们的注意,没有视觉冲击力。

(2)Banner 广告:Banner 广告也称为横幅广告,Banner 广告主要是以 JPG、GIF 或 Flash 格式建立的图像或动画文件,定位在网页中,大多数用来表现广告内容,同时还可以使用 JavaScript 等语言使其产生交互性,是目前比较流行的一种网站广告形式。

(3)通栏广告:通栏广告就是广告贯穿了整个网站页面,这种广告形式也是目前比较流行的网站广告形式,它的优点是醒目、有冲击力,缺点是太浪费版面。

(4)对联式浮动广告:这种形式的网站广告一般应用在宽度为 760×800 像素的网页中,宽度为 1000 像素以上及全屏显示的页面中很少运用。这种广告的特点是可以跟随浏览者对网页的浏览,自动上下浮动,但不会左右移动,因为这种广告一般都是在网页的左右成对出现的,所以称之为对联式浮动广告。

(5)网页漂浮广告:漂浮广告也是随着浏览者对网页的浏览而移动位置,这种广告在网页屏幕上做不规则的漂浮,很多时候会妨碍浏览者对网页的正常浏览,优点是可以吸引浏览者的注意。

(6)弹出广告:弹出广告是一种强制性的广告,不论浏览者喜欢或不喜欢看,广告都会自动弹出来。目前大多数商业网站都有这种形式的广告,有些是纯商业广告,而有些则是发布的一些重要的消息或公告等。

课 后 思 考

(1)网站广告的作用是什么?

(2)制作网站广告应注意什么?

第30课　网站导航动画效果

网站导航是方便用户快速浏览网站信息、获取网站服务的,并且在浏览网站时不致于迷失方向。网站导航表现为网站的栏目菜单设置、辅助菜单、其他在线帮助等形式。网站菜单设置是在网站栏目结构的基础上,进一步为用户浏览网站提供提示系统,由于各个网站设计并没有统一的标准,不仅菜单设置各不相同,打开网页的方式也有区别,有些是在同一窗口打开新网页,有些则需新打开一个浏览窗口。

课 堂 讲 解

任务背景：小王在浏览页面时常常会看到非常漂亮的网站导航动画,于是他就很想制作一个属于自己的网站导航动画,但是一直不知道是用什么软件做出来的,自从小王接触了 Flash 动画,他终于知道网站导航动画是用什么软件制作的了,于是小王下定决心好好学习网站导航动画的制作,并且自己要设计制作出一个网站导航动画。

任务目标：制作出自己独特的网站导航动画。

任务分析：在制作网站导航动画之前,上网去看看成功网站导航动画的制作流程,或去书店买一本比较好的动画制作教科书,自己从中学习设计与制作的规范,从而制作一个独特的网站导航动画。

30.1 动画分析

Flash 动画中的导航动画,一般都是由按钮元件组合而成的。制作过程中,首先要制作相应栏目的"按钮"元件或者"影片剪辑"元件。再将元件合成大的导航菜单,最后通过脚本语言为各个元件添加超链接地址。

30.2 动画制作流程

步骤1 创建文档

执行"文件"→"新建"命令,新建一个 Flash 文档,如图 30-1 所示,单击"属性"面板上的"编辑"按钮,在弹出的"文档属性"对话框中设置如图 30-2 所示,单击"确定"按钮,完成"文档属性"的设置。

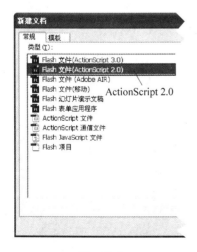

图　30-1　　　　　　　　　　　　　图　30-2

步骤2　制作元件

（1）执行"插入"→"新建元件"命令，新建一个"名称"为"游戏首页动画"的"影片剪辑"元件，如图 30-3 所示，执行"文件"→"导入"→"导入到舞台"命令，将图像"CD\源文件\第 10 章\素材\302_02.png"导入到舞台中，如图 30-4 所示。

图　30-3

图　30-4

操作提示　本步骤中导入的图像，在 Flash 中通过使用文本工具输入文本，再为文本添加滤镜，就可以制作出导入图像的效果。

（2）按 F8 键将刚刚导入的图像转换成"名称"为"游戏首页 1"的"图形"元件，在第 10 帧位置单击，按 F6 键插入关键帧，使用"选择工具"，选择第 1 帧上场景中的元件，在"属性"面板上设置 Alpha 值为 0％，如图 30-5 所示，元件效果如图 30-6 所示，在第 1 帧上创建"传统补间"动画。

（3）新建"图层 2"，将图像 302_03.png 导入到舞台中，如图 30-7 所示，按 F8 键将图像转换成"名称"为"游戏首页 2"的"图形"元件，在第 10 帧位置插入关键帧，在"属性"面板上设置 Alpha 值为 0％，元件效果如图 30-8 所示。

图　30-5

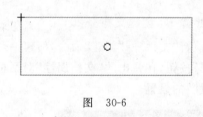

图　30-6

图　30-7

（4）使用"选择工具"将第 1 帧上场景中的元件水平向左移动 10 像素，如图 30-9 所示，在第 1 帧上创建"传统补间"动画。新建"图层 3"，使用"矩形工具"，在舞台上绘制矩形，如图 30-10 所示，按 F8 键将矩形转换成"名称"为"反应区 1"的"按钮"元件。

图　30-8

图　30-9

图　30-10

操作提示 在本步骤中绘制的矩形是用作按钮的反应区。

(5) 在"属性"面板上设置 Alpha 值为 0％,元件效果如图 30-11 所示,执行"窗口"→"动作"命令,在"动作-按钮"面板中输入如图 30-12 所示的脚本语言。

图 30-11

图 30-12

操作提示 在本步骤中输入的脚本语言意思是,当鼠标指针滑过该按钮元件时,跳转到第 2 帧并进行动画播放。当鼠标指针滑离该按钮元件时,跳转到第 1 帧并停止动画的播放。当释放鼠标时,跳转到链接的网站。

(6) 新建"图层 4",在"动作-帧"面板中输入"stop();"脚本语言,如图 30-13 所示,在第 10 帧位置插入关键帧,在"动作-帧"面板中输入"stop();"脚本语言,完成后的"时间轴"面板如图 30-14 所示。

图 30-13

图 30-14

(7) 根据"游戏首页动画"元件的制作方法,制作出"舞林靓照动画"元件和"炫动论坛动画"元件,元件效果如图 30-15 所示。

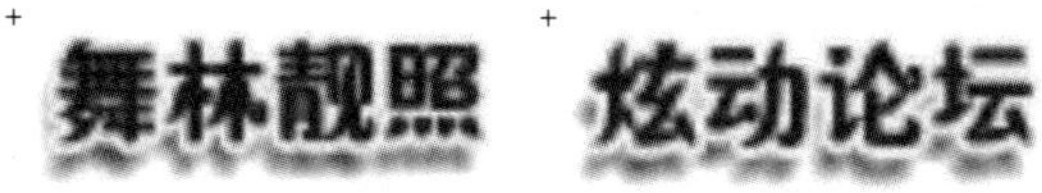

舞林靓照 炫动论坛

图 30-15

(8) 执行"插入"→"新建元件"命令,新建一个"名称"为"公告动画"的"影片剪辑"元件,使用"文本工具",在"属性"面板上进行如图 30-16 所示的设置,在舞台中输入如图 30-17 所示的文本,并将文本分离成图形。

（9）按 F8 键将刚刚分离的文本图形转换成"名称"为"公告"的"图形"元件，在第 5 帧位置插入关键帧，在"属性"面板上设置"色调"选项，如图 30-18 所示，完成后的元件效果如图 30-19 所示，在第 1 帧上创建"传统补间"动画。

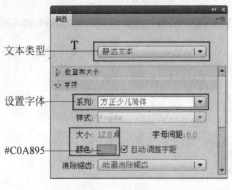

图　30-16

图　30-17

（10）新建"图层 2"，将"反应区 1"元件从"库"面板拖入到舞台中，并调整大小，如图 30-20 所示，在"属性"面板上设置，如图 30-21 所示，在"动作-按钮"面板中输入如图 30-22 所示的脚本语言。

图　30-18

图　30-19

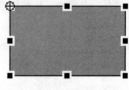

图　30-20

图　30-21

图　30-22

（11）新建"图层3"，在"动作-帧"面板中输入如图30-23所示的脚本语言，完成后的"时间轴"面板如图30-24所示。

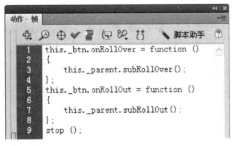

图 30-23

图 30-24

（12）根据"公告动画"元件的制作方法，制作出"活动动画"元件和"新闻动画"元件，元件效果如图30-25所示。

（13）执行"插入"→"新建元件"命令，新建一个"名称"为"炫动资讯动画"的"影片剪辑"元件，根据"游戏首页动画"元件的制作方法，制作出"图层1"和"图层2"，舞台效果如图30-26所示，"时间轴"面板如图30-27所示。

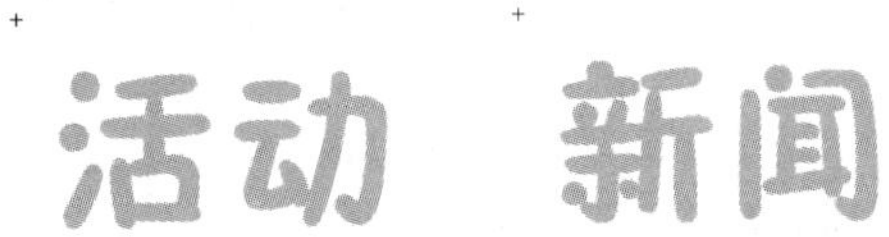

活动　新闻

图 30-25

图 30-26

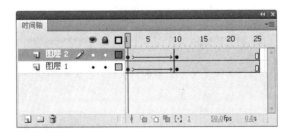

图 30-27

操作
提示 本步骤中制作的是图像的淡入、淡出动画。

（14）新建"图层3"，在第5帧位置插入关键帧，将图像302_14.png导入到舞台中，如图30-28所示，按F8键将图像转换成"名称"为"圆角"的"图形"元件，如图30-29所示。

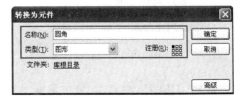

图 30-28

图 30-29

（15）新建"图层 4"，在第 5 帧位置插入关键帧，将图像 302_14.png 导入到舞台中，如图 30-30 所示，按 F8 键将图像转换成"名称"为"横条"的"图形"元件，使用"任意变形工具"，调整中心的位置并将元件缩短，如图 30-31 所示。

> **操作提示** 在本步骤中一定要注意元件中心点的位置，如果中心点的位置不同，所制作的动画效果也会有所不同。

（16）在第 15 帧位置插入关键帧，将第 5 帧上场景中的元件缩短，如图 30-32 所示，在第 5 帧上创建"传统补间"动画。新建"图层 5"，在第 5 帧位置插入关键帧，将"圆角"元件从"库"面板拖入到场景中，如图 30-33 所示。

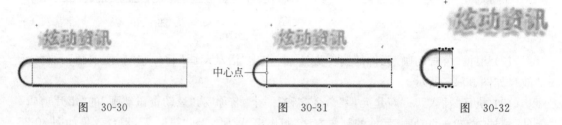

图 30-30   图 30-31   图 30-32

（17）执行"修改"→"变形"→"水平翻转"命令，并调整元件的位置，如图 30-34 所示，在第 15 帧位置插入关键帧，将元件水平向右移动，如图 30-35 所示，在第 5 帧上创建"传统补间"动画。

（18）新建"图层 6"，使用"矩形工具"在舞台上绘制矩形，如图 30-36 所示，按 F8 键将矩形转换成"名称"为"反应区 2"的"按钮"元件，在"属性"面板上进行如图 30-37 所示的设置。

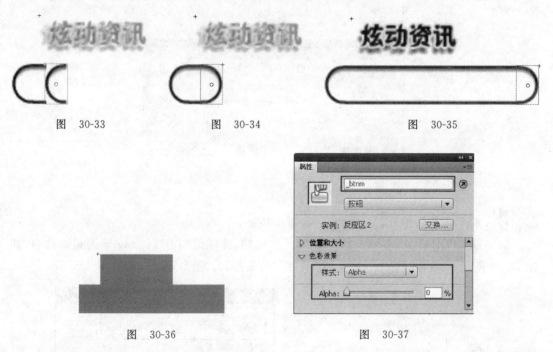

图 30-33   图 30-34   图 30-35

图 30-36   图 30-37

（19）新建"图层 7"，在第 15 帧位置插入关键帧，将"公告动画"元件从"库"面板拖入到舞台中，如图 30-38 所示，同样的方法，将"活动动画"元件和"新闻动画"元件从"库"面板拖入到舞台中,如图 30-39 所示。

(20) 新建"图层 8",在"动作-帧"面板中输入如图 30-40 所示的脚本语言,完成后的"时间轴"面板如图 30-41 所示。

图 30-38

图 30-39

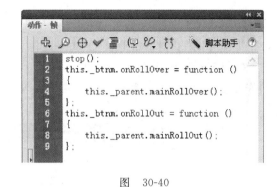

图 30-40

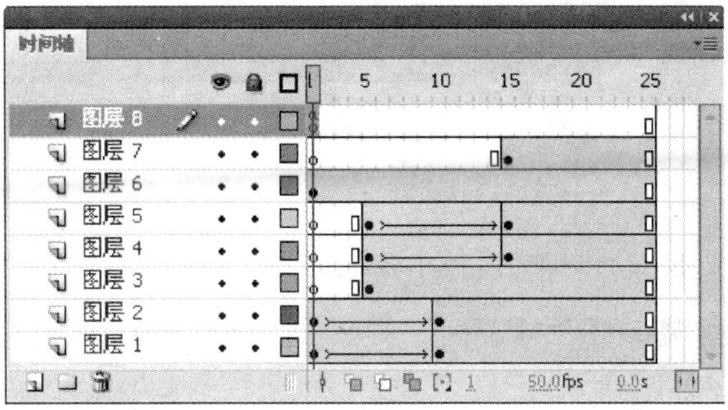

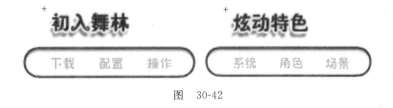

图 30-41

(21) 根据"炫动资讯动画"元件的制作方法,制作"初入舞林动画"元件和"炫动特色动画"元件,元件效果如图 30-42 所示。

图 30-42

步骤 3 制作场景动画

(1) 单击"编辑栏"上的"场景 1"文字 ，返回到"场景 1"的编辑状态,将图像 302_16. png 导入到场景中,如图 30-43 所示,新建"图层 2",将图像 302_01. png 导入到场景中,如图 30-44 所示。

图 30-43

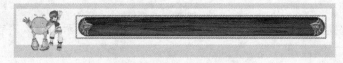

图　30-44

(2) 新建“图层 3”，将“游戏首页”动画元件从“库”面板拖入到场景中，如图 30-45 所示，再次将“炫动资讯”动画元件从“库”面板拖入到场景中，并设置“实例名称”为 menuMc1，同样的制作方法，将相应的元件拖入到场景中，完成后的场景效果如图 30-46 所示。

游戏首页

图　30-45

游戏首页
炫动资讯
初入舞林
炫动特色
舞林靓照
炫动论坛

图　30-46

(3) 新建“图层 4”，在“动作-帧”面板中输入如图 30-47 所示的脚本语言。

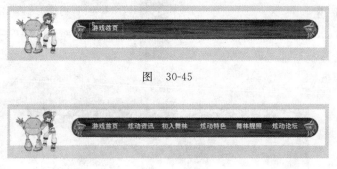

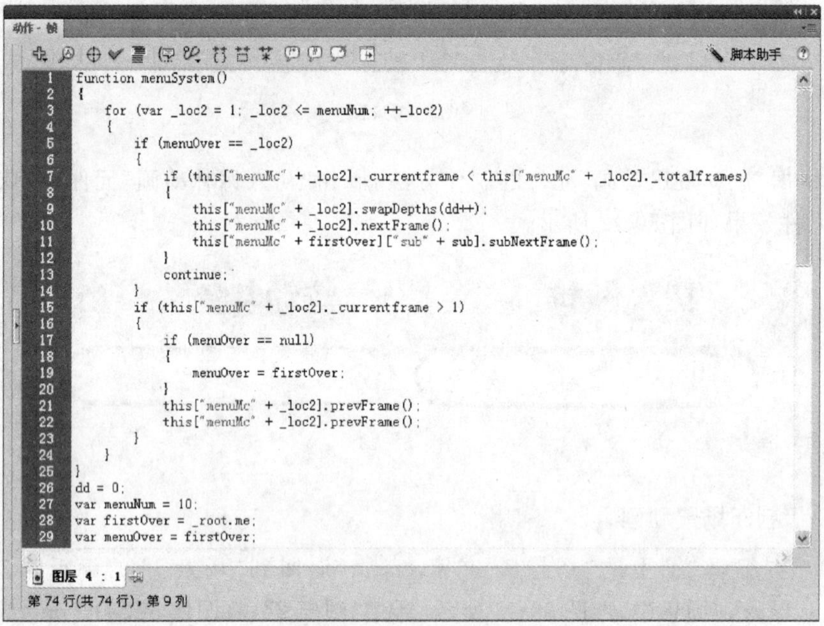

动作 - 帧
脚本助手
function menuSystem()
{
for (var _loc2 = 1; _loc2 <= menuNum; ++_loc2)
{
if (menuOver == _loc2)
{
if (this["menuMc" + _loc2]._currentframe < this["menuMc" + _loc2]._totalframes)
{
this["menuMc" + _loc2].swapDepths(dd++);
this["menuMc" + _loc2].nextFrame();
this["menuMc" + firstOver]["sub" + sub].subNextFrame();
}
continue;
}
if (this["menuMc" + _loc2]._currentframe > 1)
{
if (menuOver == null)
{
menuOver = firstOver;
}
this["menuMc" + _loc2].prevFrame();
this["menuMc" + _loc2].prevFrame();
}
}
}
dd = 0;
var menuNum = 10;
var firstOver = _root.me;
var menuOver = firstOver;
图层 4 : 1
第 74 行(共 74 行)，第 9 列

图　30-47

步骤 4　存储并测试影片

执行“文件”→“保存”命令，将动画保存为“CD\源文件\第 10 章\30-2. fla”，执行“控制”→“测试影片”命令，测试动画效果如图 30-48 所示。

图 30-48

30.3 总结扩展

本实例主要讲解了 Flash 动画中网站导航动画的设计方法和制作技巧,在设计网站导航动画时一定要注意导航的风格要与网站的风格统一。

课堂练习

任务背景:通过本课的学习小王掌握了导航动画的制作方法与技术,由于本课所讲解的制作导航动画不够全面,所以小王需要上网或在其他书籍中学习导航动画的制作,从而全面地学习导航动画的制作。

任务目标:制作一个比较简单的网站导航动画。

任务要求:在学习导航动画时,掌握按钮元件在动画中起到的作用,以及导航动画设计的要求。

任务提示:在制作网站导航动画时,一定要注意导航动画的作用,导航就是方便浏览者快速浏览页面的,无须将导航动画制作得过于复杂花哨。

练习评价

项 目	标 准 描 述	评定分值	得 分
基本要求 60 分	掌握导航动画的设计理念	30	
	全面掌握导航动画的作用	30	
拓展要求 40 分	制作的导航动画是否与网站的风格统一	20	
	按钮元件在导航动画中的作用	20	
主观评价		总分	

课外阅读

Flash 网站导航设计的原则

创意原则:标新立异、和谐统一、震撼心灵,打破原始的矩形、圆角矩形等轮廓形状。

色彩原则:网站导航制作中的色彩要与网站页面相统一,色调感觉与网站色调一

致,但最好不要使用同色系颜色,可采用互补色,这样才可以更加突出主题,达到醒目的作用。

　　动画原则:动画制作中,不必采用过于复杂的动画类型,关键是使用反应区实现判定鼠标经过时反应区所控制影片剪辑的效果,达到导航的作用。

　　脚本原则:导航制作中,使用的脚本语言较为复杂,主要运用了控制鼠标经过的语句。

课后思考

（1）导航动画在网站中的作用是什么？

（2）导航动画的制作规则是什么？

第11章

商业案例制作

知识要点

- MTV 的制作
- 音乐的使用
- 贺卡的制作
- 贺卡设计技巧

- MTV 短片设计规范
- 使用基本绘图工具绘制图形
- 各种常用功能的综合应用

第31课 MTV 制 作

严格来讲 MTV 类的动画应该属于动画短片的范畴,但是由于其配上优美的音乐,而且动画内容与音乐内容一致,所以可以单列为一种动画形式。本课中将针对 Flash 制作 MTV 的方法以及要点进行学习。除了要对动画和音频的一致性进行学习外,还要对动画中使用的字幕进行研究。

课堂讲解

任务背景:小明在通过前面的学习后,已经对 Flash 动画有了全面的了解。一天小明在家里闲来无事坐在床上看 DV,突然莫名其妙地产生了一种想法,他一边看着 DV 一边回想着自己前面制作的动画,为什么自己以前就没想过要将各种不同的元素放在一起,来实现一种 MTV 的动画效果呢? 于是小明立刻开始着手准备 MTV 的制作。

任务目标:将 Flash 中不同的元素组合在一起完成 MTV 的制作。

任务分析:在开始制作 MTV 前,先回想一下,曾经在电视上或 DV 上看到的 MTV 中都有哪些元素,在对将要制作的 MTV 有了初步的想法后,就可以开始收集 MTV 中所需要的素材了,一切准备就绪后,就一起努力完成 MTV 的制作吧。

31.1 MTV 设计规范

使用 Flash 制作 MTV 是互联网上出现的最为普遍的动画效果。无论是自由的闪客,还是专业的动画制作人员都是 Flash MTV 的狂热追求者。好的 MTV 作品对制作的要求比较高,因为无论是从人物角色的创建还是动画场景的绘制,再到声音的编辑合成都需要制作者全心投入。而且一般动画时间较长,对制作者的耐心和能力是种考验。

1. 创意原则

标新立异,使用 Flash 能够做出独有的动画效果,体现出其他网站中不能达到的炫目效果。

2. 色彩原则

网站色彩需要与网站内容相符,符合网站类型的需要。同样可以使用较为现代的颜色为主色调。例如:黑色与红色;深蓝与青色等。

3. 动画原则

这里所指的动画要与 Flash 的动画短片有所区别,整个网站应以实用为主,充分展示网站的各种功能,而不是一味地制作动画特效。

4. 脚本原则

在制作 Flash 网站时会运用到大量的脚本语言来控制整个网站的播放。制作者要对 ActionScript 脚本有所了解,并对常用脚本熟练掌握。

31.2 动画制作流程

步骤1 制作元件

(1) 执行"文件"→"新建"命令,新建一个 Flash 文档,如图 31-1 所示。单击"属性"面板上的"编辑"按钮,在弹出的"文档属性"对话框中设置如图 31-2 所示。单击"确定"按钮,完成"文档属性"的设置。

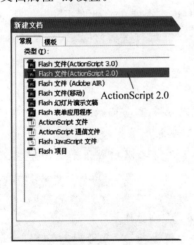

图 31-1

图 31-2

(2) 执行"文件"→"导入"→"导入到库"命令,弹出"导入"对话框,选中需要导入的多个素材文件,如图 31-3 所示。单击"打开"按钮,将选中的素材全部导入到"库"面板中,如图 31-4 所示。

(3) 使用"矩形工具"在"属性"面板中进行相应的设置,在画布绘制图形,如图 31-5 所示,在第 1620 帧位置按 F5 键插入帧。新建"图层 2",在"时间轴"面板将"图层 2"拖至"图层 1"下面,如图 31-6 所示。

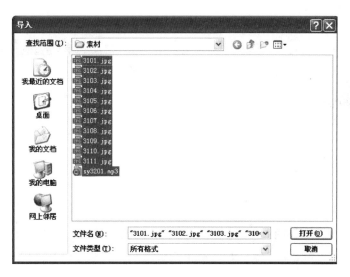

图　31-3

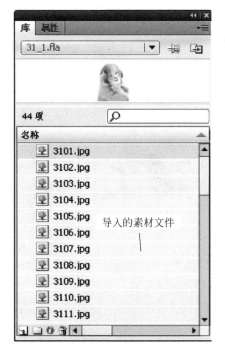

图　31-4

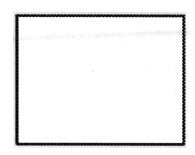

图　31-5

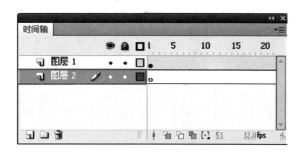

图　31-6

> **操作提示** 由于在后面对场景动画进行制作时，每个元件的大小都超过了舞台的大小，而位置也都在舞台上面，根本没办法看到舞台的位置，所以为了让后面的制作方便就只好按舞台的大小绘制一个矩形。并且一定要保持矩形一直处在最顶层。

（4）在"库"面板中将导入的 3111.jpg 拖入场景，如图 31-7 所示。选择刚刚拖入的图像，按 F8 键将其转换成"名称"为"人物 1"的"图形"元件，如图 31-8 所示。

二维动画设计与制作——Flash CS4中文版

图 .31-7

图 31-8

（5）分别在第 50 帧、第 90 帧和第 120 帧位置，依次按 F6 键插入关键帧，选择第 50 帧上的元件，将元件水平向右移动，选择第 120 帧上的元件，设置"属性"面板如图 31-9 所示，完成设置，元件效果如图 31-10 所示。在第 121 帧位置按 F7 键插入空白关键帧，分别选择第 1 帧和第 90 帧，设置其"补间类型"为"传统补间"，在 1620 帧位置按 F5 键插入帧。

图 31-9

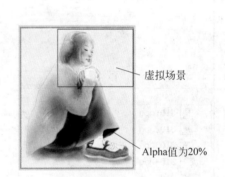

图 31-10

（6）在"图层 2"上新建"图层 3"，在第 105 帧位置按 F6 键插入关键帧，在"库"面板中将导入的 3101.jpg 拖入场景，如图 31-11 所示，选择图像，按 F8 键将其转换成"名称"为"人物 2"的"图形"元件，如图 31-12 所示。

图 31-11

图 31-12

（7）在第 130 帧位置按 F6 键插入关键帧,选中第 105 帧上的元件,设置"属性"面板如图 31-13 所示,场景效果如图 31-14 所示,在第 255 帧位置按 F7 键插入空白关键帧,选择第 105 帧设置其"补间类型"为"传统补间"。

Alpha值为0%

图　31-13　　　　　　　　　　　　　　　图　31-14

（8）在"图层 3"上新建"图层 4",在第 160 帧位置按 F6 键插入关键帧,在"库"面板中将导入的 3102.jpg 拖入场景,如图 31-15 所示,选择图像,按 F8 键将其转换成"名称"为"人物 3"的"图形"元件,如图 31-16 所示。

图　31-15　　　　　　　　　　　　　　　图　31-16

（9）分别在第 187 帧、第 217 帧、第 274 帧、第 388 帧、第 445 帧、第 474 帧和第 492 帧位置按 F6 键插入关键帧,选择第 160 帧上的元件,设置"属性"面板如图 31-17 所示,选择第 274 帧上的元件将其移动到如图 31-18 所示的位置。

（10）选择第 446 帧上的元件,将其缩小并移动位置,如图 31-19 所示,选择第 492 帧上的元件,设置"属性"面板,如图 31-20 所示。分别选择第 160 帧、第 217 帧、第 389 帧、和第 475 帧,设置其"补间类型"为"传统补间"。

（11）新建"图层 5",在第 160 帧位置按 F6 键插入关键帧,在"库"面板中将导入的 3103.jpg 拖入场景,如图 31-21 所示,选择图像,按 F8 键将其转换成"名称"为"人物 4"的"图形"元件,如图 31-22 所示。

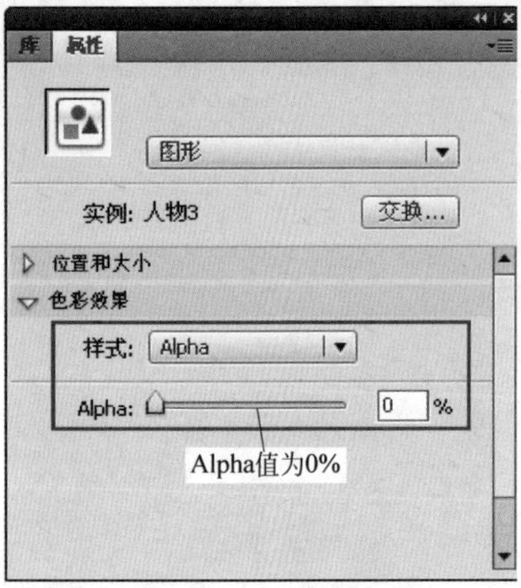

图　31-17

图　31-18

图　31-19

图　31-20

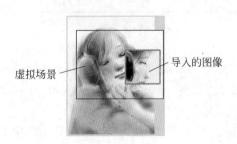

图　31-21

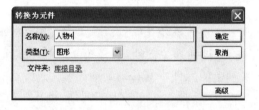

图　31-22

　　（12）分别在第 217 帧、第 274 帧、第 330 帧和第 340 帧位置按 F6 键插入关键帧，选择第 274 帧上的元件，将其移动到如图 31-23 所示的位置。选择第 340 帧上的元件设置其"属性"面板如图 31-24 所示。分别选择第 217 帧和第 330 帧，设置其"补间类型"为"传统补间"。

图 31-24

图 31-23

> **操作提示** 由于本层制作的是人物的眨眼效果,所以元件的位置一定要与上一层的人物眼睛对齐,在制作时可以根据需要将上一层的任务显示。

（13）相同的制作方法,完成"图层6"和"图层7"的制作,"时间轴"面板如图31-25所示。场景效果,如图31-26所示。

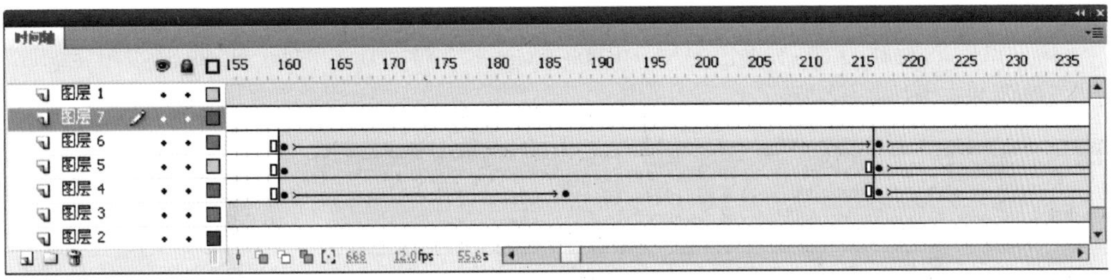

图 31-25

> **操作提示** "图层6"和"图层7"主要是要实现女主人公眼睛的变化,制作方法与男主人公的制作方法基本相同,只要将其调好即可。

图 31-26

（14）新建"图层8",在第474帧位置按F6键插入关键帧,在"库"面板中将导入的3106.jpg拖入场景,如图31-27所示。选择图层将其转换成"名称"为"人物7"的"图形"元件,如图31-28所示。

（15）在第492帧位置按F6键插入关键帧,选择第474帧上的元件,设置"属性"面板如图31-29所示,选择第474帧设置其"补间类型"为"传统补间"。新建"图层9",根据前面的制作方法完成本层的制作,如图31-30所示。

图　31-27

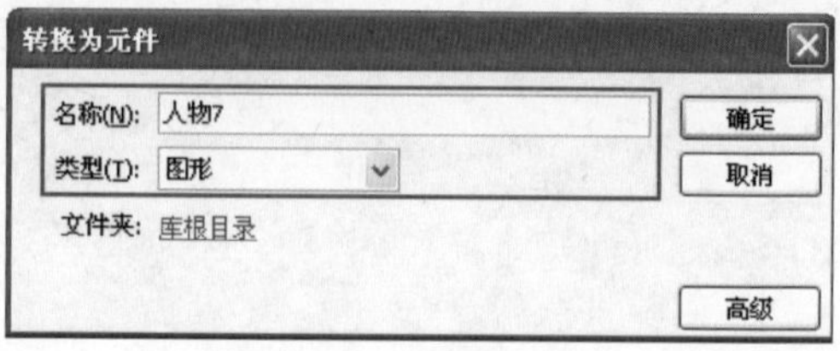

图　31-28

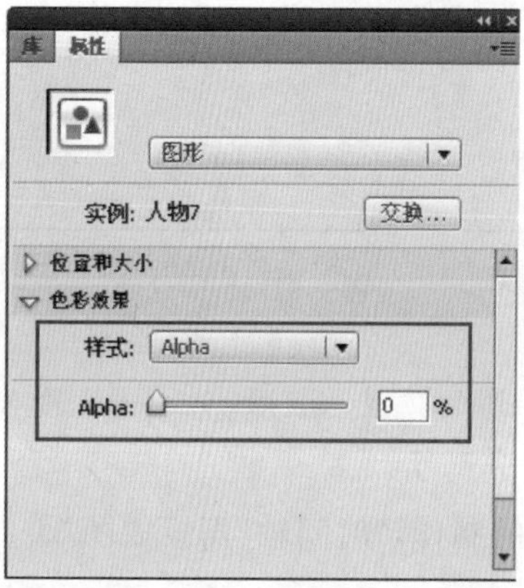

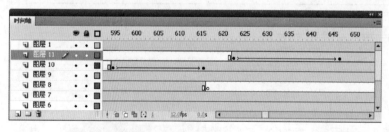

图　31-29

图　31-30

（16）相同的制作方法，完成"图层10"和"图层11"的制作，"时间轴"面板如图31-31所示。场景效果如图31-32所示。

图　31-31

图　31-32

（17）根据前面层的制作方法，完成"图层12"至"图层16"的制作，如图31-33所示。使用Flash中的绘图工具绘制按钮图形，如图31-34所示。

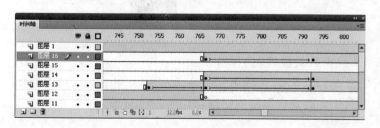

图　31-33

图　31-34

（18）新建"图层17"，使用"文本工具"设置"属性"面板如图31-35所示。在场景中输入相应的文本内容并分离，如图31-36所示。

图 31-35

图 31-36

步骤2 完成主场景动画

（1）选中刚刚分离得到的图形，按F8键将其转换成"名称"为"文字1"的"图形"元件。分别在第15帧、第45帧和第53帧位置按F6键插入关键帧，选择第1帧上的元件，设置"属性"面板如图31-37所示，元件效果如图31-38所示。

图 31-37

图 31-38

（2）选择第53帧上的元件，设置"属性"面板如图31-39所示。分别选择第1帧和第45帧设置其"补间类型"为"传统补间"。相同的制作方法，完成"图层18"的制作，如图31-40所示。

（3）根据"图层17"和"图层18"的制作方法，完成"图层19"至"图层35"的制作，"时间轴"面板如图31-41所示，场景效果如图31-42所示。

图 31-39   图 31-40

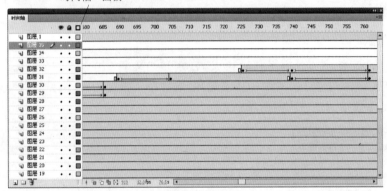

图 31-41

图 31-42

（4）新建"图层 36"至"图层 47"，在"时间轴"面板将"图层 19"至"图层 35"上的帧全部选中，如图 31-43 所示，右击在弹出的菜单中选择"复制帧"选项。再将"图层 36"至"图层 47"全部选中，右击在弹出的菜单中选择"粘贴帧"选项，如图 31-44 所示。

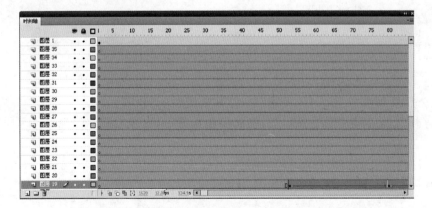

图 31-43

操作
提示 由于后面的歌词是重复的,所以可以直接将歌词复制过去。

（5）新建"图层48"，相同的制作方法，完成"图层48"的制作，场景效果如图31-45所示，新建"图层49"，设置"属性"面板如图31-46所示。新建"图层50"，在第1620帧位置按F6键插入空白关键帧，在"动作-帧"面板中输入"stop（）;"脚本语言。

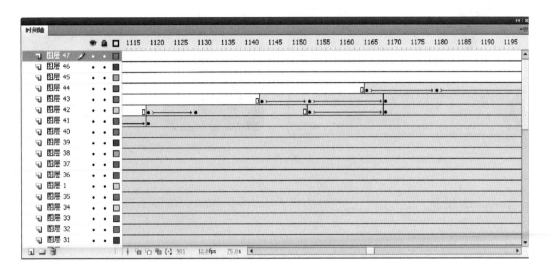

图 31-44

图 31-45

图 31-46

步骤3 保存动画测试影片

完成MTV动画的制作，执行"文件"→"保存"命令，将贺卡动画保存为"CD\源文件\第11章\31.fla"，执行"控制"→"测试影片"命令，测试动画效果，如图31-47所示。

图　31-47

31.3　总结扩展

本实例主要讲解了制作 MTV 类动画的方法和技巧。通过对实例的学习，读者要对制作 MTV 动画的流程和步骤熟练掌握，并能熟练应用，注意在 MTV 动画中，动画、音乐、文字的相互配合。

课堂练习

任务背景：通过本课的学习，小明已经对 MTV 的制作方法有了初步的了解。并能够将
　　　　　　Flash 中各种不同的元素一起灵活地运用到动画中，接下来需要小明以同样的
　　　　　　方法去完成不同类型的 MTV 的制作。

任务目标：制作不同类型的 MTV。

任务要求：在制作过程中应该注意字幕与场景的融合度，因为场景和字幕如果不能很好
　　　　　　地融合在一起，将会对整个动画造成不必要的负面影响，给动画的视觉感大幅
　　　　　　度减分。

任务提示：MTV 动画的制作，最主要的是故事情节，在确定了故事情节后，根据故事情节
　　　　　　来确定如何运用不同的元素、不同的人物角色以及美妙的音乐。

练习评价

项　　目	标　准　描　述	评定分值	得　　分
基本要求 60 分	故事情节的确定	30	
	字幕与场景的融合度	30	
拓展要求 40 分	MTV 的测试	40	
主观评价		总分	

本课小结

　　本课主要讲解了音乐 MTV 的制作方法和技巧,在制作的过程中须要注意动画中的音乐要与所添加的字幕相对应。

课外阅读

不同类型的 MTV

　　音乐 MTV:这个类型的 MTV 在互联网上最为常见,其实就是一种音乐和动画配合紧密的动画效果,此类动画的制作要点是动画表现内容要按照音乐的含义制作,通常都会配有字幕。

　　短剧 MTV:使用 Flash 制作类似于传统动画片的动画短剧,动画要有具体的故事情节、人物角色,甚至要有配音等专业步骤,制作起来要求较高。

　　改变 MTV:这是一种目前较为流行的动画类型,将过去的经典影视作品通过 Flash 的制作手段转换为另外一种动画形式,无论是小品、相声、评书都是转换的对象。此类动画吸引人的地方是优秀的剧本和精美的动画设计。

课后思考

　　(1) 制作 MTV 类动画的常见方法有哪些?

　　(2) 简述制作 MTV 动画的流程和步骤。

第32课 精美贺卡制作

　　随着互联网的发展,人们传统的祝福方式也悄悄发生了改变,网络贺卡也随之孕育而生,越来越多的人选择在逢年过节时给远方的亲朋好友寄送网络贺卡表达深深的思念和祝福。本课将讲解 Flash 贺卡的制作方法和技巧,通过详细的制作步骤对 Flash 贺卡的制作做了详尽的介绍,帮助读者深刻体会贺卡的设计制作原理。

课堂讲解

　　任务背景:小明想要为远方的朋友寄送贺卡表达自己的思念,但又不想落于俗套,于是他心中只有一个念头,自己动手制作一张独一无二的 Flash 贺卡,这样一来可以表达自己的心意,二来也检验了自己对 Flash 动画制作的掌握情况,心动不如赶快行动起来……

　　任务目标:使用 Flash 制作出属于自己的 Flash 贺卡。

　　任务分析:在制作 Flash 贺卡之前,上网去看看 Flash 贺卡的制作流程及表现方式是非常必要的,了解一些 Flash 贺卡制作的规范,做好充分的准备。对需要制作的 Flash 贺卡做到心中有数后,就可以开始收集 Flash 贺卡中所需要的各种素材,一切准备就绪后,那就一起开始动手制作属于自己的 Flash 贺卡吧。

32.1　贺卡设计规范

设计制作 Flash 贺卡最重要的是创意而不是技术,由于贺卡的特殊性,情节一般比较简单,影片也很简短,时间只有短短的几分钟甚至几秒钟,不像 MTV 与动画短片那样有一条很完整的故事线,设计者一定要在很短的时间内将设计意图表现清楚,并且要给人留下深刻的印象。要在很有限的时间内表达出主题,并把气氛烘托起来。

创作贺卡之前,要有一个很好的创意。要想产生一个好的创意概念,就需要掌握创意这门学问的技巧。

1. 联想

以丰富的联想为主导的创意方法,其特点是创造一切条件,打开想象大门;提倡海阔天空,抛弃陈规戒律;由此及彼传导,发散空间无穷。

2. 组合

以若干不同事物的组合为主导的创意方法系列,其特点是把似乎不相关的事物有机地结合为一体,并产生新奇,组合是想象的本质特征。

3. 变异

当解决某个问题处处碰壁、没有办法可想时,就要改变一下形态、结构、质地、颜色、音响、气味等,或者改变方式方法,变换顺序,这样往往可以获得意外的创意效果。

4. 类比

以两个不同事物的类比作为主导创意的技法系列,其特点是以大量的联想为基础,以不同事物之间的相同或类似点为纽带,充分调动想象、直觉、灵感等功能,巧妙地借助其他事物找出创意的突破口。

5. 臻美

这是以达到理想化的完美性为目标的创意技法系列,其特点是把创意对象的完美、和谐、新奇放在首位,用各种方法实现,在创意中充分调动想象、直觉、灵感、审美等。完美性意味着对创意作品的全面审视和开发,属于创意技法的最高层次。

32.2　动画制作流程

步骤 1　制作元件

（1）执行“文件”→“新建”命令,新建一个 Flash 文档,如图 32-1 所示。单击“属性”面板上的“编辑”按钮,在弹出的“文档属性”对话框中设置如图 32-2 所示。单击“确定”按钮,完成“文档属性”的设置。

> **操作提示**　本实例制作的是一个祝福类的 Flash 贺卡,此类贺卡并没有要应用于特定的时间,一般是为了表达个人的各种情感的一种手段,制作上要尽量简洁,不要有特别重的节日气氛。

（2）执行“文件”→“导入”→“导入到库”命令,弹出“导入到库”对话框,选中需要导入的多个素材文件,如图 32-3 所示,单击“打开”按钮,将选中的素材全部导入到“库”面板中,如图 32-4 所示。

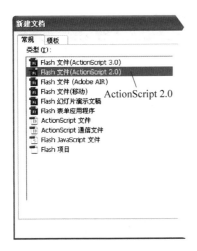

图 32-1   图 32-2

（3）执行"插入"→"新建元件"命令，新建一个"名称"为"背景 1"的"图形"元件，如图 32-5 所示。在"库"面板中将导入的 3201.jpg 拖入场景，如图 32-6 所示。

（4）相同的制作方法，分别新建"名称"为"背景 2"和"背景 3"的"图形"元件，分别将 3202.jpg 和 3218.jpg 拖入场景，如图 32-7 所示。

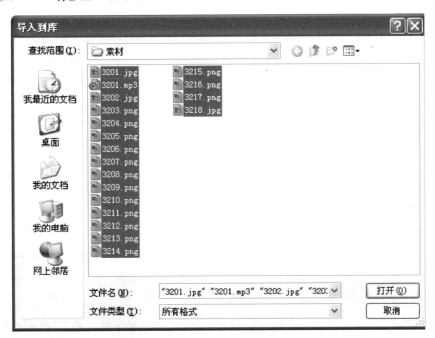

图 32-3

小·技巧   Flash 贺卡的作用一般是以祝福为主，所以对于贺卡颜色的选择就相当重要，主色调的选择需要能够符合其意义，表现出贺卡的意境。在本实例的 Flash 贺卡制作过程中应用了黄褐色和白色作为主色调，表现出温馨的感觉。

图　32-4

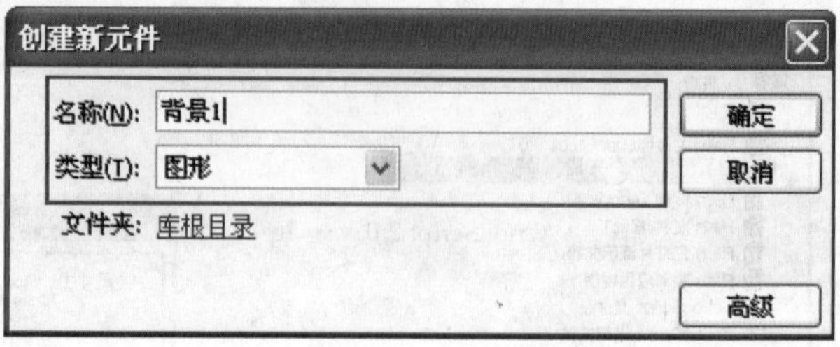

图　32-5

图　32-6

图　32-7

（5）执行"插入"→"新建元件"命令，新建一个"名称"为"阳光动画"的"影片剪辑"元件，如图 32-8 所示。在"库"面板中将"元件 6"拖入场景，如图 32-9 所示。

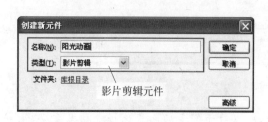

图　32-8

图　32-9

操作提示 本实例所制作的 Flash 贺卡背景颜色应该为白色，但在新建文档时，将文档的背景颜色设置为一种较深的灰色，主要是因为在 Flash 贺卡的制作过程中有很多元件的颜色是白色的，如果背景颜色也为白色，那么就看不清楚元件的效果了。在制作完元件的效果后，可以将文档的背景颜色重新改为白色。

（6）分别在第 35 帧和第 70 帧位置按 F6 键插入关键帧，选中第 35 帧上的元件，将该帧上的元件向左上方移动相应的位置，如图 32-10 所示。分别在第 1 帧和第 35 帧位置创建传统补间动画，"时间轴"面板如图 32-11 所示。

图　32-10

图　32-11

（7）执行"插入"→"新建元件"命令，新建一个"名称"为"饼干人"的"影片剪辑"元件，如图 32-12 所示。在"库"面板中将"元件 13"拖入场景，如图 32-13 所示。

（8）在第 5 帧位置按 F7 键插入空白关键帧，在"库"面板中将"元件 14"拖入场景，调整到合适的位置，如图 32-14 所示。在第 10 帧位置按 F7 键插入空白关键帧，在"库"面板中将"元件 13"拖入到场景，相同的方法，完成该部分动画效果的制作，"时间轴"面板如图 32-15 所示。

图　32-12

图　32-13

图　32-14

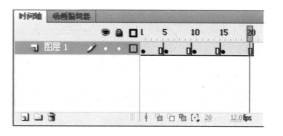

图　32-15

二维动画设计与制作——Flash CS4中文版

操作提示 由于影片剪辑元件具有重复循环播放的特性,所以在静止的动画场景中,添加影片剪辑元件是动画制作过程中最好的选择。

(9)执行"插入"→"新建元件"命令,新建一个"名称"为"热气飘动"的"影片剪辑"元件,如图 32-16 所示。在"库"面板中将"元件 5"拖入场景,再将该元件等比例缩小并调整到合适的位置,如图 32-17 所示。

图 32-16   图 32-17

(10)在第 15 帧位置按 F6 键插入关键帧,将该帧上的元件等比例放大,并进行倾斜操作,如图 32-18 所示。在第 50 帧位置按 F6 键插入关键帧,将该帧上的元件等比例放大,并进行倾斜操作,如图 32-19 所示。

(11)在第 60 帧位置按 F6 键插入关键帧,将该帧上的元件等比例放大,并进行倾斜操作,设置该帧上的元件的 Alpha 值为 0%,如图 32-20 所示。选中第 1 帧上的元件,设置该元件的 Alpha 值为 0%,分别在第 1 帧、第 15 帧和第 50 帧位置创建传统补间动画,如图 32-21 所示。

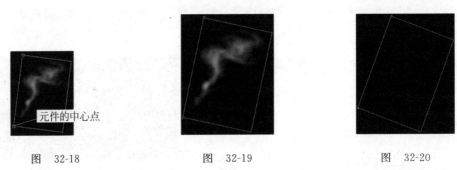

图 32-18   图 32-19   图 32-20

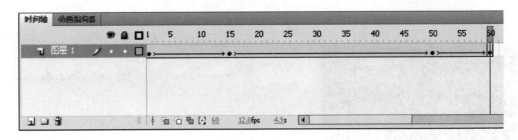

图 32-21

（12）新建"图层2"，在第25帧位置插入关键帧，在"库"面板中将"元件5"拖入场景，再将该元件等比例缩小并调整到合适的位置，设置该帧上元件的 Alpha 值为 30%，如图 32-22 所示。相同的制作方法，可以完成该图层上元件动画的制作，"时间轴"面板如图 32-23 所示。

（13）执行"插入"→"新建元件"命令，新建一个"名称"为"重放"的"按钮"元件，如图 32-24 所示。使用 Flash 中的绘图工具绘制按钮图形，如图 32-25 所示。

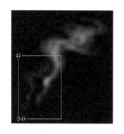

图 32-22

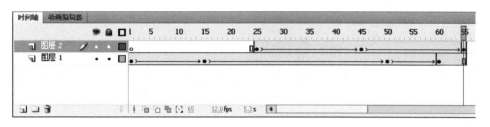

图 32-23

图 32-24

图 32-25

（14）在"指针经过帧"位置按 F6 键插入关键帧，修改该帧上按钮图形的颜色，如图 32-26 所示。在"点击"帧位置按 F7 键插入空白关键帧，在场景中绘制一个矩形，如图 32-27 所示，"时间轴"面板如图 32-28 所示。

图 32-26

图 32-27

操作提示 按钮元件是由 4 帧的交互影片剪辑组成的。当为元件选择按钮行为时，Flash 会创建一个 4 帧的时间轴。前 3 帧显示按钮的 3 种可能状态，第 4 帧定义按钮的活动区域。按钮元件的时间轴实际上并不播放，它只是对指针的运动和动作做出反应，跳到相应的帧。

步骤 2　制作第 1 部分场景动画

（1）单击"编辑栏"上的"场景 1"文字，返回"场景 1"的编辑状态，在"库"面板中将"背景 1"元件拖入场景，如图 32-29 所示。分别在第 10 帧、第 110 帧和第 125 帧位置按 F6 键插入关键帧，分别设置第 1 帧和第 125 帧上元件的 Alpha 值为 0%，分别在第 1 帧和第 110 帧位置创建传统补间动画，"时间轴"面板如图 32-30 所示。

图　32-28

图　32-29

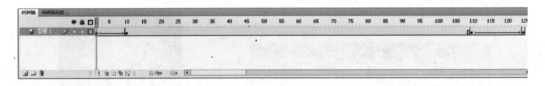

图　32-30

（2）新建"图层 2"，在"库"面板中将"元件 4"拖入场景，如图 32-31 所示。选中第 30 帧位置按 F6 键插入关键帧，将该帧上的元件向左移动，如图 32-32 所示。

拖入元件

图　32-31

图　32-32

（3）分别在第 110 帧和第 125 帧位置插入关键帧，选中第 125 帧上的元件，设置其 Alpha 值为 0%，如图 32-33 所示。分别在第 1 帧和第 110 帧位置创建传统补间动画，"时间轴"面板如图 32-34 所示。

（4）新建"图层 3"和"图层 4"，根据"图层 2"的制作方法，可以完成这两个图层中元件动画效果的制作，"时间轴"面板如图 32-35 所示。

图　32-33

操作提示 此处在"图层3"上制作杯子中咖啡上的雾气,在"图层4"上制作的是"热气飘动"元件的动画效果。这两个元件的动画与前面制作的杯子动画效果相同。

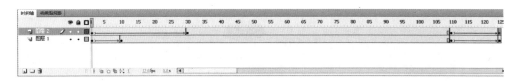

图 32-34

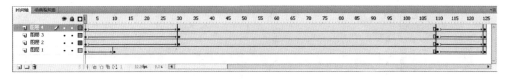

图 32-35

（5）新建"图层5",在第30帧位置插入关键帧,单击工具箱中的"文本工具"按钮 T ,在场景中合适的位置输入相应的文字内容,如图32-36所示。执行两次"修改"→"分离"命令,将文字分离为图形,执行"修改"→"转换为元件"命令,弹出"转换为元件"对话框,设置如图32-37所示。

（6）调整该元件到合适的位置,在第55帧位置按F6键插入关键帧,将该帧上的元件向右移动,如图32-38所示。分别在第95帧位置和第105帧位置按F6键插入关键帧,分别设置第30帧和第105帧上元件的Alpha值为0%,分别在第30帧和第95帧位置创建传统补间动画,"时间轴"面板如图32-39所示。

图 32-36

图 32-37

图 32-38

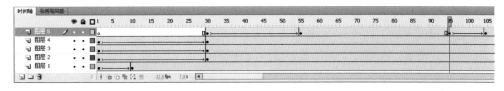

图 32-39

（7）新建"图层6",在第55帧位置插入关键帧,单击工具箱中的"文本工具"按钮,在场景中合适的位置输入相应的文字内容,如图32-40所示。根据"图层5"的制作方法,可以制作出该图层上文字的动画效果,"时间轴"面板如图32-41所示。

图 32-40

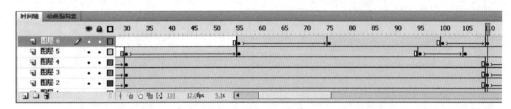

图 32-41

步骤3 制作第2部分场景动画

（1）新建"图层7"，在第110帧位置按F6键插入关键帧，将"背景2"元件从"库"面板拖入到场景中，如图32-42所示。分别在第125帧、第215帧和第225帧位置按F6键插入关键帧，选中第110帧上的元件，设置该帧上元件的Alpha值为0%，在该帧创建传统补间动画，"时间轴"面板如图32-43所示。

图 32-42

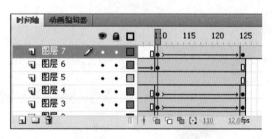

图 32-43

对于Flash贺卡中场景的转换，制作者在开始策划时就应该了然于心。也就是说在Flash贺卡的策划过程中就已经考虑好动画在制作过程中需要关注的所有问题，在本实例的制作过程中场景之间的切换是一种淡入、淡出的效果。

（2）选中第225帧上的元件，将该帧上的元件向右移动，并设置该帧上元件的Alpha值为0%，如图32-44所示。在第215帧位置创建传统补间动画，"时间轴"面板如图32-45所示。

图 32-44

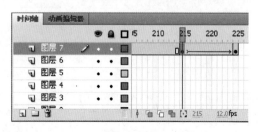

图 32-45

（3）新建"图层 8"，在第 110 帧位置按 F6 键插入关键帧，将"元件 10"从"库"面板拖入到场景中，如图 32-46 所示。根据"图层 7"的制作方法，可以完成该图层上动画的制作，"时间轴"面板如图 32-47 所示。

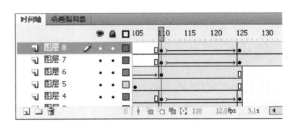

图 32-46　　　　　　　　　　　　　　　　图 32-47

（4）新建"图层 9"，在第 110 帧位置按 F6 键插入关键帧，将"元件 11"从"库"面板拖入到场景中，如图 32-48 所示。在第 125 帧位置插入关键帧，将该帧上的元件向右移动，如图 32-49 所示。

图 32-48　　　　　　　　　　　　　　　　图 32-49

（5）选中第 110 帧上的元件，设置其 Alpha 值为 0％，在第 110 帧位置创建传统补间动画。在第 130 帧位置按 F7 键插入空白关键帧，将"元件 12"从"库"面板拖入到场景中，如图 32-50 所示。在第 135 帧位置按 F7 键插入空白关键帧，将"饼干人"元件从"库"面板拖入到场景中，如图 32-51 所示。

操作提示　此处在"图层 9"上所制作的饼干人变化的动画效果，须要注意在第 125 帧、第 130 帧和第 135 帧的各个元件的位置必须在同一位置，否则该部分动画的效果将会出现不自然的现象。

（6）分别在第 215 帧和第 225 帧位置按 F6 键插入关键帧，选中第 225 帧上的元件，在"属性"面板上设置其"Alpha 值"为 100％，效果如图 32-52 所示。在第 215 帧位置创建传统补间动画，"时间轴"面板如图 32-53 所示。

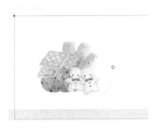

图 32-50　　　　　　　　　　图 32-51　　　　　　　　　　图 32-52

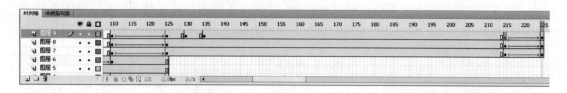

图　32-53

（7）新建"图层10"，在第125帧位置插入关键帧，将"元件9"从"库"面板拖入到场景中，如图32-54所示。相同的制作方法，可以完成该图层上元件动画效果的制作，"时间轴"面板如图32-55所示。

图　32-54

操作提示　此处在"图层10"上制作的动画效果是"元件9"的光圈大小变化的动画效果。

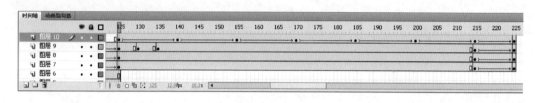

图　32-55

（8）新建"图层11"和"图层12"，根据"图层5"和"图层6"上文字动画的制作方法，可以完成这两个图层上文字动画效果的制作，效果如图32-56所示，"时间轴"面板如图32-57所示。

步骤4　制作第3部分场景动画

（1）新建"图层13"，在第225帧位置按F6键插入关键帧，将"元件16"从"库"面板拖入到场景中，如图32-58所示。在第255帧位置按F6键插入关键帧，将该帧上的元件向右移动，如图32-59所示。

图　32-56

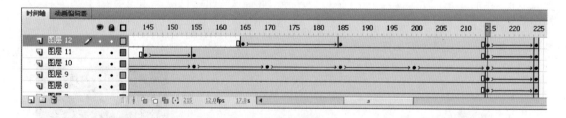

图　32-57

（2）分别在第375帧和第405帧位置按F6键插入关键帧，选中第405帧上的元件，将该帧上的元件等比例缩小并向左下方移动位置，如图32-60所示。选中第225帧上的元件，设置其 Alpha 值为 0%，分别在第 225 帧和第 375 帧位置创建传统补间动画，"时间轴"面板如图 32-61 所示。

图　32-58　　　　　　　　图　32-59　　　　　　　　图　32-60

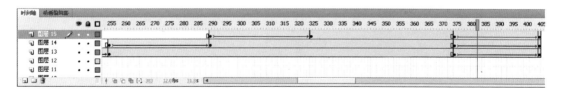

图　32-61

小·技巧　在 Flash 动画的制作过程中，有时候因为动画比较长所占的时间轴也相对较长，为了能够看清时间轴的整体效果，可以单击"时间轴"面板右上角的三角形按钮，在弹出菜单中选择"时间轴"面板的显示比例。此处，为了使读者看清"图层 13"上的时间轴效果，将"时间轴"面板的显示比例暂时修改为"很小"。

（3）新建"图层 14"，在第 255 帧位置按 F6 键插入关键帧，将"元件 17"从"库"面板拖入到场景中，如图 32-62 所示。根据"图层 13"相同的制作方法，完成该图层动画效果的制作，相同的方法，还可以完成"图层 15"上动画效果的制作，"时间轴"面板如图 32-63 所示。

图　32-62

图　32-63

（4）新建"图层 16"和"图层 17"，根据"图层 11"和"图层 12"上文字动画的制作方法，可以完成这两个图层上文字动画效果的制作，效果如图 32-64 所示，"时间轴"面板如图 32-65 所示。

图 32-64

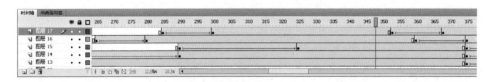

图 32-65

（5）新建"图层 18"，在第 375 帧位置按 F6 键插入关键帧，将"背景 3"元件从"库"面板拖入到场景中，如图 32-66 所示。在第 405 帧位置按 F6 键插入关键帧，在第 425 帧位置按 F5 键插入帧，选中第 375 帧上的元件，设置其 Alpha 值为 0%，在该帧创建传统补间动画，"时间轴"面板如图 32-67 所示。

（6）新建"图层 19"，在第 385 帧位置按 F6 键插入关键帧，将"热气飘动"元件从"库"面板拖入到场景中，调整到合适的大小和位置，如图 32-68 所示。在第 405 帧位置插入关键帧，选中第 385 帧上的元件，设置其 Alpha 值为 0%，并在第 385 帧创建传统补间动画，新建"图层 20"，相同的方法，可以完成该图层动画的制作，"时间轴"面板如图 32-69 所示。

图 32-66

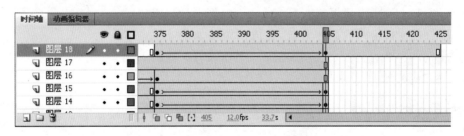

图 32-67

图 32-68

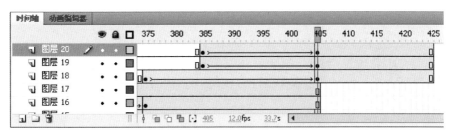

图　32-69

（7）新建"图层21"，在第385帧位置按F6键插入关键帧，执行"文件"→"导入"→"打开外部库"命令，打开外部库文件"CD\源文件\第11章\素材\32-1.fla"，如图32-70所示。将"窗帘动画1"元件从"库-32-1.FLA"面板中拖入场景，调整到合适的大小和位置，如图32-71所示。

操作提示　由于篇幅的原因，将部分元件的动画效果放在外部库文件中，以便直接调用，感兴趣的读者可以将外部库文件打开，查看元件动画的制作方法。

（8）在第405帧位置按F6键插入关键帧，选择该帧上的元件，设置其Alpha值为55％，效果如图32-72所示。选中第385帧上的元件，设置其Alpha值为0％，在该帧创建传统补间动画，"时间轴"面板如图32-73所示。

图　32-70

图　32-71

图　32-72

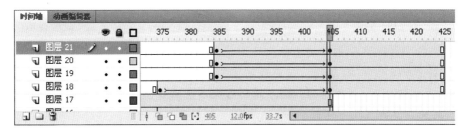

图　32-73

（9）新建"图层22"，在第385帧位置按F6键插入关键帧，将"窗帘动画2"元件从"库-32-1.FLA"面板中拖入场景，调整到合适的大小和位置，如图32-74所示。根据"图层21"相同的制作方法，完成该图层动画的制作，"时间轴"面板如图32-75所示。

（10）新建"图层23"，在第405帧位置按F6键插入关键帧，单击工具箱中的"文本工具"按钮，在场景中合适的位置输入相应的文字内容，如图32-76所示。根据前面文字动画的制作方法，可以完成该图层上文字动画的制作，"时间轴"面板如图32-77所示。

图　32-74

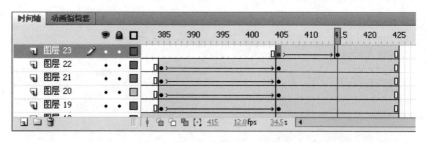

图　32-75

图　32-76

图　32-77

（11）新建"图层24"，在第415帧位置按F6键插入关键帧，将"重放"元件从"库"面板拖入到场景中，如图32-78所示。选中第420帧位置按F6键插入关键帧，将该帧上的元件向上移动，如图32-79所示，在第415帧位置创建传统补间动画。

操作提示　在"图层24"上制作的是"重放"按钮进入场景的动画效果，在该重放按钮上还需要添加相应的ActionScript脚本代码，使得单击该按钮后能够停止所有音乐并跳转到第1帧位置开始播放动画。

图　32-78

图　32-79

（12）新建"图层 25"，在第 10 帧位置按 F6 键插入关键帧，将"闪烁光点"元件从"库-32-1.FLA"面板拖入场景，调整到合适的大小和位置，如图 32-80 所示。新建"图层 26"，将"阳光动画"元件从"库"面板拖入到场景中，执行"修改"→"变形"→"水平翻转"命令，将元件水平翻转并调整到合适的位置，如图 32-81 所示。

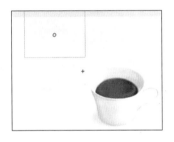

图　32-80

图　32-81

（13）新建"图层 27"，单击工具箱中的"矩形工具"按钮，设置"填充颜色"为#000000，"描边颜色"为无，在舞台中绘制一个比场景大的矩形，并将其中场景部分删除，如图 32-82 所示。打开"属性"面板，修改舞台的背景颜色为白色，效果如图 32-83 所示。

操作提示 完成场景动画的制作后，可以在最上层绘制一个矩形框，将场景以外的区域进行遮挡隐藏，这样即使将 Flash 播放窗口拖大，也不会看到场景外的内容，使得 Flash 动画的整体性更强。

图　32-82

图　32-83

（14）新建"图层 28"，将 3201.mp3 元件从"库"面板拖入到场景中，在第 425 帧位置插入关键帧，打开"动作"面板，输入脚本代码"stop();"，"时间轴"面板如图 32-84 所示。

二维动画设计与制作——Flash CS4中文版

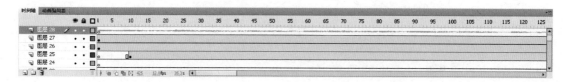

图 32-84

步骤5 保存动画测试影片

完成贺卡动画的制作,执行"文件"→"保存"命令,将贺卡动画保存为"CD\源文件\第11章\32.fla",执行"控制"→"测试影片"命令,测试动画效果,如图32-85所示。

图 32-85

32.3 总结扩展

本课主要讲解了一张思念祝福贺卡的制作,在架卡动画的制作过程中主要通过文字与场景相结合的方式,表达贺卡的主题思想和内容,给人一种亲切、温暖的感觉。在完成本实例的学习后,需要掌握贺卡的制作和表现方法,亲自动手制作出精美的贺卡动画。

课堂练习

任务背景:通过本课的学习,小明已经学会了 Flash 贺卡的制作,但是好的贺卡不但在于技术,还需要好的创意,为此小明除了多加练习之外,还需要多多参照更多类型的贺卡,以便发挥自己更好的创意,这样才能制作出内容更加新颖的贺卡,于是小明开始上网浏览……

任务目标:上网浏览更多类型的贺卡。

任务要求:上网浏览更多好的 Flash 贺卡作品,看得多了创意自然有所提高,从中学习贺卡的制作技巧,各种元素的搭配,从而制作出更加具有美感的贺卡。

任务提示:Flash 贺卡画面过程中很少使用影片剪辑,主要是为了保证动画可以顺利转换为其他视频格式。细心观察贺卡制作的过程,并加以理解,才能制作出更完美的动画贺卡。

练习评价

项　　目	标　准　描　述	评定分值	得　分
基本要求 60 分	上网浏览 Flash 贺卡	30	
	各种元素的搭配	30	
拓展要求 40 分	贺卡的整体效果	40	
主观评价		总分	

本课小结

　　本课讲解了动画制作中常见的一种形式：贺卡的制作。对于贺卡的制作不需要太过花哨的效果，也不需要多高深的脚本。最重要的是表现手法怎样能体现贺卡的温馨以及浪漫。制作贺卡的过程以及常用的脚本在本课中都做了详细的介绍，通过学习以上实例，可以熟练地制作贺卡动画。

课外阅读

贺卡设计分类

　　从用途着眼，贺卡的种类主要分：节日贺卡、生日贺卡、爱情贺卡、温馨贺卡、祝贺贺卡 5 大类，下面依次进行介绍。

1. 节日贺卡

　　一般应用于各种节日中，制作效果一般比较炫目、色彩较为鲜明，突出节日的气氛。例如新春贺卡、圣诞贺卡，如图 32-86 所示。

2. 生日贺卡

　　一般应用于祝贺生日时，其中包括针对个人的或者针对企业的，在制作上要突出为个人服务的特性，也可以制作得比较个性，如图 32-87 所示。

图　32-86

图　32-87

3. 爱情贺卡

　　此类贺卡为特用贺卡，只有在表达爱情的时候才会使用到，例如求婚时、结婚纪念日等。在制作的时候要突出爱情的元素，如图 32-88 所示。

图　32-88

4. 温馨贺卡

此类贺卡并没有要应用于特定的时间。一般是为了表达个人的各种情感的一种手段。制作上要尽量简洁,不要有特别重的节日气氛,如图32-89所示。

图　32-89

5. 祝贺贺卡

一般是为了祝贺使用的贺卡,所以在制作上要突出喜庆的特点,在色彩和动画类型上都可以相对丰富,如图32-90所示。

图　32-90

课后思考

(1) 简单描述 Flash 贺卡的一些常用表现形式。

(2) Flash 贺卡制作过程中应用声音文件有哪几种方式?